나의 첫 **뇌과학** 수업

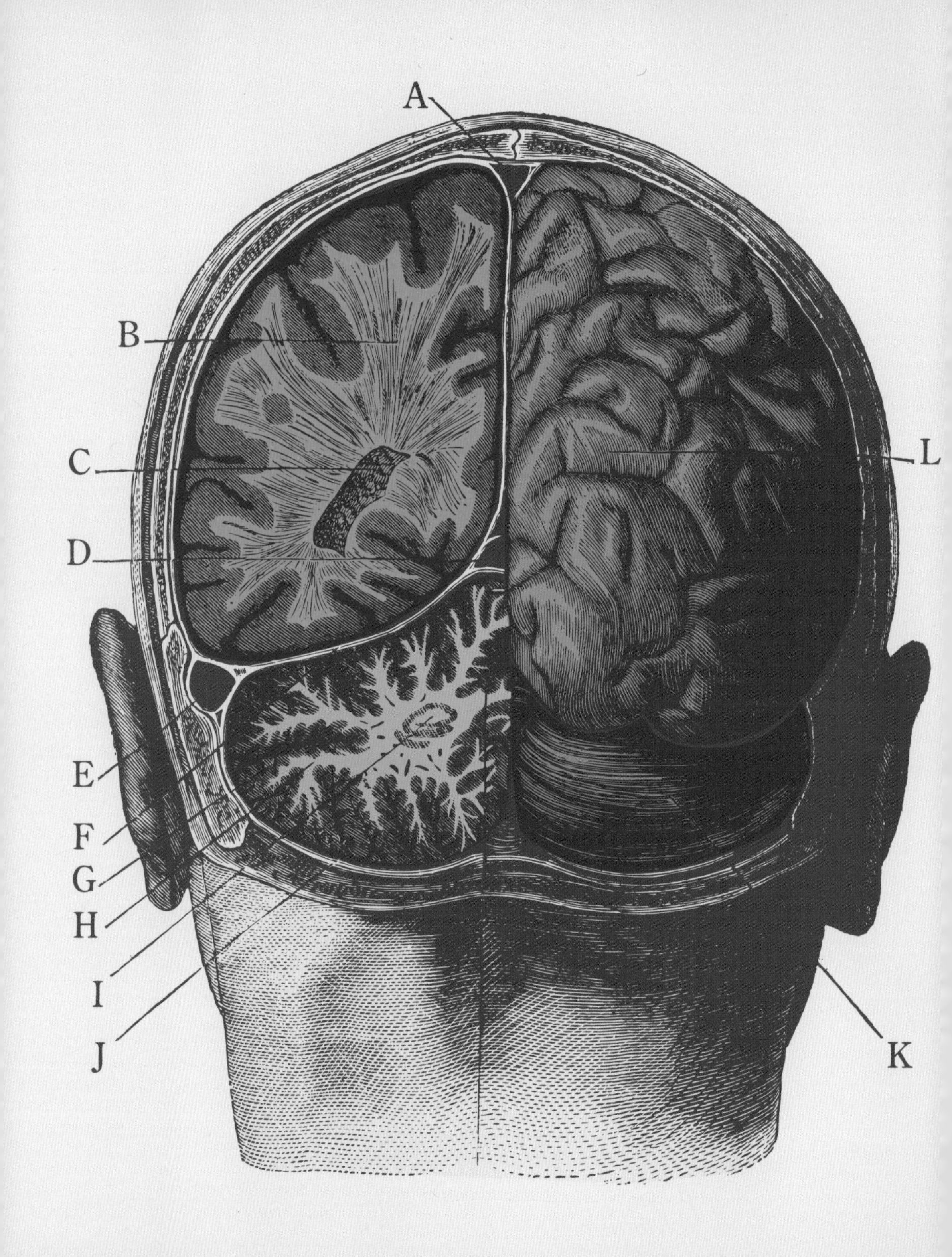

A
B
C
D
E
F
G
H
I
J
K
L

나의 첫 **뇌과학** 수업

문어의 뇌부터 가상현실까지
우리가 알고 싶은 일상과 상상의 뇌과학

앨리슨 콜드웰·미카 콜드웰 지음
김아림 옮김

차례

PART ONE 후뇌

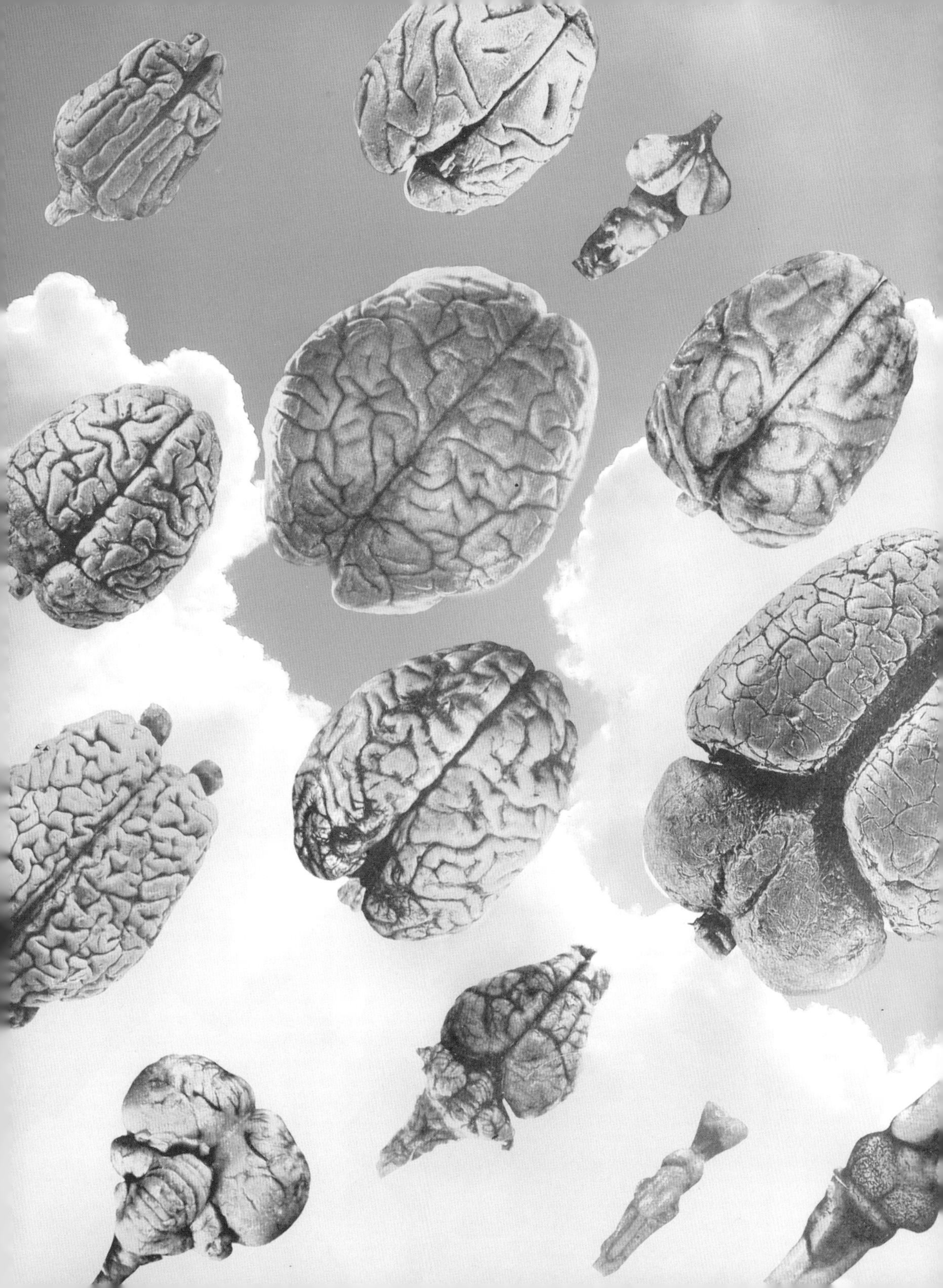

PART TWO
중뇌

PART THREE
전뇌

들어가며

뇌에 관심 있는 당신, 이 책을 집어 든 걸 환영합니다!

우리가 뇌에 대한 유튜브 영상을 만든 것은 어떤 면에서 보면 당연한 일이었다. 미카는 고등학생 때부터 실험적으로 영화를 제작했다. 주말에는 친구들과 함께 바보 같은 뮤직비디오를 만들고 단편 영화도 찍었다. 그리고 앨리는 항상 글을 쓰는 작가여서 십 대 때는 시를 썼고 나노위리모NaNoWriMo 사이트에 소설 한 편을 완성해서 올리기도 했다. 하지만 우리가 임상치료사와 신경과학자로서 각자 일을 시작했을 때만 해도 서로의 취미가 이처럼 멋지게 만나리라고는 상상도 못 했다.

2013년 가을, 박사 과정을 막 시작한 앨리는 동료들과 함께 대학원 생활의 시련과 고난에 관한 뮤직비디오를 제작하는 일에 미카를 끌어들였다. 이후 한 친구가 이 비디오를 교육 영상 콘테스트에 응모해보라고 권유했다. 이 끝내주는 비디오를 만드는 작업이 무척 재미있어, 우리는 이렇게 생각하기 시작했다. '와, 함께 뭔가 더 많은 일을 할 수 있을 것 같아.'

그 당시 신경과학 콘텐츠는 구하기도 어렵고 접근하기도 어려웠다. 녹음 상태가 좋지 않은 데다 지루한 한 시간짜리 강의를 누가 보고 싶겠는가? 우리는 뇌에 대한 더 나은 영상이 필요하다고 생각했다. 그래서 2015년 말, '뉴로 트랜스미션스Neuro Transmissions'라 이름 붙인 우리 모임은 유튜브에 신경과학을 소개하는 여러 개의 비디오를 공식적으로 올리기 시작했다. 뉴런이 어떻게 신호를 보내고 우리의 감각이 어떻게 작동하는지와 같은 뇌에 대한 가장 기본적인 개념들을 설명하는 영상이었다. 이처럼 시작은 보잘것없었지만, 이후 우리는 신경과학과 심리학 분야에서 실용적인 것부터(미루기 습관을 그만두는 방법) 환상적인 것에 이르기까지(루크 스카이워커의 기계로 만든 의수가 실제로 제작 가능한지), 온갖 종류의 아이디어와 주제를 다루며 유튜브 채널을 확장해나갔다.

놀랍게도 사람들은 우리가 만든 영상과 콘텐츠를 좋아했다! 5년이 지난 지금, 우리는 시청자들의 열렬한 반응에 넋을 잃고 있다.

신경 질환이 있는 성인 시청자들은 자신의 뇌에서 실제로 어떤 일이 일어나고 있는지 자료를 찾게 되어 무척 기뻐했고, 대학 입학시험을 준비하는 학생이나 선생님들은 교실에서 시청할 영상이 생긴 것에 흥분했다. 인도, 스위스를 비롯한 전 세계 시청자들이 우리와 함께 뇌에 대한 애정을 나눴다.

당연히 즐겁지 않겠는가? 누구나 뇌를 가지고 있고, 누구든 주변에서 뇌가 다른 사람과 조금 다르게 작동하는 이들을 알고 있다. 사람들은 당연히 우리 삶의 많은 부분을 통제하는 이 기관에 대해 더 많은 사실을 알고자 한다. 뇌에 관심 있는 똑똑한 시청자는 매일 끊임없이 늘어났다. 그리고 이제 이 책을 통해 시청자 수가 조금 더 늘어날지도 모르겠다. 이 책은 우리가 처음 시도하는 방식이다. 우리는 뇌에 애정을 가진 새로운 독자들이 이 책에서 재미를 느끼면서 신경과학과 심리학에 대해 배우고 이 분야가 그들의 일상생활에 어떤 영향을 미치는지 더 잘 이해하기를 바란다.

이 책에서 우리는 인류의 먼 과거부터 빛나는 미래까지, 뇌를 앞에서부터 뒤까지 죽 훑어볼 것이다. 그리고 시간이 지나면서 뇌가 어떻게 진화했는지, 우리가 뇌에 대해 가졌던 생각이 어떻게 변화했는지 알아볼 것이다. 또 정신 질환에 대해 의심쩍었던 의학적 치료법과 당신의 지능을 높이기 위한 미래 지향적인 새로운 치료법들에 대해 살필 예정이다. 그뿐만 아니라 당신의 고양이가 주인을 정말 사랑하는지, 어째서 당신에게 임상치료사가 필요한지, 그리고 각종 '두뇌 게임'이 정말로 할 만한 가치가 있는지 알아볼 것이다.

당신이 이미 우리 채널 구독자라면, 이 책에 동참해준 것에 감사드린다. 우리의 작업과 이 책은 당신이 없었다면 불가능했을 것이다. 우리가 하고 싶은 말을 기꺼이 경청해주어 무척 감사하고, 이 책을 통해 당신의 두뇌에 대해 조금 더 깊이 파고들기를 기대한다. 우리와 처음 만난 분들도 환영한다. 당신은 이제 안전띠를 단단히 매야 한다. 수십억 개의 크고 아름다운 뇌세포와 그것들이 합쳐져 어떻게 당신 자신을 만들어내는지 알아볼 예정이니!

-앨리(앨리슨) 콜드웰과 미카 콜드웰

PART ONE

후뇌

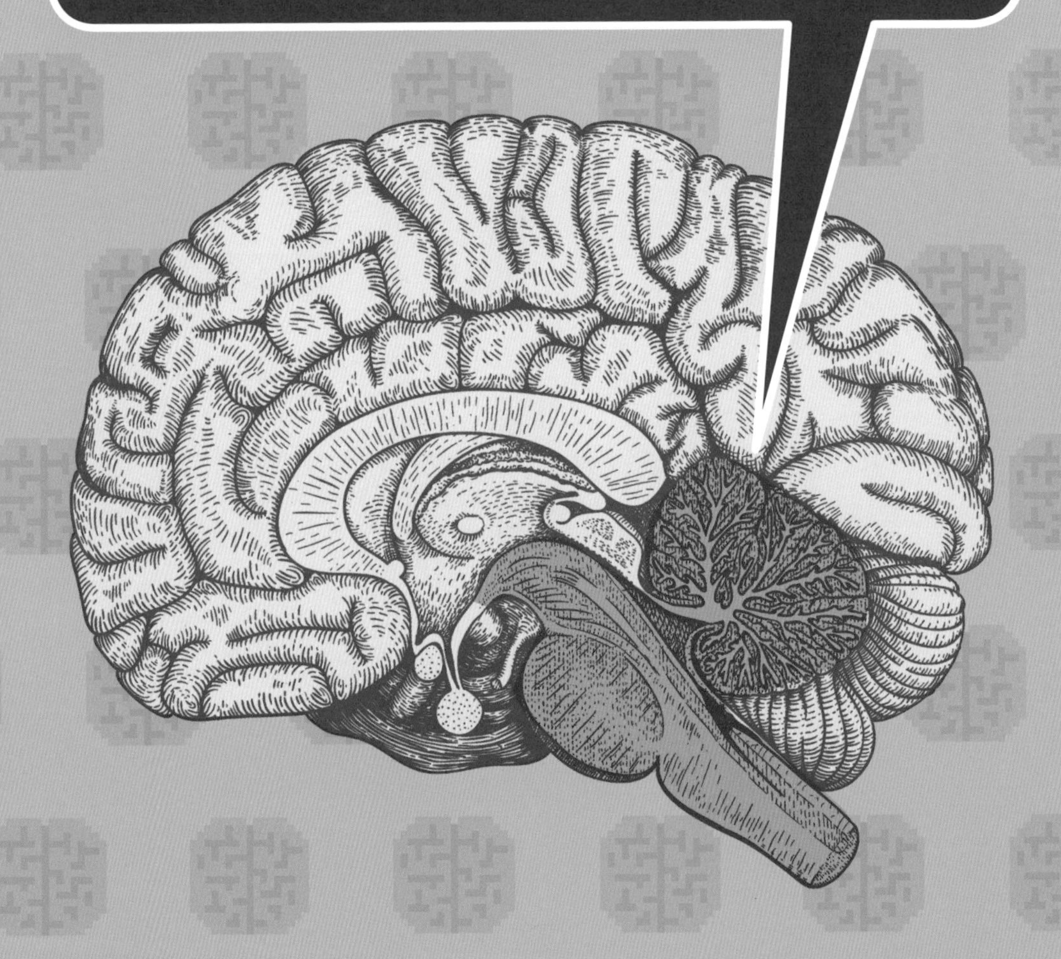

‘후뇌’라는 단어는 조금 껄끄럽고 어렵게 들린다. 신경과학 분야에서 후뇌란 연수(숨뇌), 뇌교, 소뇌를 포함해 뇌간에 있는 여러 구조물을 가리킨다. 하지만 걱정 마라. 이 모든 뇌와 관련한 해부학적 지식을 설명하느라 시간을 많이 빼앗지는 않을 테니. 앨리라면 이런 내용에 몹시 흥분하겠지만.

후뇌를 다루는 1부에서는 ‘옛날 뇌’에 대해 알아본다. 시간을 거슬러, 당신의 두뇌가 어떻게 스스로에 대해 생각할 수 있도록 진화했는지 살피고, 과거의 신경과학자들과 심리학자들이 뇌를 이해하기 위해 수행한 온갖 기묘하고 놀라운(가끔은 무시무시한) 실험에 대해 알아볼 것이다.

그 과정에서 우리는 이른바 ‘파충류 뇌’라고 불리는 뇌 영역에 대한 진실을 포함해 몇 가지 역사적으로 중요한 순간에 대해 이야기하고, 뇌에 관한 잘못된 믿음을 폭로할 것이다. 그리고 정자와 연관된 무언가가 뇌에 존재한다고 믿었던 철학자가 누구인지, 전두엽 절제술이 1900년대 초반에 왜 그토록 널리 실시되었는지 알아볼 것이다. 또 당신은 쉽게 죽지 않는 사나이 피니어스 게이지를 비롯해, 할로와 그의 원숭이, 개구리에 전기를 통하게 했던 갈바니, 그리고 물론 파블로프와 그의 개에 이르는 실존 인물들을 만날 것이다.

그러려면 맨 처음부터 시작해야 한다. 두뇌가 존재하지 않았던 수십억 년 전 어느 순간 말이다. 이후 마침내 진핵생물이라는 조그만 단세포 유기체가 전기 신호를 전달하도록 진화했다. 이 조그만 전기 불꽃과 함께 뇌의 진화가 본격적으로 시작되었다.

우리는 20억 년 동안 진화해 오늘날과 같은 모습이 되었다. 추리닝을 입고 책상 앞에 앉아 과자를 입에 넣으며 이 책을 제시간에 읽으려고 애쓰는 모습으로 말이다. 그렇다면 20억 년 동안 대체 무슨 일이 벌어진 것일까? 그리고 그동안 신경과학자들과 심리학자들의 연구는 우리가 두뇌를 잘 이해하는 데 어떤 도움을 주었을까? 또한 가끔 있는 일이지만, 어떤 식으로 우리를 잘못 이끌었을까?

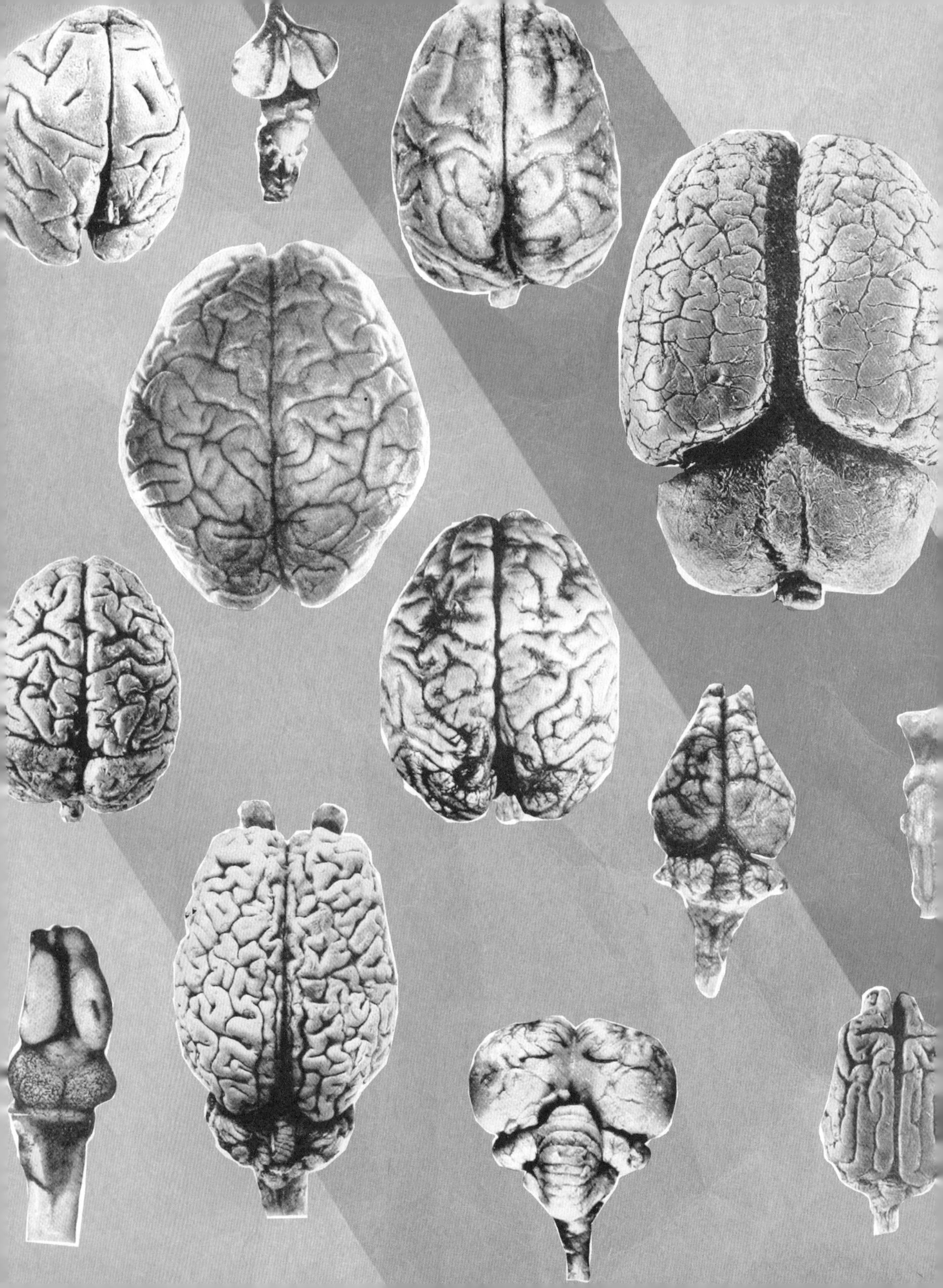

CHAPTER 1

파충류 뇌란 무엇일까?

파충류 뇌가 정말로 파충류의 뇌를 뜻하는 것은 아니다. 아무리 현대 과학이 발달했다고 하더라도 우리 두뇌의 진화 역사는 어느 정도 미스터리로 남아 있다. 뇌에 대해 이해하기란 결코 만만치 않다. 우리가 뇌의 작동 방식을 알기 위해서는 뇌가 어디에서 왔는지 정확히 알아야 한다.
이제, 두뇌 탐구 여정을 떠나보자. 그것은 아주 오래전 아주, 아주 먼 바닷속에서 시작되었다…….

뇌에 관한 연구는 매우 어려운 분야다. 뇌는 물컹거리는 데다 쉽게 부서진다. 사람이 죽으면 얼마 지나지 않아 흐늘거리며 썩기 시작한다. 또한 화석으로 잘 남지도 않는다.

그렇다면 대체 어떻게 45억 년 전 단세포 유기체에서 지금에 이르기까지 흘러온 걸까? 우리는 이 여정에 대해 어떻게 알게 되었을까?

수백 년 전 과학자들은 이 질문에 답하기 위해 애썼다. 그 이유는 우리의 두뇌가 어떻게 진화했는지 밝히는 과정이 크고 주름 많은 두뇌가 여러 생물 종 사이에서 독특한 특징을 가진다는 사실을 이해하는 핵심이 될 거라고 여겼기 때문이다. 우리가 단지 인터넷에서 유행하는 밈을 만드는 것 말고도 다른 능력이 있다면 말이다.

화석이 많지 않기 때문에, 수많은 생물의 뇌가 어떻게 지구에서 진화해왔는지 알아내기란 쉽지 않다. 그래도 그 시작점은 오늘날 존재하는 다양한 종의 뇌를 서로 비교하는 것이다. 다시 말해, 우리의 뇌가 가장 가까운 친척 동물들의 뇌와 얼마나 비슷한지, 사자나 호랑이, 곰의 뇌와 얼마나 다른지 살펴야 한다!

우리 뇌는 어떻게 진화했을까?

뇌의 역사는 거의 생명 자체의 역사와 맞먹을 만큼 길다. 먼 옛날 초기 단세포 유기체들이 오늘날 우리의 신경계와 비슷한 화학적, 전기적 신호 전달 과정을 이용했다는 증거가 있을 정도다. 그렇다면 우리는 어떻게 단세포에서 지금과 같은 모습이 되었을까?

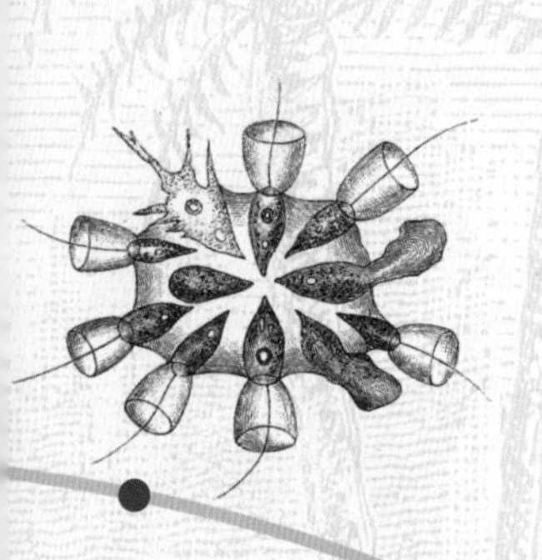

6억 년 전

신비로운 촉각

신경망이라 불리는 최초의 '신경계'가 만들어졌다. 이것을 통해 해파리나 해면동물 같은 동물들이 촉각에 반응하기 시작했다.

재미있는 사실

멍게를 비롯한 일부 무척추동물은 발생 중에 사실상 뇌가 사라진다. 유생이 영구적으로 자리 잡으면 뇌가 녹기 때문이다.

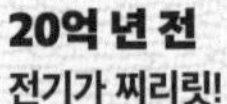

20억 년 전

전기가 찌리릿!

단세포 진핵생물은 전기 신호를 발생시키도록 진화했다.

참고: 10억 년은 정말로, 정말로 긴 시간이다. 이 연대표를 시간의 비례에 맞게 만든다면 수백 쪽을 접어 넣어야 하고, 처음 두 항목 사이에는 아무것도 없을 것이다. 그러면 종이를 많이 사용해야 할 테니, 이처럼 연대표를 생략해 다소 부정확하게 만들더라도 용서해주기 바란다!

5억 5,000만 년 전

(일종의) 최초의 뇌

최초의 뇌는 아마도 한 벌레에서 진화했을 것이다. 하지만 화석이 남아 있지 않아 확실하지 않다. 이미 곤죽으로 변했을 테니 말이다.

5억 5,000만 년 전

물고기를 닮은 생물 등장

대략 이 시기에 뇌를 가진 (일종의) 물고기가 등장했다. 이 물고기는 척수를 갖고 있었다. 오늘날 생물 종을 연구한 결과에 비춰볼 때, 이때쯤 생물의 뇌가 전뇌, 중뇌, 후뇌로 쪼개지기 시작한 것 같다. 모든 척추동물 종은 이런 초기의 세 구조에서 자라 나온 뇌를 지녔다.

4억 년 전

슈퍼 돌연변이

뇌를 가진 양서류가 육지에 처음 상륙했을 즈음, 우리 조상 가운데 하나가 전체 게놈을 우연히 두 배로 복제했다. 이것으로 진화에 커다란 도약이 이루어졌다. 우리의 유전 암호 속에 새로운 무언가를 시도하고 그 결과를 알아볼 정도로 넓은 공간을 제공했기 때문이다. 이후 뇌는 새로운 화학 신호를 시험해볼 기회를 얻어 보다 복잡한 행동이 가능해졌다.

2억 3,000만 년 전

영리한 공룡들

공룡들의 두뇌는 아마도 오늘날의 동물들과 비슷할 것이다. 이들의 두뇌는 종이나 종에 따른 행동에 상당 부분 기초한 다양한 형태였다. 스테고사우루스의 뇌는 사실 호두만 한 크기가 아니었다. 당신이 열 살 때 알던 지식은 틀린 셈이다. 그래도 이 공룡의 뇌는 덩치에 비해 매우 작았다. 몸길이가 버스 크기만 한 동물이 개의 두뇌를 가졌다고 상상해보라.
한편 벨로키랍토르는 영화 〈쥬라기 공원〉에 나온 것처럼 그렇게 똑똑하지 않았을 것이다. 상당수 육식 공룡은 오늘날의 도마뱀과 비슷하게 뇌의 크기가 평범했다.

2억 2,500만 년 전

지금은 그렇게 특별하지 않죠?

최초의 포유동물이 등장했다. 이 포유동물은 양서류를 비롯해 당시 현존하던 공룡에서 진화했다. 하지만 솔직하게 말해 이들의 뇌가 단지 포유동물이라는 이유로 특별했던 것은 전혀 아니다. 특별한 포유동물의 계보를 살펴야만 두뇌의 독특한 특성이 더욱 확실하게 드러난다.

600만 년 전

거의 인류에 가까워짐

단언컨대, 이제 우리 인류에 거의 가까워졌다. 유인원과 비슷했던 인류의 조상이 최초로 진화하면서 뇌의 크기가 점점 커지고 기능이 좋아졌다. 뇌가 커지면서 도구를 사용하는 등 여러 기술을 터득해 식량을 더 쉽게 구했고, 그러면서 뇌는 점점 더 커졌다. 좋은 의미의 순환 고리였던 셈이다.

20만 년 전

사실상 인류!

드디어 최초의 해부학적 현생 인류가 등장했다! 20만 년 전 인류를 오늘날 세상에 떨어뜨려도, 현생 인류 못지않을 정도로 모든 걸 영리하게 해낼 것이다. 현대 세계에 겁먹고 옴짝달싹 못 하는 게 아니라면!

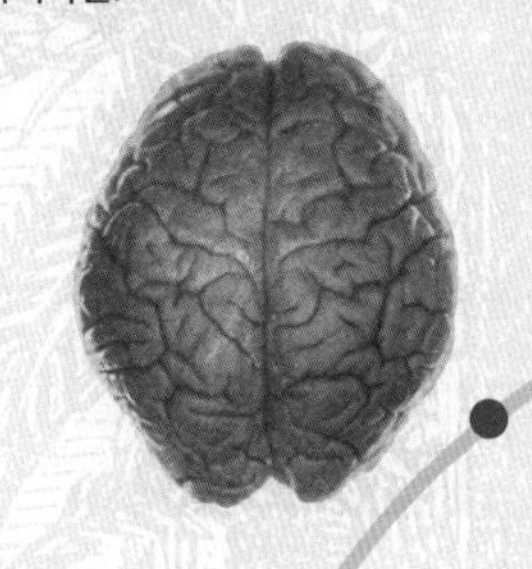

영리한 동물들의 계보

오늘날 모든 동물 종은 인류가 진화한 기간만큼 진화해왔다. 우리가 그 종들 가운데 일부와 더 가까운 관계일 뿐이다. 그렇다면 얼마나 가까울까? 이 질문에 답하기 위해서는 '분기도'라는 것을 활용할 수 있다. 분기도는 다양한 종이 서로 어떻게 연관되어 있는지 보여준다. 이 도표를 보면 서로 다른 종들의 관계를 비롯해, 인류의 뇌가 친척인 다른 동물들과 비교해 어떤 발전 과정을 거쳤는지 알 수 있다. 분기도에서 각각의 가지는 혈통이 갈라진 곳을 가리키며, 가지들을 따라가면 오늘날 존재하는 종으로 이어진다.

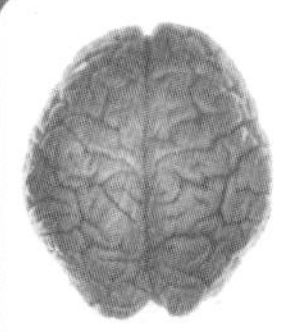

인간의 뇌는 무척 특별하다. 일단 생각하는 것을 즐긴다. 하지만 조금 더 자세히 보면, 인간의 뇌는 다른 모든 동물의 뇌와 거의 비슷하며 주름이 조금 더 많을 뿐이다.

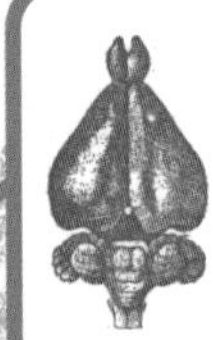

설치류는 후각에 크게 의존하며, 뇌 앞쪽에 '후엽'이라는 특수한 뇌엽을 지닌다. 후엽의 유일한 일은 후각 정보 처리다.

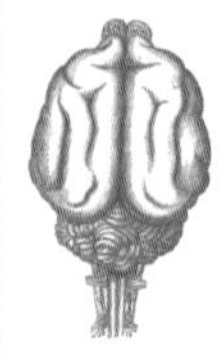

고양이는 어쩌면 자신이 인간보다 낫다고 여길지도 모른다. 그리고 당신은 고양이의 뇌가 작기 때문에, 멍청하다고 생각하기 쉽다. 하지만 이 동물은 당신이 상상하는 것보다 더 인간과 가깝다. 고양이는 인간의 유아에게 없는 대상 영속성을 보이며 복잡한 꿈을 꾼다. 과학자들 역시 고양이는 우리가 알고 있는 것보다 더 똑똑할 수 있다고 생각한다. 단지 실험실에서 그다지 협력적이지 않으며 과학자들의 이상한 실험에 별로 신경 쓰지 않을 뿐이다.

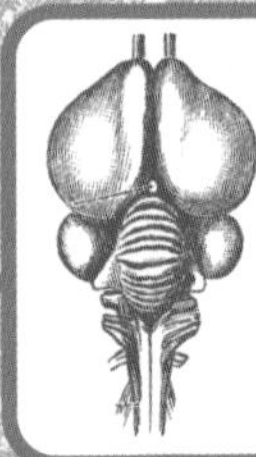

파충류의 뇌는 사실 원시적이지 않다. 파충류는 우리가 진화한 시간만큼 진화해왔다. 우리와 똑같이 20억 년간 진화를 거쳤다는 의미에서, 일론 머스크Elon Musk는 도마뱀붙이와 완전히 동등하다. 정말이다. 모든 도마뱀붙이 개체와 똑같다.

과학자들은 **개구리**의 뇌가 파충류의 뇌보다 물고기의 뇌와 더 비슷하다고 생각한다. 진화 과정에서 이 동물들은 그렇게 똑똑해질 필요가 없었다. 도롱뇽과 마찬가지로, 몇몇 개구리 종은 시간이 지나면서 실제로 뇌가 줄어든 것처럼 보인다.

'**새** 대가리'라는 말이 생각만큼 모욕적이지 않다는 사실이 밝혀졌다. 새의 뇌는 작지만, 그 속에는 인간의 뇌에 비해 뉴런이 훨씬 더 빽빽하게 들어차 있다. 그 결과, 새의 뇌는 당신이 생각하는 것보다 훨씬 더 인간과 비슷하다!

뼈가 있는 **경골어류**는 보통 조그만 물고기다. '경골'이라는 용어가 멋져 보이지만, 실제로는 멋있게 생기지 않았다(여러 색깔로 반짝이는 유전자 변형 제브라피시도 있긴 하지만). 이 물고기들은 부상을 입어도 뇌의 일부를 재생시키는, 매우 흥미로운 연구 대상이다. 어쩌면 공상과학 소설의 한 장면처럼 의학이 발전할 수도 있다. 한번 상상해보라!

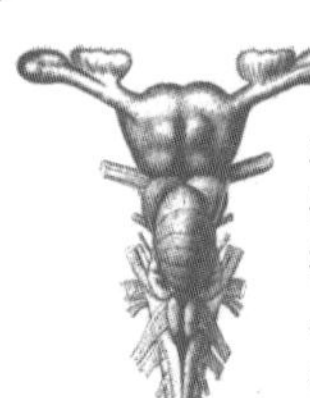

몇몇 **상어** 종은 뇌가 작고 모양이 별나지만, 사실은 꽤 똑똑하다. 게다가 몇몇 종은 뇌를 주변 온도보다 높게 '데우기' 위해 몸속 신진대사 과정을 활용하는 것처럼 보인다. 그렇게 하면 시각이 날카로워지고 사냥 기술도 더욱 정밀해지기 때문이다.

영리한 동물, 문어

진화가 때로는 엉뚱한 방향으로 흘러간다. 문어의 조상들은 이렇게 생각했다. '뇌가 하나인 것보다는 9개인 게 더 낫지!'

너무 많은 두뇌

우리는 우리의 뇌가 전형적이라고 생각하는 데 익숙하다. 그래서 척추동물만 훌륭한 뇌를 타고나는 것은 아니라는 사실을 잊기 쉽다. 대부분 동물은 뇌를 지니며, 이들의 뇌는 우리와 꽤 비슷할 수 있다. 반면에 완전히 다른 경우도 있다. 9개의 뇌를 가진 문어처럼.

문어의 뇌는 도넛 모양으로 식도를 감싸고 있다. 그래서 지나치게 큰 먹이를 삼키면 위장으로 넘어가다 뇌에 부딪힐 수 있어 주의한다. 당신이 치즈버거를 너무 많이 먹어 뇌에 손상을 입는다고 상상해보라!

게다가 문어는 8개의 팔에 각각 조그만 '뇌'인 신경절이 있어, 촉수를 더욱 섬세하게 통제하고 빨판을 능숙하고 예민하게 다룰 수 있다.

이런 두뇌의 '네트워크'가 바로 문어가 똑똑한 이유일 것이다. 문어는 퍼즐을 풀거나 수조에서 달아나기도 하고, 항아리를 열기도 한다. 하등한 무척추동물치고는 인간과 꽤나 비슷한 셈이다.

크기는 중요하지 않다(항상!)

커다란 뇌가 언제나 더 똑똑하다는 우리의 가정에 의문을 제기하는 증거가 점점 더 많아지고 있다. 문어의 뇌도 그중 하나다. 인간은 거의 1,000억 개의 뉴런을 가지고 있고, 문어는 약 5억 개의 뉴런을 가지고 있다.

하지만 과학자들은 문어의 뇌가 네트워크로 연결되어 있어 촉수가 거의 스스로 '사고'하는 수준에 가깝다고 여긴다. 그것이 문어가 그처럼 똑똑한 이유 중 하나일 것이다.

물론 그렇다고 크게 달라지는 것은 없다. 문어의 뇌를 곧 우리 머리에 이식할 것도 아니니.

진행 중인 연구

문어를 비롯해 다른 무척추동물의 뇌는 인간의 뇌를 이해하고 그것이 얼마나 독특한지 알아내는 데 놀랄 만큼 유용하다. 모든 뇌는 서로 비슷한 기본 원리를 사용한다. 뇌는 몸 전체에 전기 신호를 보내 유기체가 반응하고 움직이게 하며, 다양한 화학 전달 물질을 활용해 명령을 수행하는 정보의 허브가 된다.

그렇다면 인간은 두개골을 절단해서 열고 똑똑하고 부드러운 그 기관을 연구할 수 있는 반면, 다른 종들은 추상적인 사고나 아이디어에 도달하지 못하는 이유가 무엇일까?

다른 동물들, 심지어 인간의 두뇌와 매우 다른 특징을 지닌 동물들의 뇌를 연구하면 이 동물들이 어떻게 행동하고 생각하는지 이해하는 데 도움을 얻을 수 있다. 한 걸음 더 나아가 인간과 그 동물의 유사점과 차이점을 파악하는 과정에서, 우리가 인간이라는 사실이 실제로 무엇을 의미하는지 더 깊이 이해할 수 있다.

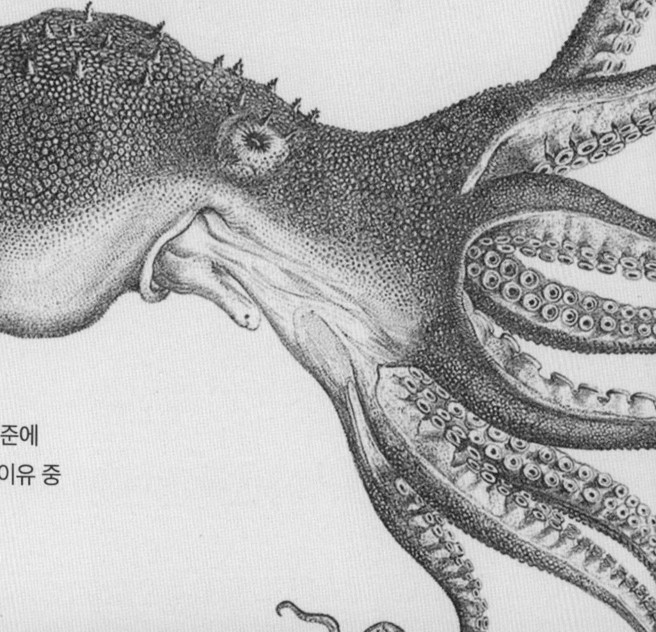

당신이 알고 있다고 생각한 지식

도마뱀의 뇌

예전에 인간의 뇌가 마치 레고 블록처럼 진화했다는 이론이 있었다. 물고기에서 도마뱀으로, 포유류에서 인간으로 진화하는 과정에서 오래된 것 위에 계속해서 새로운 조각들을 쌓아 올렸다는 것이다.

이 이론은 1960년대 폴 매클린Paul MacLean이라는 신경과학자로 거슬러 올라간다. 매클린은 우리의 서로 다른 뇌 영역을 기능에 따라 분류하려 했다.

오해

많은 사람이 '파충류'의 뇌는 원시적 본능을 통제하는 반면, '호모 사피엔스'의 뇌는 영리한 지능을 담당한다고 여긴다.

매클린에 따르면 '원시 파충류의 뇌' 또는 도마뱀의 뇌는 뇌간brainstem과 소뇌cerebellum로 구성된 가장 오래된 뇌의 구조다. 이 파충류의 뇌는 호흡이나 수면처럼 우리를 생존하게 하는 여러 기능을 담당하며, 매우 단순하고 변함없다고 여겨졌다. 이 뇌는 생각이나 감정 없이 본능적으로 동물처럼 반응한다는 것이다.

그리고 '옛 포유류의 뇌'는 변연계limbic system, 편도체amygdala, 해마hippocampus, 시상하부를 포함한 서로 연결된 뇌의 구조이며 동기 부여와 감정에 중요한 역할을 한다. 당신의 아이들이 계속해서 공부를 잘하는 데 필요한 동기 부여 말이다. 이 '감정적인' 뇌는 여과되지 않은 날것의 감정으로 세상에 반응하게 한다. 그에 따라 우리에게 상황이 좋은지, 나쁜지 느낌으로 알려준다.

마지막으로, 신피질neocortex은 포유류에게서만 발견되며 '새로운 포유류 뇌'라는 개념으로 묶인다. 의사 결정, 계획, 말하기, 도구 사용을 비롯해 우리가 최고 수준의 인지 능력을 발휘하는 데 매우 중요하기 때문이다. 이 부위는 우리가 가진 논리적이고 이성적인 두뇌로 앞의 두 가지 뇌를 감독한다.

왜 이런 이론이 등장했을까?

비교신경해부학comparative neuroanatomy에서 비롯되었다. 이 분야는 서로 다른 종의 뇌를 비교해 여러 부위가 언제 어떻게 진화했는지 알아낸다. 하지만 알려진 바에 따르면, 1960년대까지도 서로 다른 종 사이 진화적 유연관계에 대한 충분한 이해가 이루어지지 않았다.

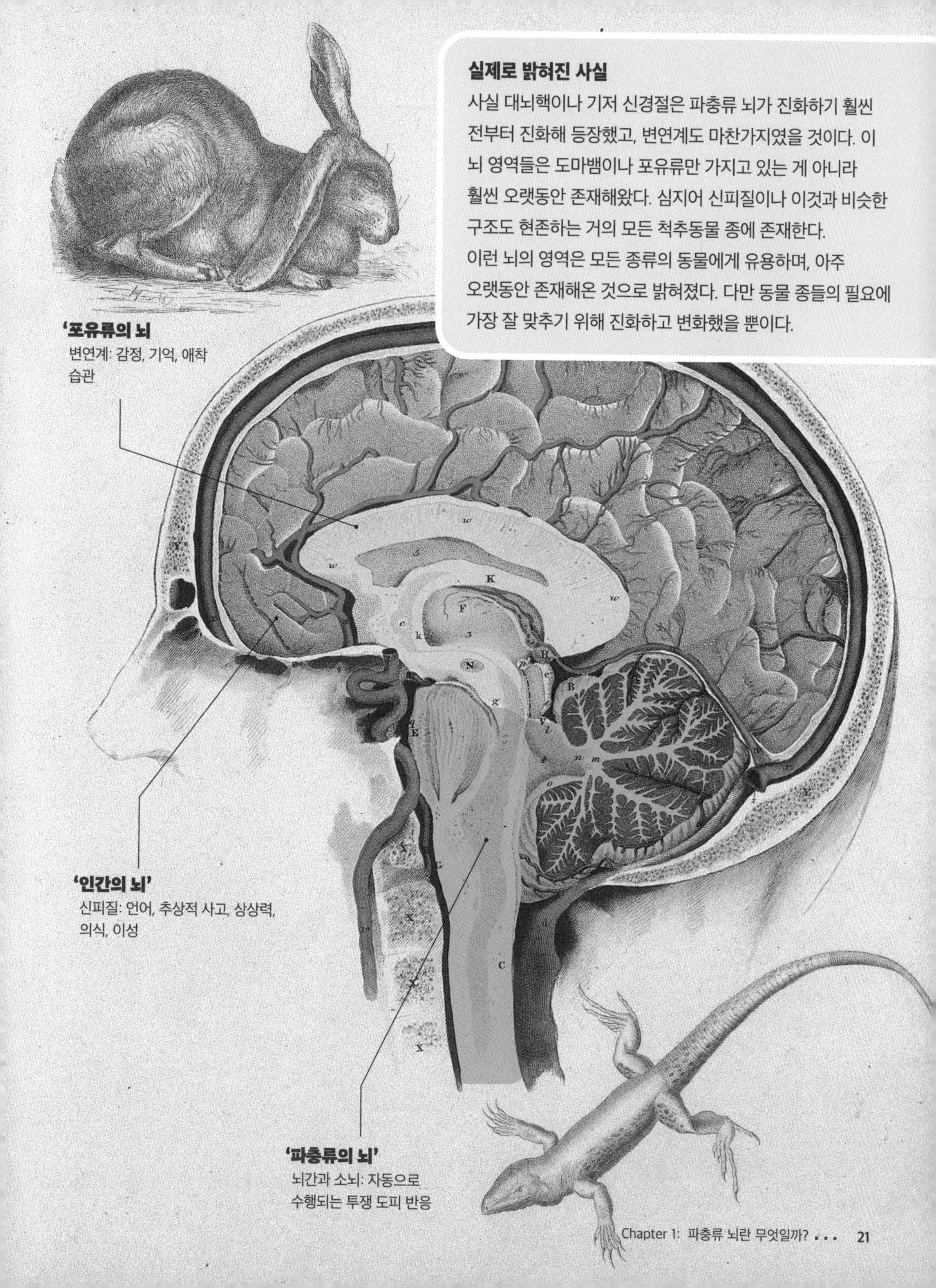

실제로 밝혀진 사실

사실 대뇌핵이나 기저 신경절은 파충류 뇌가 진화하기 훨씬 전부터 진화해 등장했고, 변연계도 마찬가지였을 것이다. 이 뇌 영역들은 도마뱀이나 포유류만 가지고 있는 게 아니라 훨씬 오랫동안 존재해왔다. 심지어 신피질이나 이것과 비슷한 구조도 현존하는 거의 모든 척추동물 종에 존재한다. 이런 뇌의 영역은 모든 종류의 동물에게 유용하며, 아주 오랫동안 존재해온 것으로 밝혀졌다. 다만 동물 종들의 필요에 가장 잘 맞추기 위해 진화하고 변화했을 뿐이다.

다른 똑똑한 생물들

일반적으로 뇌가 클수록 더 똑똑하다는 것은 사실이다. 무척추동물이 당신의 예상보다는 영리할 수 있지만 말이다. 그렇다면 어떤 동물이 가장 똑똑하고 머리가 좋을까? 먼저 이러한 두뇌가 어디에서 시작되었는지 살피기 위해 과거를 조금 들여다보자.

공룡

몇몇 공룡은 뇌의 크기가 꽤 작지만(스테고사우루스), 트루돈과 구성원들은 뇌가 거의 오늘날의 새와 비슷했다. 예전의 잘못된 상식처럼 뇌를 두 개 가지고 있지는 않았다. 그것은 스테고사우루스 해부학의 아주 독특한 특징에 근거한 서투른 오해였을 뿐이다.

네안데르탈인

네안데르탈인의 뇌는 사실 오늘날의 인류보다 컸다. 사람들은 네안데르탈인을 보다 원시적인 우리의 사촌이라 여기곤 하지만, 실제로 네안데르탈인은 꽤 똑똑했다. 적어도 우리만큼 머리가 좋았다. 도구와 예술 작품을 만들었다는 증거도 있다. 어쩌면 동료의 시체를 묻었을지도 모른다.

매머드

2010년, 시베리아의 영구 동토층에서 4만 년 된 매머드의 사체가 얼어붙은 채 발견되었다. 이 사체는 보존 상태가 무척 좋아 뇌가 거의 온전히 남아 있을 정도였다. 뇌 과학자들은 이 매머드의 뇌가 기본적으로 현대 아프리카코끼리와 같으며, 아마도 비슷하게 머리가 좋았을 거라고 밝혔다.

이제 오늘날 현존하는 동물들의 뇌를 살펴보자.

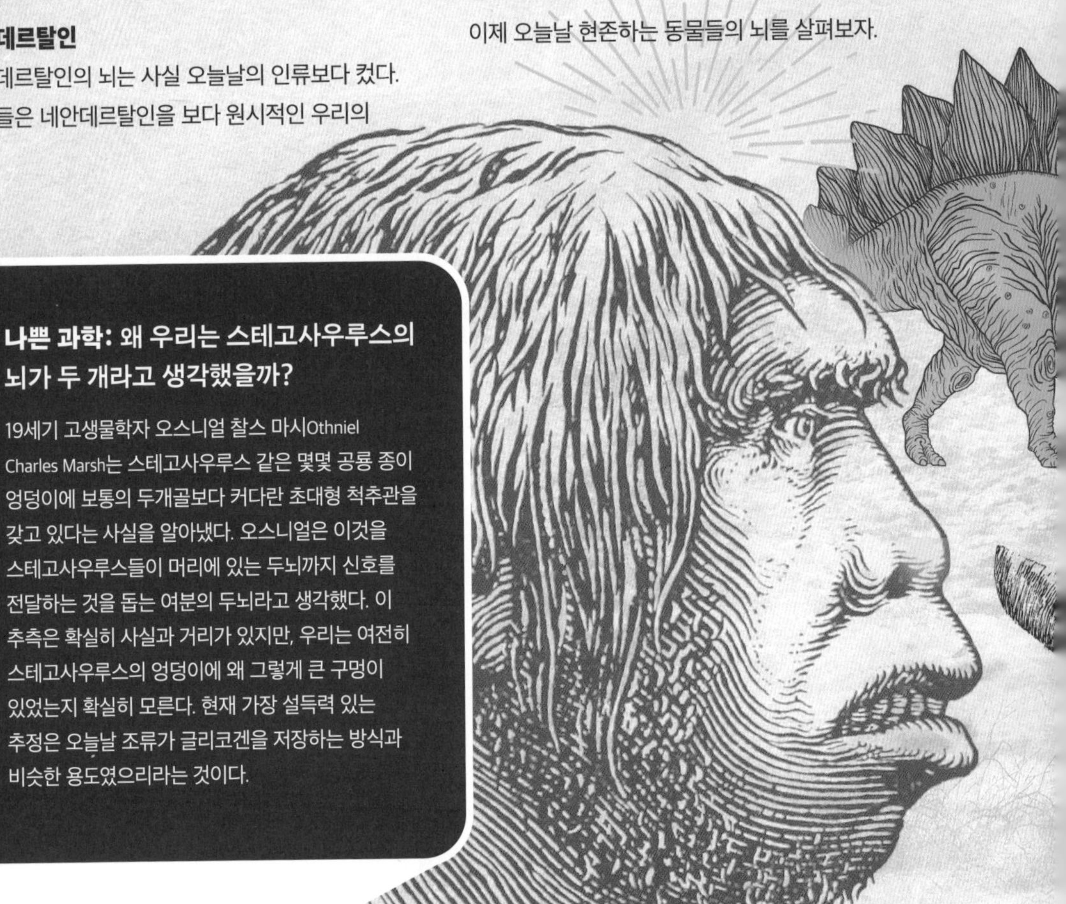

나쁜 과학: 왜 우리는 스테고사우루스의 뇌가 두 개라고 생각했을까?

19세기 고생물학자 오스니얼 찰스 마시Othniel Charles Marsh는 스테고사우루스 같은 몇몇 공룡 종이 엉덩이에 보통의 두개골보다 커다란 초대형 척추관을 갖고 있다는 사실을 알아냈다. 오스니얼은 이것을 스테고사우루스들이 머리에 있는 두뇌까지 신호를 전달하는 것을 돕는 여분의 두뇌라고 생각했다. 이 추측은 확실히 사실과 거리가 있지만, 우리는 여전히 스테고사우루스의 엉덩이에 왜 그렇게 큰 구멍이 있었는지 확실히 모른다. 현재 가장 설득력 있는 추정은 오늘날 조류가 글리코겐을 저장하는 방식과 비슷한 용도였으리라는 것이다.

향유고래

과학자들이 동물의 지능을 추정하는 한 가지 방법은 그 동물의 뇌와 신체 크기의 비율을 살피는 것이다. 코끼리와 침팬지, 돼지는 이 비율에서 여느 동물보다 훨씬 앞선다. 하지만 이 부문의 우승자는 인간보다 뇌가 약 6배 큰 향유고래다. 향유고래의 뇌는 소리를 처리하는 영역이 매우 커서 반향 정위反響定位, echolocation(소리나 초음파를 내어서 그 메아리로 상대와 자기의 위치를 확인하는 방법-옮긴이)를 하는 데 무척 유리하다!

보노보

현존하는 동물 가운데 우리와 가장 가까운 친척은 물론 침팬지다. 하지만 더 작고 온순한 사촌인 보노보 역시 침팬지 못지않게 우리와 DNA를 상당히 공유하는 것으로 밝혀졌다. 두 종 모두 매우 영리하며, 복잡한 사회생활을 영위하고 도구를 사용하는 능력을 갖췄다. 하지만 보노보의 뇌는 공격적 충동을 조절하고 다른 개체가 화났을 때 그 사실을 이해하는 것처럼 특정 종류의 사회적 상호작용을 처리하는 데 침팬지보다 더 나은 것으로 보인다.

까마귀

까마귀는 조류치고 뇌가 꽤 큰 편이다. 그리고 비록 조류가 신피질을 진화시키지 못한 채 훨씬 전에 포유류에서 갈라져 나왔지만, 기본적으로 '니도팔리움nidopallium'이라는 동일한 구조를 진화시켰다. 까마귀의 일부 종은 무척 영리해서 사람의 얼굴을 기억하고 도구를 사용하는 등 인상적인 인지 능력을 발휘할 수 있다.

마음 이론

당신이 당신 자신이라는 사실을 어떻게 아는가? 그리고 내가 나라는 사실을 어떻게 아는가?

당신에게는 당신만의 믿음과 욕망이 있고, 나에게는 나만의 믿음과 욕망이 있다는 사실을 이해하는 능력을 '마음 이론theory of mind'이라고 한다. 마음 이론은 우리가 인간답게 행동하는 데 매우 중요하다. 마음 이론이 없다면 다른 사람의 생각이나 마음을 전혀 신경 쓰지 않아, 사회가 빠르게 무너질 수 있다.

거울아, 거울아

우리는 몇몇 다른 동물 종에도 마음 이론이 어느 정도 적용된다고 생각한다. 예컨대 대부분 유인원은 '거울 테스트'를 통과한다. 이것은 기본적으로 자는 동안 친구 얼굴에 수염을 그리는 장난의 동물 버전이다. 만약 동물이 거울로 자기 모습을 보고 콧수염이 있다는 사실을 알아채 얼굴을 더듬는다면, 그것은 그 동물이 자신의 반사된 모습을 보고 있다는 사실을 이해한다는 뜻이다. 과학자들은 이것을 그 동물이 '자신'에 대한 감각을 지니고 있다는 의미로 해석한다.

거울 테스트를 통과한 동물에는 돌고래와 범고래, 코끼리, 유라시아까치, 심지어 청줄청소놀래기라는 물고기도 포함된다. 또 다른 종류의 실험에 따르면 개, 돼지, 까마귀, 염소를 포함한 여러 종은 자신과 다른 개체의 차이를 구별할 수 있는 것처럼 보인다.

인간이라는 존재

만약 마음 이론이 우리가 어느 정도 인간답게 행동하도록 한다면, 마음 이론에 해당하는 다른 동물들은 어떻게 생각해야 할까? 이렇게 설명할 수 있다. 비록 우리의 실험들 가운데 일부가 다른 동물들에도 마음 이론을 적용할 수 있다고 하더라도 동물이 짖는 소리를 번역하는 기계가 나오기 전에는 그 동물의 뇌에서 정확히 무슨 일이 벌어지는지 파악하기 어렵다. 몇몇 과학자는 심지어 언어와 마음 이론이 함께 이어져 있으니, 언어가 없다면 마음 이론도 존재하지 않을 수 있다고 주장한다. 언어가 없다면 내가 나이고, 당신이 당신이고, 그들이 그들이라는 사실을 제대로 알고 있는지 증명할 수 없기 때문이다.

우리가 다른 동물들이 이해하고 느낄 수 있는 것들을 더 잘 이해할수록 그 동물들을 어떻게 다루고 연구해야 하는지, 그리고 그 동물을 보호하기 위해 우리의 생활방식을 어떻게 바꿔야 하는지 생각해봐야 한다.

그럼, 우리 선조들은?

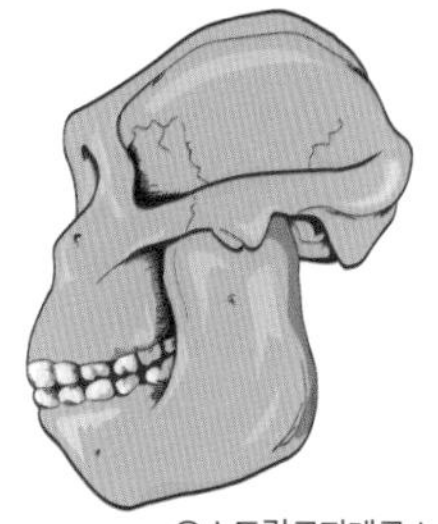
오스트랄로피테쿠스

우리는 인간이 다른 동물에 비해 특별하다고 생각한다. 왜냐하면 우리는 옷을 입고, 차를 운전하고, 말을 하는 등 멋진 일들을 해내는 유일한 동물이기 때문이다. 하지만 우리만이 특별하다는 것은 사실과 거리가 있다. 지난 수백만 년 동안 인류와 비슷한 종이 많이 존재했으며, 우리는 단지 이렇게 오랫동안 살아남은 유일한 무리일 뿐이다.

인류와 가장 가까운 사촌들은 모두 오래전에 멸종했기 때문에, 우리는 화석으로 발견된 두개골을 통해 뼈의 모양과 혈관의 흔적을 연구해 그들의 뇌에 대해 추측할 수밖에 없다.

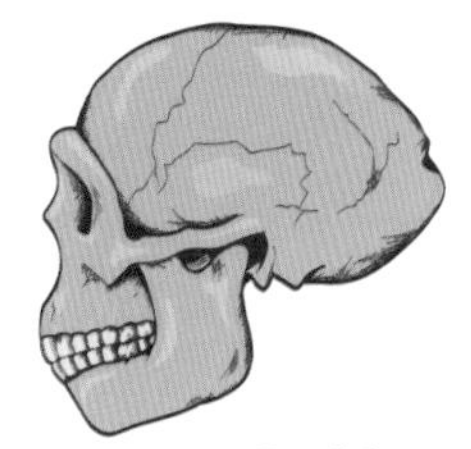
호모 에렉투스

약 500만 년 전 고대 인류는 직립 보행하는 능력을 발달시켰고 간단한 도구를 사용하는 방법을 알아냈지만, 뇌는 아직 그렇게 크지 않았다.

약 200만 년 전에 등장한 보다 건장한 호모 에렉투스는 더욱 큰 뇌를 갖고 있었다. 호모 에렉투스는 돌도끼를 만들고, 불을 피웠으며, 어쩌면 예술 작품을 만들기도 한 최초의 인류 종으로 여겨진다.

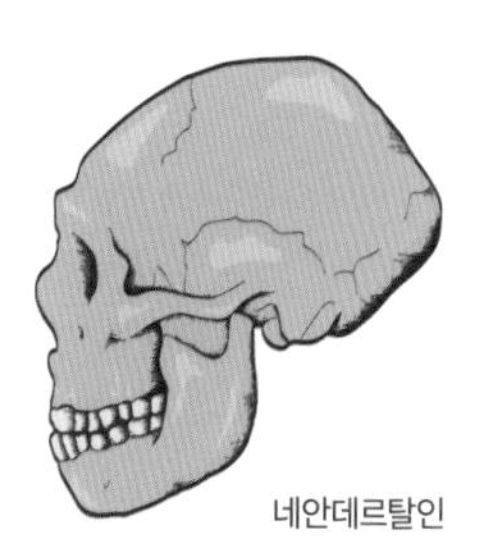
네안데르탈인

약 50만 년 전에 네안데르탈인이 나타났다. 네안데르탈인은 그 전후로 나타난 호미닌(인류의 조상으로 분류되는 종족들-옮긴이) 가운데 뇌가 가장 크고, 어느 모로 보나 인류와 거의 비슷했다. 우리보다 몸에 털이 조금 더 많았지만, 옷을 지어 입고 배를 만들고 다친 이웃을 돌보기도 했다.

우리 가운데 일부가 네안데르탈인의 DNA를 가졌다는데, 그 이유는 무엇일까? 그것은 우리가 네안데르탈인의 후손이기 때문이 아니라, 고대 호모 사피엔스와 네안데르탈인이 서로 짝짓기를 했기 때문이다.

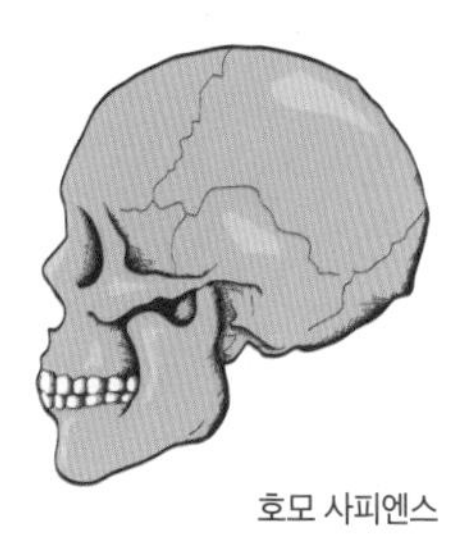
호모 사피엔스

불행히도 네안데르탈인이라는 우리의 사촌이 실제로 어떤 모습이었는지는 알 수 없다. 이미 약 4만 년 전에 멸종했기 때문이다. 여기에는 어쩌면 현생 인류의 책임도 있을지 모른다. 개체 수가 점차 줄어들고 취약한 유전적 특성으로 멸종했을지도 모르지만, 초기 인류가 네안데르탈인을 도살하고 심지어 잡아먹었을 수도 있다는 증거가 있다.

인간의 크지만 나쁜 두뇌

인간의 뇌는 다른 많은 종과 비교할 때 터무니없이 큰 편이다. 그런데 이족보행으로 골반이 좁아 출산 과정이 꽤 험난하다. 다행히 진화 과정이 인간을 도왔다. 아기는 몸이 매우 말랑거리고 부드러운 상태로 태어난다. 그래서 출생한 뒤에도 뇌가 계속해서 자라야 한다. 이 때문에 인간이 아기일 때 무력하고 우스꽝스러울 만큼 멍청한 것이다.

CHAPTER 2

아리스토텔레스는 뭐라고 말했을까?

우리의 뇌는 꽤 크고 대단하다. 먼 옛날부터 사람들은 우리의 뇌가 몸에서 상당한 공간을 차지한다는 사실을 알았다. 하지만 뇌가 실제로 무엇에 사용되었는지는 알려지지 않았다.

'뇌'라는 차갑고 촉촉한 기관이 정자를 생산한다고? 가장 저명한 고대 학자 중 한 사람인 갈레노스Galenos는 그렇게 말했다. 그렇다. 뇌에 대한 연구는 역사적으로 꽤나 예상치 못한 변화를 겪었다. 하지만 당신이 알아야 할 사실이 있다. 이런 종류의 대담하고 형편없는 가설들이 오늘날과 같은 지식의 지평으로 우리를 이끌었다. 우리는 결코 정신이나 뇌에 대해 선천적으로 이해한 채 태어난 것이 아니다. 솔직히, 어떤 뇌가 자신을 연구할 만큼 성능이 좋다는 것 자체가 꽤 놀라운 일이다. 한번 상상해보라. 이것은 스스로 의식을 갖추고 자기가 어떻게 만들어졌는지 인식한 로봇이 자기 CPU에 대해 연구하는 것과 같다(18장에서 이런 아이디어에 대해 살필 예정이다).

이런 일이 실제로 일어났다. 전 세계에 걸쳐 오랜 세월 동안 여러 인간의 두뇌가 다른 인간의 뇌를(그리고 자신의 뇌를) 연구했다. 그 두뇌 중 일부는 앞서 언급한 '뇌에서 정자가 만들어진다'는 터무니없는 아이디어를 생각해냈다. 하지만 꽤 대단한 아이디어를 떠올린 두뇌도 있다! 그중 몇 가지 사례는 꽤 과격하고 급진적이었다. 다친 뇌를 치료하기 위해 두개골에 구멍을 뚫거나 훈련받은 전문가에게 자기 문제를 털어놓는 것처럼 말이다. 이렇게 우리는 뇌에 대해 잘못된 나쁜 설명을 버리고 더 나은 설명을 쌓아 오늘날에 이르렀다!

두뇌 연구의 간단한 역사

두뇌 연구는 아주아주 오래전에 시작되었다. 사람들은 똑똑하고 물컹거리는 이 뇌라는 기관을 이리저리 건드리고 싶은 유혹을 이겨내지 못했다. 하지만 흔히 말하는 것처럼, 우리의 뇌에 대해 밝혀내기 위해서는 하나의 마을 전체, 더 나아가 전 세계적 도움이 필요하다. (계속 읽어보라. 아직도 우리가 모르는 것이 많다!) 기록된 역사가 시작된 무렵부터 중세에 이르기까지, 전 세계 여러 문화권에서 뇌에 대해 다뤘다. 하지만 때로는 그 연구 결과가 의문스러웠다.

르네상스 시기 이탈리아

처음으로 인체의 해부가 허락된 시기다. 일부 화가와 과학자들은 자신의 손이 더러워지는 것도 개의치 않고 두개골을 열어 무엇이 숨겨져 있는지 살폈다. 예컨대 레오나르도 다빈치Leonard da Vinci는 〈모나리자〉를 그리고 헬리콥터를 발명한 것 외에도 뇌를 연구하고 몇 가지 중요한 관찰을 했다.

고대 잉카 제국

이런, 세상에! 구멍이 뚫린 잉카인의 두개골 수백 개가 발견되었다. 이들은 이런 방식으로 두개골을 치료해 목숨을 건지려 했을 것이다.

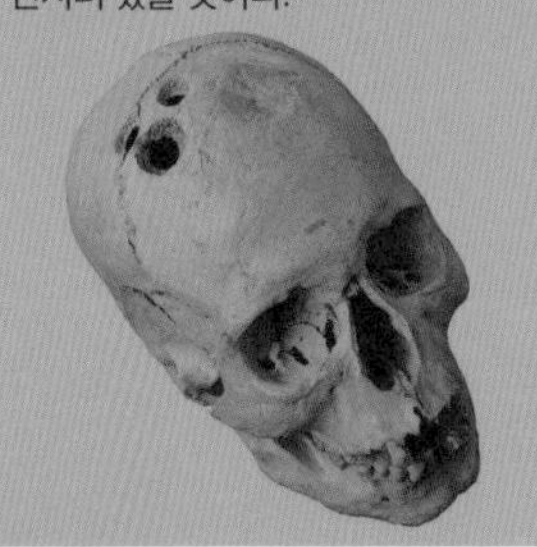

고대 그리스

소크라테스는 머릿속에서 어떤 목소리가 자신에게 무언가 지시를 내린다고 말하며, 이 내면의 목소리를 '다이몬daemon (고대 그리스 신화에 나오는 반신반인 존재-옮긴이)'이라고 불렀다. 다이몬이라니, 어딘가 귀여운 느낌이 든다!

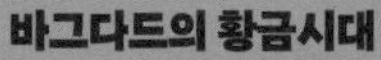

고대 중국

전해지는 바에 따르면 3세기 초 한나라를 다스리던 조조曹操는 지독한 두통을 치료하기 위해 화타華佗라는 유명한 의사를 불렀다. 오늘날 중국에서 외과 수술의 아버지로 알려진 화타는 치료 솜씨가 대단한 것으로 유명했다. 하지만 화타가 뇌수술을 제안하자, 조조는 자신을 살해하려는 위협으로 여기고 그를 처형했다. 두통은 사람을 예민하고 화나게 만든다.

바그다드의 황금시대

9세기에 페르시아의 저명한 학자 아부 바크르 무함마드 이븐 자카리야 알라지Abu Bakr Muhammad ibn Zakariya al-Razi는 정신 질환과 초기 형태의 심리 치료에 대해 최초로 기술했다. 알라지는 세계 최초 정신 병동을 이끄는 책임자이기도 했다.

고대 인도

불교와 힌두교는 명상과 요가를 통해 몸과 마음의 균형을 증진하려 했다. 오늘날의 연구 결과에 따르면, 이때 만트라 주문을 소리 내어 외우면 '산스크리트어 효과'라 불리는 인지적 이점을 얻을지도 모른다고 여겼다.

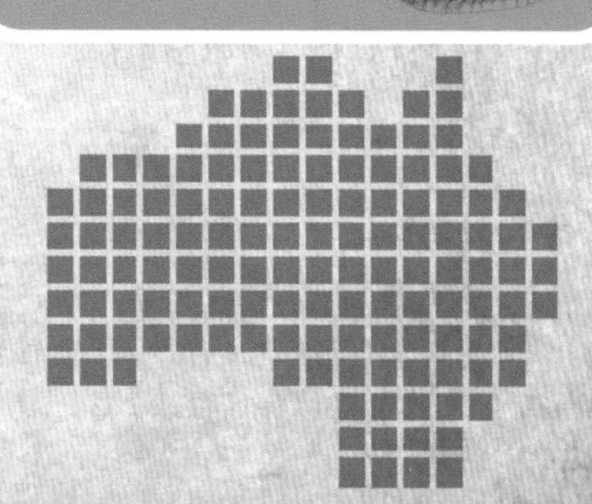

고대 이집트

고대 이집트인들은 시신을 미라로 만들 때 심장을 제외한 모든 내장을 꺼냈다. 왜 그랬을까? 심장에서 생각과 감정을 느낀다고 여겼기 때문이다. 어이쿠!

이집트 ▶ 뇌보다 심장이 더 중요하다

고대 이집트인들은 확실히 미라를 굉장히 좋아했다. 최근 밝혀진 바에 따르면 이들은 기원전 4500년부터 미라를 제작했다. 이집트인들은 이 땅에 몸을 보존해야 내세에 멋지고 건강한 몸을 얻는다고 믿었다. 하지만 몸속에서 내장이 썩어간다면 가죽 같은 피부를 가진 미라를 만들기 어렵다. 그래서 시신의 내장을 전부 제거하기 시작했다. 간, 신장, 위장, 그리고 뇌까지 말이다.

뇌 제거하기

이집트인들의 뇌 제거 과정은 단순하지만 꽤 거칠었다. 간단히 말하면, 긴 막대기나 쇠갈고리를 코에 꽂고 뼈에 구멍을 뚫어 비강과 뇌를 분리한 다음 도구를 몇 번 돌려 안쪽의 뇌를 한 덩어리씩 꺼냈다. 일단 거의 다 꺼냈다 싶으면 몸을 뒤집고 나머지를 빼냈다. 마치 이비인후과에서 콧속을 아주 완벽하게 세정하는 것처럼.

이집트에서 뇌 제거에 사용된 갈고리!

약마야, 저리 가!

의학에 대해 기록한 초기 이집트 파피루스 두루마리의 내용은 놀랄 만큼 정밀했다. 에드윈 스미스Edwin Smith 파피루스에 '뇌'라는 단어가 처음으로 사용되었다. 여기서 저자는 뇌의 표면을 '용융된 구리'에 비유했다. 그리고 에베르스Ebers 파피루스에는 우울증 치료 방법이 설명되어 있다. 이 내용에 따르면 이집트인들은 우울증을 뇌가 아닌 심장의 병으로 보았다. 이집트인들이 미라를 만들 때 뇌를 꺼내서 버린 것도 이런 관념 때문이었을 것이다. 하지만 이처럼 의학이 꽤 정교하게 발달했음에도 이집트인들은 주술사를 의사와 대등하다고 여겨 주문이나 마녀의 물약처럼 의심스러운 치료법을 믿었다. 종교, 의학, 마술이 서로 얽혀 구분할 수 없었다.

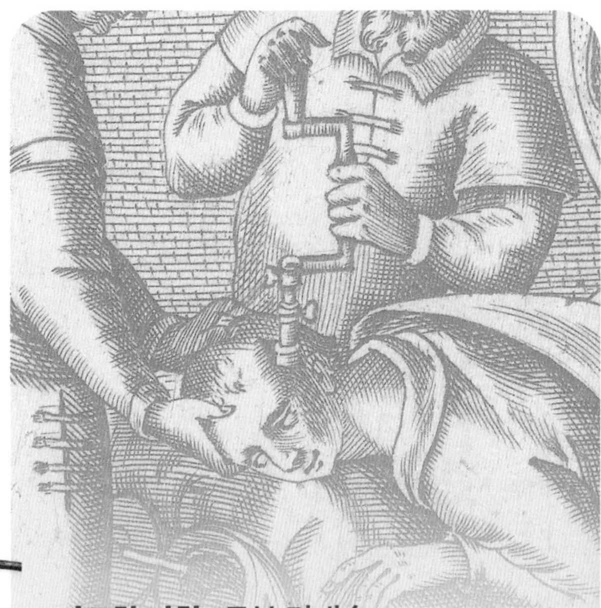

기묘한 과학: 두부 절개술

1867년, 페루 주재 미국대사는 직사각형 구멍이 뚫린 고대 잉카인의 두개골을 발견했다. 이상한 점은 살아 있는 사람에게 구멍을 뚫었는데도 그 사람이 살아남았다는 사실이다! 머리에 구멍을 뚫는 것은 그다지 좋지 않은 생각 같다. 그런데 기원전 6500년에서 기원후 2000년까지 (불법적으로) 전 세계에서 이렇게 '변형'된 두개골이 수백 개나 발견되었다. 때로는 어떤 종교 의식이나 정신 질환을 치료하고, 외상성 뇌 손상을 입은 사람의 머리에서 내용물을 빼내기 위해 이런 방법이 사용되기도 했다. 하지만 이것은 부상 후 뇌에 가해지는 압력을 완화하기 위한 합법적 의료 절차다. 오늘날에도 여전히 수술을 하거나 머리에 입은 외상을 치료하기 위해 두개골에 구멍을 내지만, 잘라낸 뼈를 나중에 다시 제자리에 넣는다.

그리스 ▶ 프시케를 찾아라!

고대 그리스인들은 인간의 영혼, 또는 그들이 '프시케'라고 부르던 것의 위치를 찾는 데 집착했다. 하지만 마음이 어디에 머무르는지 의견을 통일할 수 없었다. 이 문제를 둘러싸고 의사와 철학자들 사이에서 심각한 의견 대립이 벌어졌다(당시에는 두 직업이 완전히 분리되지 않아 혼란이 좀 더 심했다).

의사들의 입장

고대 그리스 문화에서는 인간의 몸을 신성하게 여겨 해부가 금지되었다. 그에 따라 뇌의 해부학적 구조는 대체로 수수께끼에 싸여 있었지만, 히포크라테스Hippocrates를 포함한 여러 의사는 이 기관을 지능의 중심이라고 정확하게 식별해냈다. 히포크라테스는 우울증과 불안 장애에 해당하는 여러 정신 질환을 묘사했다. 이런 병이 네 가지 '체액', 즉 검은 담즙, 노란 담즙, 가래, 혈액의 불균형 때문에 일어난다고 여겼다. 정신 질환을 신들의 징벌이나 악마에 씌었기 때문이라고 여기던 당대의 지배적 설명에 비하면 장족의 발전이라 할 수 있다.

철학자들의 입장

비록 아리스토텔레스Aristoteles가 '상식' 또는 코이네 아이스테시스koine aisthesis(공통 감각)의 근원을 찾으려 하기는 했지만, 이 용어는 오늘날 우리가 사용하는 것과 상당히 달랐다. 아리스토텔레스는 이 개념을 통해 우리의 이성적 사고와 모든 감각, 기억을 통합시키는 몸속의 특정 위치를 상상했다. 의사 친구들이 머리 어딘가라는 증거를 제공했는데도 아리스토텔레스는 "그 특정 위치는 분명 심장이다"라고 단언했다. 그렇다면 뇌는 어떤 역할을 한다고 여겼을까? 아리스토텔레스는 뇌가 피를 식히는 데 쓰인다고 생각했으며, 이것이 인간이 다른 동물보다 더 이성적인 이유라는 가설을 세웠다. 뛰어난 논리력을 자랑하던 사람치고는 엄청난 논리적 비약을 저지른 셈이다.

지상에서 가장 고귀한 여성: 약물과 예언

당시에는 델포이의 신탁이 아폴로 신의 뜻을 대변한다고 여겼다. 황제뿐만 아니라 농민들도 신의 예언을 듣고자 연기가 자욱한 신전을 방문했다고 한다. 신전의 흔적은 남아 있지만 실제로 이런 연기가 존재했다는 증거를 찾지 못해, 그동안 학자들은 신화 속 이야기라고 치부했다. 하지만 2001년 지질학자, 화학자, 독물학자, 고고학자 집단이 흥미로운 증거를 찾아냈다(아마도 술집에서 한잔 걸친 이후였을 것이다). 신전 아래에 놓인 기름이 섞인 석회암 바위에서 두 개의 단층이 새로 발견되었다. 아마도 여기서 나오는 달콤한 에틸렌 가스가 비법이었을 것이다. 에틸렌 가스를 흡입하면 정신이 맑아지면서도 언어 패턴과 신체 조절에 영향을 미치는 무아지경 상태가 된다. 여사제는 정말로 약에 취해 있었던 셈이다.

갈레노스 ▶ 로마에서 그리스인이 했던 것 따라 하기

정말이다. 갈레노스는 머리에서 배설 기관으로 직접 연결되는 통로가 있다고 여겼다. 그는 남성이 흥분하면 뇌가 정액을 척수로 배설하고, 거기서 몸이 활기를 띨 때 다른 체액에서 비롯된 지방 잔류물과 섞이며, 이 거품 섞인 성분이 척수를 타고 사타구니로 흘러 들어간다고 여겼다. 안 될 게 뭔가? 비록 갈레노스는 뇌가 지성의 본거지라고 믿었지만, 사람이 사실은 세 개의 영혼을 가졌다고 주장했다. 그것은 뇌에 깃든 이성적 영혼과 심장에 깃든 영적 영혼, 그리고 간에 깃든 식욕을 관장하는 영혼이다. (내가 확실히 말할 수 있는 것은 배고플 때 식욕을 관장하는 영혼은 분명 나를 사로잡는다는 사실이다.)

로마 제국 출신의 자연과학계 거물 갈레노스는 그리스의 유명 과학자 히포크라테스의 아이디어를 로마인들의 방식으로 상당 부분 베꼈다.

갈레노스가 따라 한 것

히포크라테스와 마찬가지로 갈레노스는 이성이 뇌 안에 깃든다고 생각했다. 하지만 더 나아가 정신과 육체 사이에는 차이가 없다고 주장했는데, 이것은 심리적 문제가 악마나 신 때문에 일어나지 않는다는 것을 의미했다. 실제로 갈레노스는 상담을 통해 환자들을 치료하자고 제안해 심리학 분야에서 엄청난 발전을 이뤘다. 그뿐만 아니라 4체액설을 신봉했고, 히포크라테스와 약간 다르게 인격 장애는 몸속 체액이 균형을 잃은 결과라고 주장했다. 그렇다면 해결 방법은 무엇이었을까? 피를 뽑는 것이었다! 갈레노스는 피를 뽑아내는 것만으로 증상이 씻은 듯이 낫는다고 여겼다. 이런 관습이 19세기까지 인기 있었다는 사실이 놀랍다.

갈레노스가 처음 생각한 것

갈레노스는 몇 가지 아이디어를 내기도 했다. 그 가운데 정자가 뇌에서 나온다는 이론이 포함되어 있다.

고대에는 '의식'이라는 용어 대신 '영혼' '프시케' '본질' '생명력' 같은 단어로 불렸다. 그리고 이 정의하기 어려운 성질을 어디에서 발견할 수 있는지 수많은 주장이 난무했다.

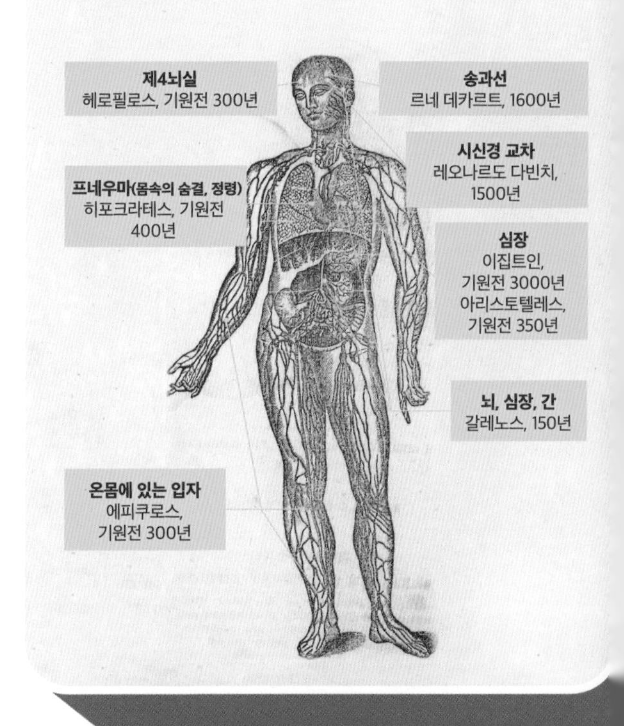

차크라를 순리대로

체액이 사람의 성격을 바꾼다는 갈레노스의 주장이 조금 별나기는 하지만, 사실 완전히 새로운 생각은 아니었다. 갈레노스보다 약 500년 전 인도의 힌두교 치료사들은 이미 사람의 신체 건강, 정신 건강, 성격이 세 가지 신체 물질의 불균형에 영향을 받는다는 비슷한 이론을 생각해냈다. 중세 인도의 종교 지도자인 구루들은 이런 믿음을 심령 에너지의 결절인 '차크라 chakra'라는 개념으로 발전시켰다. 어딘지 신비롭게 들린다면 당신의 생각이 맞다! 어쨌든 이들에 따르면 차크라에서 나오는 에너지의 흐름이 막히면 몸과 마음, 감정이 엉망진창이 된다. 하지만 호흡 운동이나 요가, 명상 같은 기술을 발전시키면 이것을 통제하고 궁극적으로 몸과 마음을 연결할 수 있다. 몸과 마음이 연결되어 있다는 이런 생각은 여러 치료 요법에 널리 도입되었다.

자연적인 것과 초자연적인 것

마음에 대한 고대 중국인들의 접근은 전체론적이었다. 다시 말해, 중국인들은 사람이 건강하려면 몸과 마음, 자연의 균형과 조화가 이루어져야 한다고 믿었다. 그래서 논리적으로, 정신 질환은 간의 염증이나 폭염 같은 신체적, 환경적 이상으로 발병한다고 여겼다. 이후 종교적 영향으로 중국 의학은 초자연적 요소들을 통합하고 악령 들림 현상에 약간 집착해, 트라우마trauma를 경험하거나 감정적으로 압도당하면 악령에 취약해진다고 믿었다. 이 악령이 사람의 몸에 들어가 경색을 일으키면, 사람들은 이러한 문제들을 해결하기 위해 한방약이나 침술, 심지어 과도한 감정을 표현하는 방식으로 눈을 돌렸다. 오늘날 돈을 내고 물건을 부수며 분노를 해소하는 '분노의 방'처럼 말이다. 분노가 쌓여 있다면, 지금 바로 분노의 방을 예약해 물건을 박살 내고 고래고래 소리를 질러 발산하라!

바그다드의 황금시대

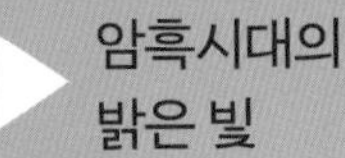

암흑시대의
밝은 빛

비록 중세 유럽은 크게 발전하지 못하고 암흑기에 빠졌지만, 칼리프가 다스리는 이슬람 국가에서는 여러 새로운 발견이 쏟아졌다. 그리고 이븐시나Ibn Sīnā 같은 의사들은 뇌가 어떻게 작동하는지 더 배우기 위해 두개골 골절상을 입은 환자들을 수술하기 시작했다.

시대를 앞선 인물

이븐시나는 14권으로 된 최초의 의학 백과사전을 집필했다. 이 책에서 그는 환각hallucination, 치매dementia, 불면증insomnia, 뇌전증epilepsy 등 다양한 신경정신과 질환을 식별했다. 그뿐만 아니라 의학적으로 접근해 이 질환을 악령 들림 탓이 아닌 생리적, 정서적 문제로 다루었다. 어쩌면 이븐시나는 당신이 한 번도 들어본 적은 없지만, 의학계에서 가장 영향력 있는 인물 가운데 한 사람일 것이다.

알라지가 거둔 눈부신 성과

이슬람 제국에는 놀랄 만큼 똑똑하고 과학적인 의사가 가득했다. 이 가운데 아부 바크르 무함마드 이븐 자카리야 알라지(줄여서 '알라지'라고 부르겠다)는 심리학 분야에서 가장 영향력을 떨쳤다. 이 학계의 스타는 우울증, 불안, 정신분열증, 조증 같은 심리적 문제를 포함해 그가 직접 했던 의학적 관찰 내용을 237권의 책으로 썼다. 알라지가 기본적으로 진행한 작업은 정신건강 문제의 일반적 증상과 치료법을 확인하기 위한 핸드북 제작이었다. 알라지는 정신 질환을 의학적 질병처럼 다뤄야 한다고 여겨, 자신이 운영하는 병원에 역사상 최초로 정신과 병동을 설치했다. 이런 생각은 이후 확산되어 지역 전체에 퍼졌고, 정신건강에 대한 비교적 진일보한 시각으로 이어졌다. '무서운 정신병동'에 대한 이미지는 잊어라! 알라지의 병동에서 정신 질환자들은 존중받으며 치료받았고, 약물 치료와 음악 치료, 직업 훈련을 받았다. 심지어 알라지는 환자들과 부드럽고 희망적인 방식으로 개인적 차원에서 대화를 나누는 원시적 형태의 심리 치료법을 개발하기도 했다. 존엄성을 지키며 사람을 대하면 무엇이든 결과가 향상되기 마련이다. 누가 알겠는가?

중세 유럽과의 비교

만약 중세 시대 유럽에 살았다면, 정신 질환이 정말 큰일이었을 것이다. 초기 기독교 신학은 초자연적 설명에 의존했고, '거룩함'과 '광기' 사이에는 매우 얇은 경계선이 있을 뿐이었다. '성스러운 거식증'에 참여하는 수도승이나 성 프란체스코San Francesco, 성 잔 다르크Saint Jeanne d'Arc 같은 종교계 인사들은 영적 환영을 경험했다고 보고했다. 그러나 종교인의 중요성을 낮춰보아서가 아니라, 어쩌면 정신분열증 증상이었을지도 모른다. 하지만 이들은 신에게 영감을 받은 것으로 여겨졌다. 그런데 그렇게 운이 좋지 못한 정신 질환자들도 있었다.

마녀가 나를 도롱뇽으로 만들었어!

당시 대부분 정신 질환은 악에 대항하는 정신적 투쟁으로 여겨졌다. 그 싸움에서 진 사람은 '악마가 내 안에 있다'며 광기에 굴복한 것이었다. 악마에 씐 여성들은 마녀로 여겨졌고, 마녀에게 할 수 있는 것은 활활 불태우는 것뿐이었다! 그 결과 약 6만 명의 여성이 화형당한 것으로 추정된다. 하지만 이것이 중세 시대 유일한 '치료법'은 아니었다. 그 밖에 악마를 몰아내기 위한 기도, 채찍질, 엑소시즘을 포함한 치료법들도 제안되었다. 이렇게 했는데도 효과가 없는 불쌍한 영혼들은 고문당하거나 산 채로 불태워졌다.

알코올에 빠진 당신의 뇌

정체: 알코올alcohol.

약물 종류: 억제제.

기능: 쾌활한 친밀감을 일으키기도 하지만 장기 부전과 사망을 몰고 오기도 한다.

원리: 중세 사람들이 물 마시기를 겁내 술을 마셨다는 것은 잘못 전해진 이야기다. 맥주와 와인은 당시 식사와 함께 곁들이는 경우가 무척 많았고, 사실상 음식의 한 종류였다. 그렇다면 술을 마시고 코를 골아대는 이유는 무엇일까? 예거밤Jägerbomb이라는 폭탄주를 마시면 알코올이 몸속 GABA 수용체에 결합한다. 이 GABA는 뉴런의 발화를 막는 억제성 신경전달물질이다. GABA 수용체는 전두엽 피질, 해마, 소뇌에 집중적으로 분포하기 때문에, 알코올 농도가 높아지면 이런 부위의 기능을 저하시켜 일반적으로 잘못된 의사 결정을 하고 밤에 있었던 일이 기억나지 않거나 몸의 균형이 깨지는 부작용을 일으킨다. 그뿐만 아니라 알코올은 자극을 일으키는 신경전달물질인 노르아드레날린 수치를 높여 충동성이 커지고 쾌락을 찾아 나서도록 부추긴다. 그러니 새벽 2시에 타코가 먹고 싶은 것도 당연하다!

위험성: 이런 독성 외에도 술은 중독성이 매우 강하다. 장기적으로 술을 마시는 사람은 순환계와 호흡에 치명적 문제를 일으키는 심각한 금단 증상을 경험하기도 한다.

엑소시즘

이게 대체 뭐야

적어도 정신 질환에 관한 한 엑소시즘은 부당한 평가를 받고 있다. 사람이 다른 어떤 존재에 씐다는 것은 아주 오래된 관념이다. 많은 종교와 문화권에서 이것이 항상 나쁜 것으로 여겨진 것은 아니다. 특징적이지 않거나 이상한 행동과 생각을 묘사할 때도 사용되곤 했다. 노인들이 말도 안 되는 소리를 지껄인다든가 순진한 아이들이 전과 다른 옷을 입고 부모에게 순종하지 않는다든가, 순결한 배우자가 이웃과 바람을 피운다든가 하는 일이 생기면 무언가에 사로잡혔다고 여겼다. 당연히 우울증이나 정신분열증 같은 정신 질환도 악령에 홀린 결과라고 생각했다.

그리스도의 힘이 당신을 억누를 것이다!

기독교에서는 악령에 사로잡히는 것을 무조건 나쁜 일이라고 여겼다. 만약 어떤 사람이 귀신에게 홀렸다면 악마에게 점령당했다는 뜻이므로, 악마를 내쫓아야 그를 구할 수 있다고 여겼다. 이런 악령들을 몰아내기 위해 가톨릭교회는 1614년 엑소시즘exorcism을 도입했다. 악귀를 쫓는 의식인 엑소시즘은 꽤 단순했다. 사제가 고통받는 사람을 위해 기도하고, 신의 이름을 부른 다음 악령에게 떠나라고 명령하면 끝이었다. 악령 들린 사람이 자해하거나 다른 사람에게 폭력을 행사할 위험이 있을 때는 몸을 묶기도 했다.

영화 〈엑소시스트〉

엑소시즘은 200년 넘게 거의 자취를 감추었다가 1973년 영화 〈엑소시스트The Exorcist〉가 개봉하면서 다시 수면 위로 떠올랐다. 이 영화는 1950년대 한 소년의 실제 엑소시즘 의식에서 벌어진 일을 바탕으로 한다. 이후 악령이 들려 고통을 겪는다고 생각하는 사람들로부터 엑소시즘에 대한 요청이 빗발쳤다. 1999년 바티칸에서 어떤 경우에 엑소시즘을 행해야 하는지 새로운 지침을 발표할 정도로 영화는 큰 이슈를 불러일으켰다. 오늘날 공식적으로 허가된 엑소시즘은 무척 드물지만, 감시망을 피해 몰래 행하는 경우가 많다. 그뿐만 아니라 위험하고 치명적인 관행을 수반하는 DIY 엑소시즘도 성행한다.

왜 엑소시즘을 옹호하는 걸까?

엑소시즘 의식은 정신 질환에 대한 우리의 이해가 원시적이던 시기에 시작되었다. 이때 정신 질환에 대한 치료는 효과적이지 않거나, 해롭거나, 아예 존재하지 않았다. 우울증이나 불안 장애를 악령에 들린 고통으로 여기는 관점은 그것을 외부적 힘에 기인한다고 여겨, 정신 질환이 개인 탓이라는 오명을 벗게 했다. 엑소시즘의 효과에 대한 과학적 증거는 없지만, 플라세보 효과에 대한 증거는 존재한다. 다른 선택지가 없던 시절, 엑소시즘은 사람들에게 도움과 위안을 제공한 셈이다.

르네상스

중세라는 긴 암흑기가 지나고, 그리스와 로마 사상에 대한 관심이 유행하며 르네상스가 시작되었다! 이 시대 사람들은 과거 어느 때보다 더 자주 이렇게 말했다. "두개골을 열어 그 안을 파헤치자!"

진정한 르네상스맨

예술과 기술 분야에서 발휘한 천재성으로 더 잘 알려졌지만, 레오나르도 다빈치는 인간의 영혼이 어디에 거처하는지 찾는 데도 집착했다. 하지만 사체 해부는 불법이어서 무덤 도둑에게 돈을 주고 한밤중에 썩어가는 시체를 구해오도록 했다. 다빈치가 영혼의 거처라고 여겼던 뇌, 신경, 시신경의 환상적 이미지를 그림으로 옮기면서 그의 그림 기술이 무척 유용하다는 사실이 밝혀졌다. 하지만 불행히도 그림을 그리는 과정에서 불법을 저질렀기 때문에 이 작품들은 비밀에 부쳐져 1800년대까지 발견되지 않았다. 그리고 재미있게도, 다빈치는 살아 있는 개구리를 연구했지만 개구리들을 죽이며 양심의 가책을 느껴 채식주의자가 되었다. 사실 그는 동물을 지나치게 좋아해 시장에서 새를 사다가 놓아주기도 했을 것으로 추정된다.

비켜, 갈레노스!

르네상스 시대를 대표하는 한 사람을 꼽는다면 안드레아스 베살리우스Andreas Vesalius를 빼놓을 수 없다. 베살리우스의 해부와 그에 따른 발견은 전 세계를 놀라게 했다. 그는 1,000년이 지난 뒤에도 여전히 복음으로 남아 있는 갈레노스의 가르침을 몹시 싫어했다. 베살리우스는 실제로 사람의 몸을 관찰해 갈레노스보다 지식이 뛰어났다. 베살리우스가 살던 마을은 법이 느슨했기 때문에, 그는 사람들 앞에서 해부한 뒤 그 결과를 그림으로 남길 솜씨 좋은 화가들을 구할 수 있었다. 그리고 세심한 안목과 상세한 분석 덕분에 뇌량을 포함한 여러 뇌 구조를 발견했다.

베살리우스는 그의 작업 방식과 갈레노스의 유산을 다룬 방식 때문에 당시 사람들에게 혹독한 비판을 받았다. 그런데 그것을 이겨내지 못해, 인체 해부학에 대한 매우 훌륭한 책을 출판한 다음 미완성 저작을 불태운 뒤 의과대학을 떠나 평범한 의사로 살았다.

드디어 뇌에 대한 우리의 인식이 미라를 만드느라 뽑아낸 쓸모없는 기관에서 의식의 본거지로 바뀌었다! 더 이상 낭비할 시간이 없으니, 일단 다음 몇 세기는 건너뛰자.

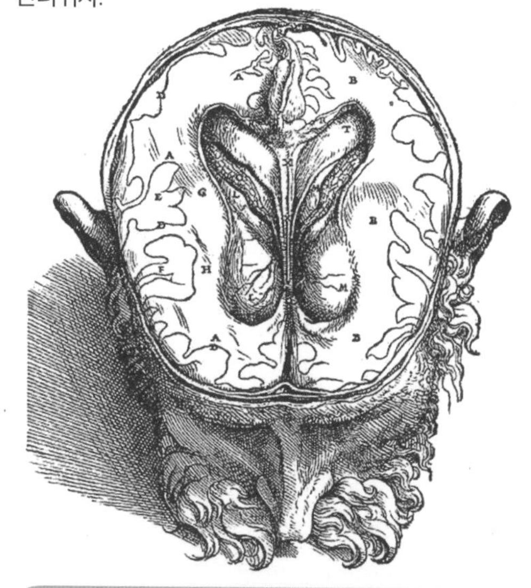

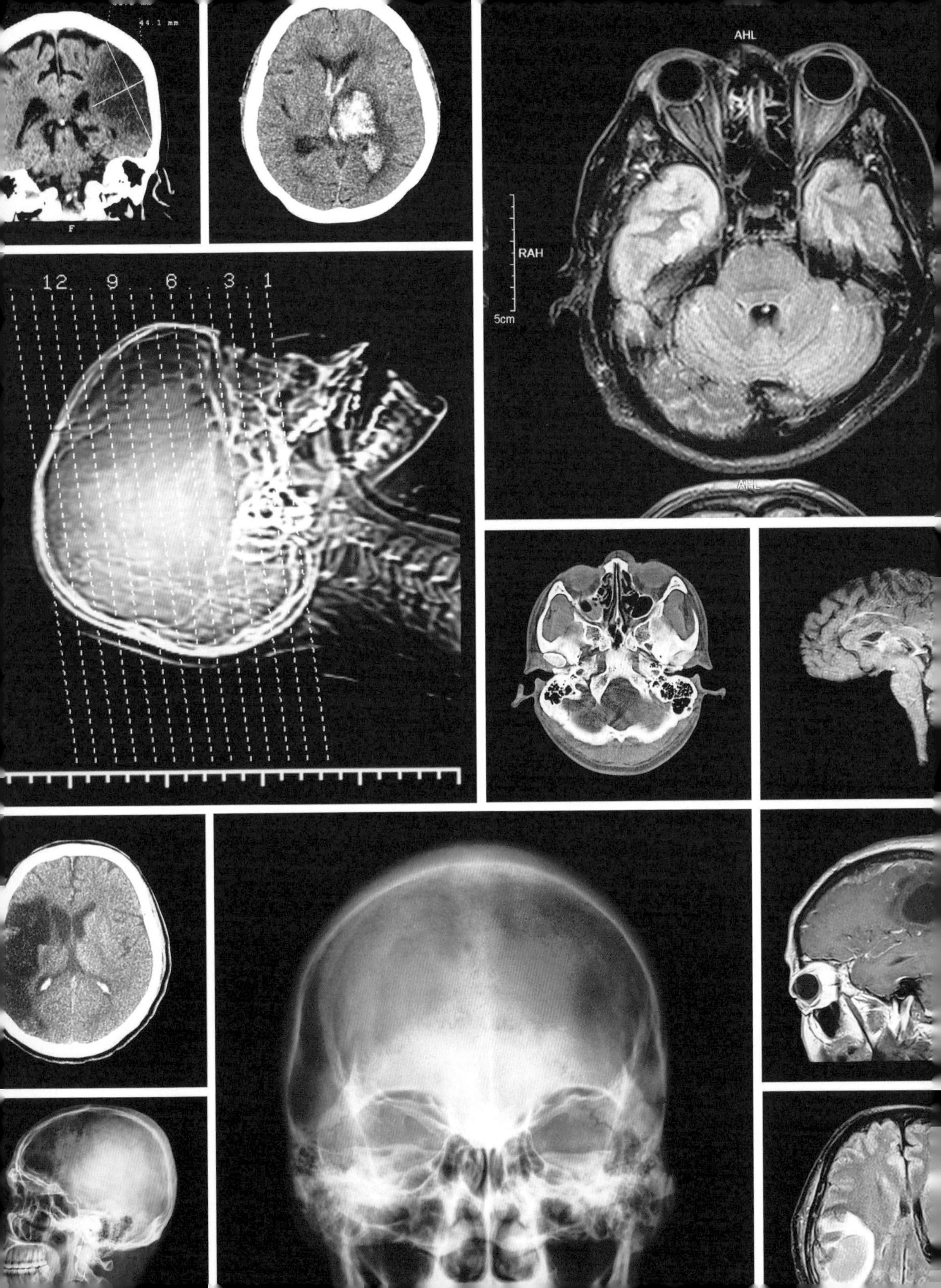
F
12 9 6 3 1
AHL
RAH
5cm
AHL

CHAPTER 3

망가진 뇌를 통해 배운 것들

예전에는 살아 있는 사람의 뇌를 연구하기가 매우 어려웠다. 누군가의 머리를 잘라 그 안을 콕콕 찌를 수는 없으니 말이다! 가끔은 실제로 그렇게 할 수도 있었지만, 그러면 보통은 끝이 좋지 않았다.

앞서 살펴봤듯이, 초기 과학자들은 뇌가 무엇으로 만들어졌는지 확신하지 못했다. 정자로 만들어진 것은 아니라 해도, 어쨌든 뇌는 끈적거리며 흐물흐물한 이상한 덩어리였다. 심지어 기술이 발전해 과학자들이 뇌의 개별 세포를 더 쉽게 관찰한 뒤에도(나중에 더 자세히 알아보겠다), 뇌가 정확히 어떻게 작동하는지는 여전히 분명하지 않았다.

초기 신경과학자들은 꽤 머리를 써서 지략을 발휘해야 했다. 이들이 사람의 머리에 구멍을 뚫겠다고 하면 주변 사람들은 눈살을 찌푸렸지만, 뇌에 이미 구멍이 있는 몇몇 사람이나 뇌 손상을 입은 사람들을(보통 보다 덜 극적이었던) 관찰할 수는 있었다.

뇌 과학이 발전하기 한참 전에도, 사람들은 이미 머리 부상이 환자의 일생을 심각하게 바꿀 정도로 심각한 영향을 미친다는 사실을 알았다. 예컨대 새로운 기억을 만드는 능력을 상실하거나, 완전히 새로운 성격을 불러일으키거나, 환영을 보거나 하는 식이었다. 그래도 긍정적인 측면은 우리가 뇌가 어떻게 작동하는지 막 알아내기 시작할 무렵, 과학자들은 이렇게 뇌 손상을 입은 환자들을 연구해 뇌의 여러 부분이 지닌 중요성을 더 잘 이해할 수 있었다는 점이다. 이때 과학자들이 알아낸 일부 지식은 오늘날까지도 우리가 기억력, 성격, 언어를 이해하는 데 도움을 주고 있다.

피니어스 게이지

누구에게 전두엽이 필요한가?

그렇다면 구멍 뚫린 뇌를 어떻게 연구해야 할까? 그리고 환자의 뇌 손상과 그들이 보이는 새로운 행동이 연관되어 있는지 어떻게 확신할 수 있을까? 가장 쉬운 방법 중 하나는 그 사람이 살아 있는 동안 어떻게 행동하는지 살피는 것이다. 그리고 뭔가 이상한 일이 벌어질 경우 두개골을 열어보면 된다(물론 그 사람이 죽은 후에). 그렇다면 뇌에서 뭔가 이상한 일이 일어나고 있다는 것을 어떻게 알까? 몇몇 사례는 다른 사례들보다 더 미묘하다. 피니어스 게이지Phineas Gage는 머리에 쇠막대가 박혔으나 목숨을 건져 그대로 살았고, 그 과정에서 우리에게 전두엽 피질의 중요성에 대한 귀중한 가르침을 주었다.

철길에서 일하던 사람

우리의 이야기는 1840년대 미국의 시골에서 시작된다. 제임스 포크James Polk가 대통령이었고, 독립선언을 알린 자유의 종은 막 깨졌으며, 워싱턴 기념탑은 아직 건설 중이었다. 젊은 피니어스 게이지는 버몬트주의 철도 건설 일꾼이었다. 매우 책임감 있고 부지런한 피니어스는 동료들의 호감을 샀으며 상사에게 "가장 효율적으로 일하는 유능한 직원"으로 묘사되었다.

피니어스의 일은 바위 구멍에 발파용 화약을 넣고 모래 속 폭약 위에 단단히 묻는 것이었다. 이 과정에서 폭발을 일으키기 위해 다짐봉으로 꾹꾹 눌렀다. 발파용 화약이 대부분 그렇듯이, 이 혼합물은 무척 민감해 정확한 순서로 땅에 묻는 것이 무척 중요했다.

뇌에 박힌 쇠막대

그러던 어느 날 오후, 피니어스가 다짐봉으로 화약을 다지면서 점심 메뉴에 대해 생각하고 있을 때 갑자기 폭발이 일어나 지름 약 5센티미터의 거대한 쇠막대가 피니어스의 왼쪽 뺨과 머리 꼭대기를 통과해 공중으로 솟아오른 뒤 약 25미터 떨어진 곳에 피와 뇌수로 뒤덮인 채 떨어졌다. 기적적으로 피니어스는 목숨을 건졌다. 사고가 나고 몇 분 후 그는 일어나 앉아 다른 사람과 얘기를 나눴고, 호텔로 돌아와 자기 방까지 계단을 걸어 올라갔다.

피니어스가 너무나 정상인 것처럼 보여 현장에 도착한 의사 에드워드 윌리엄스Edward Williams는 피니어스의 설명을 믿을 수 없었다. 하지만 곧 "피니어스는 일어나더니 많은 양의 피를 토했다. 그리고 구토의 반동으로 반 티스푼 정도의 뇌수가 비집고 흘러나와 바닥에 떨어졌다". 그 모습을 본 의사는 손가락을 피니어스의 뺨과 두개골의 구멍에 집어넣은 다음(아마도 상처 구멍이 어디까지 연결되는지 확인하기 위해) 씻기고 상처를 싸맸다.

그로부터 한 달도 안 되어 피니어스는 이전처럼 걷고

말하며 독립적으로 생활할 수 있었다. 하지만 회복 과정에서 그가 '지킬 박사와 하이드 씨' 같은 행동을 한다는 사실이 명백하게 드러났다. 사고 후 성격이 완전히 바뀌었다. 갑자기 다른 사람을 모독하거나 불친절하게 굴었고, 욕설을 했다. 주변 사람들은 그가 대부분 활동을 끝까지 해낼 거라고 신뢰할 수 없게 되었다.

피니어스는 얼마 지나지 않아 일자리를 잃고 길거리에 나앉았다. 그런 뒤 다짐봉을 손에 든 채 서커스에서 의학의 기적으로 살아난 구경거리가 되어 생계를 꾸렸다. 결국 그는 병에 걸려 가족과 함께 살다가, 사고가 일어난 지 12년 만에 세상을 떠났다.

머리에 난 구멍

불행히도 세상을 떠날 무렵 피니어스는 상대적으로 유명세가 떨어졌다. 그래서인지 부검이 이뤄지지 않았다. 따라서 당시에는 그의 뇌 손상이 실제로 어떤 모습이었는지 완전히 확인하지 못했다. 그러다가 몇 년 뒤 그의 두개골을 재발견한 의사 존 할로John Harlow는 그가 아마도 왼쪽 전두엽에 재난에 가까운 손상을 입었을 거라고 추론했다. 그리고 "게이지는 더 이상 예전의 게이지가 아니었다"는 주변 사람들의 이야기를 참고해 전두엽이 의사 결정과 이성적 행동, 성격에 중요한 영향을 미친다고 추측했다.

당시 다른 과학자들은 터무니없다고 여겼다. 하지만 그로부터 200년이 지나 뇌 손상을 입은 환자가 더욱 늘어났다. 이들 사례를 검토해보면 할로가 사실에 가까운 뭔가를 알아냈다는 것만은 분명하다. 오늘날 우리는 전두엽 피질이 사회적 추론과 도덕적 추론, 자기 인식, 그리고 인격과 성격을 포함한 대부분의 고차 인지 기능에 필수적 역할을 한다는 사실을 잘 안다.

그런 만큼 피니어스에게서 나타난 극적인 성격 변화는 전두엽 손상에 따른 직접적 결과였다는 것이 꽤 분명해 보인다. 어쩌면 그의 성격이 바뀐 것은 뇌 손상 자체보다 1미터 남짓한 쇠막대가 머리를 관통했기 때문일지도 모르지만 말이다. 그 정도 사고라면 누구든 엉망이 될 것이다.

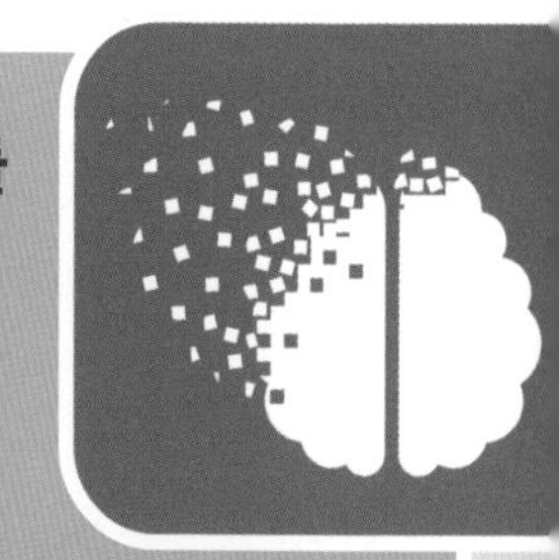

뇌 손상으로 나타난 결과들

뇌는 너무나 복잡해(그리고 우리 몸의 거의 모든 곳에 필수적 역할을 해) 손상을 입으면 아주 끔찍한 것부터 아주 특이한 것까지 다양한 결과가 나타난다. 전혀 놀랍지 않은 일이다.

천재 되기 사람들은 '서번트 신드롬'이라고 하면 보통 영화 〈레인맨Rain Man〉을 떠올린다. 하지만 이것이 이 신드롬으로 천재가 되는 유일한 방식은 아니다. 비록 정확한 메커니즘은 알려지지 않았지만, 이런 '서번트 천재'가 된 사람 가운데 절반 정도는 부상이나 질병으로 인해 나타난다. 앨런 스나이더Allan Snyder 교수는 '서번트 신드롬'이 고차 인지 과정에 의해 우리가 저장하는 정보 대부분에 접근할 수 있는 능력이 차단되기 때문에 발생한다고 여긴다. 그는 왼쪽 전방 측두엽의 뇌 활동을 차단하면 인위적으로 이 신드롬과 유사한 몇 가지 현상을 유도할 수 있다는 사실을 보여주었다.

외국인 억양 증후군 소뇌를 포함해 언어 처리와 관련된 뇌의 특정 부위가 손상되면, 뇌졸중을 앓거나 머리를 다친 후에 갑자기 새로운 언어의 억양이 생긴 것처럼 보이는 '외국인 억양 증후군'이 발생할 수 있다. 하지만 '갑자기 독일어를 유창하게 하는 크로아티아인'이 탄생한 듯하다는 놀라운 관찰 결과와 달리, 언어 능력에 실제로 변화가 나타나는 것은 아니다. 사실은 그 사람이 특정 단어의 소리를 정확하게 발음하는 데 어려움을 겪는 것일 뿐이다.

사물 혼동 신경과 의사 올리버 색스Oliver Sacks는 '아내를 모자로 착각한 남자'의 사례를 잘 묘사한 것으로 유명하다. 이 남자 환자는 '시각 실인증'이라는 질병 때문에 다른 사람의 얼굴을 알아볼 수 없었다. 시각 정보가 처리되는 후두엽과 그 정보가 기억이나 의미에 연결되는 두정엽, 측두엽 사이의 경로가 손상을 입으면 이 병이 발생할 수 있다.

환자 탠 ▶ 말수가 (매우) 적은 사람

피니어스 게이지의 뇌 손상은 비정상에 가까울 정도로 드라마틱하다. 하지만 거의 은밀하게 일어나곤 하는 심각한, 심지어 치명적인 뇌 손상들이 전부 극적이지는 않다. 일부는 뇌전증 같은 환자 자신의 신경 질환에 의해 발생하기도 하고, 뇌졸중이나 뇌진탕을 겪은 후 병변이라고 불리는 영구적 손상이 나타나기도 한다. 그 효과는 미묘할 수도 있고 시간이 지나면서 악화되기도 하지만, 한 단어 이상 말하는 능력을 완전히 없애는 것과 같은 온갖 종류의 문제를 일으킬 수 있다.

나를 탠이라고 불러요, 탠, 탠

사람들은 여러 가지 계기로 별명을 얻는다. 예컨대 원래 이름을 줄인다거나 어린 시절 다소 부끄러운 농담을 통해서. 프랑스 태생의 뇌전증 환자 루이 빅토르 르보르뉴Louis Victor Leborgne의 별명은 단순했다. 바로 그가 말할 수 있는 유일한 단어 '탠Tan'이 별명이 되었다. 30세가량 나이에 그는 자신과 가족이 일시적 병세이기를 바라는 증상을 치료하기 위해 파리에 있는 비세트르 병원에 입원했다. 사실 르보르뉴는 몇 년 동안 뇌전증 증상에 성공적으로 대처해왔기 때문에, 그가 '탠'이라는 단어를 제외하고 다른 말을 하지 못하게 된 뒤에도 주변 사람들은 그렇게 걱정하지 않았다.

르보르뉴는 기묘하게도 말을 많이 할 수 없다는 점 외에는 꽤 평범했다. 그는 다른 사람이 말하는 모든 내용을 완벽하게 이해하는 것처럼 보였고, 지시를 정확하게 따를 수 있었다. 비록 다소 제한적이기는 하지만 진지하게 대화에 참여했고, 주변 사람들과 소통하기 위해 애썼다. 하지만 안타깝게도 르보르뉴의 실어증은 시작에 불과했다. 시간이 흐르면서 몸의 마비와 시력 상실이 나타나더니 결국 인지 장애까지 나타났다.

뇌 위의 돌기

그 무렵 파리에 머물던 폴 브로카Paul Broca 박사는 심리학을 공부하는 동료들과 함께 사람의 여러 특징이 뇌의 특정 부위에 국한되어 나타나는지 아닌지 논쟁을 벌이고 있었다. 이들 심리학자 중 일부는 언어나 기억 같은 기능뿐 아니라 지능이나 영성 같은 기능도 뇌 속에서 특정한 위치에 있다는 골상학적 개념을 받아들였다. 이 논쟁에 깊이 휘말린 브로카와 동료들은 논쟁을 해결하는 데 도움이 될 환자를 찾기 시작했다.

브로카는 르보르뉴가 바로 그런 환자라는 사실을 깨달았다. 남자가 죽은 뒤 브로카는 부검을 실시해, 왼쪽 눈 바로 위에 있는 왼쪽 뇌 반구의 전두엽에서 병변을 발견했다. 그리고 르보르뉴의 언어 상실증을 그리스어에서 '말할 수 없다'는 의미를 지닌 '아파시아aphasia', 즉 실어증이라고 불렀다. 오늘날 뇌의 이 영역은 '브로카 영역Broca's area'으로 알려져 있다. 이 특정 부위에 손상을 입은 환자는 다른 인지 결함 없이 정상적으로 말을 이해하고 반응할 수 있지만, 의미 있는 방식으로 단어나 문장을 만들어낼 수는 없다.

말주변이 별로 없는 사람들

환자 탠을 포함해 언어 장애를 경험한 다른 병변 환자들은 과학자들에게 '언어의 국소화'라는 현상을 보여주었다. 이것은 뇌의 여러 부분이 각기 특정한 기능을 가지고 있다는, 한때 논란이 되었던 '뇌의 국소화' 개념에 대한 최초의 증거 가운데 일부였다. 브로카 영역과 동등하지만 정반대 기능을 가진 영역도 존재한다. 바로 '베르니케 영역Wernicke's area'이다. 이 영역 근처에 손상을 입은 환자는 말수가 많지만 보통 횡설수설에 그칠 뿐 다른 사람이 자기에게 하는 말을 완전히 이해할 수 없는 것처럼 보였다.

비록 자신은 많은 이야기를 하지 않았을지 모르지만, 뇌 병변 환자인 르보르뉴를 비롯해 이런 환자들에 대한 브로카와 과학자들의 후속 연구는 인간의 언어에 대한 우리의 이해를 혁신시켰다. 150년이 지난 오늘날에도 여전히 새로운 발견이 이어지고 있다.

브로카가 옳았던 것

특정 뇌 부위에 손상을 입으면 특정한 행동에 극적인 영향을 미칠 수 있다는 것은 분명하다. 왜냐하면 몇 가지 행동과 특징은 뇌의 특정 부위에 국한되기 때문이다. 예컨대 브로카가 지적한 바와 같이, 왼쪽 측두엽의 특정 부위에 손상을 입으면 환자들은 대부분의 경우 언어를 조직하는 데 어려움을 겪는다('대부분의 경우'라고 말한 것은 모든 사람이 왼쪽 측두엽에서 언어를 담당하지는 않기 때문이다. 어떤 사람은 반대로 오른쪽에서 담당한다. 만약 왼손잡이라면 그 부위는 오른쪽이 되는 게 더 일반적이다! 이제 보통의 경우로 되돌아가겠다). 사실 우리가 듣는 소리를 처리하는 데는 양쪽의 측두엽 전체가 중요하다. 아이러니하지만 뇌의 가장 뒷부분에 자리한 후두엽은 머리의 가장 앞쪽에 자리한 눈에서 전달되는 모든 시각 정보를 처리한다. 피니어스 게이지의 사례에서 보았듯이, 전두엽은 의사 결정과 감정 조절, 성격 형성에 중요하다. 그리고 복잡한 동작과 체성 감각(촉각과 균형 감각) 정보, 심지어 새로운 기억을 형성하고 처리하는 작업에 이르기까지 뇌의 부위는 전문화되어 있다. 여기에 대해서는 다음 페이지에서 살펴볼 것이다.

브로카가 잘못 생각한 것

브로카의 이름이 붙은 뇌의 구역이 발견되기까지, 1800년대 흔했던 꽤 인종 차별적 관념이 영향을 끼쳤다. 브로카는 다른 인종 사람들은 실제로 다른 종에서 진화했다고 여겼다. 또한 턱의 폭이나 두개골의 돌기 같은 특정한 신체적 특징의 크기와 모양을 보면 지능을 예측할 수 있다고 믿었다. 그리고 그가 전통적으로 유럽 백인들과 관련한 특징들이 지적 능력과 상관 있다고 주장한 것은 놀랄 일도 아니다. 이와 같은 비과학적 논리는 브로카가 뇌 크기라든가 언어가 특정 뇌 영역에 연결되어 있는지 살피는 데 관심을 두게 했고, 결국 르보르뉴의 사례를 발견하는 데 이르렀다.

정리하자면, 브로카가 특정 뇌 영역이 특정 행동에 중요할 수 있다고 주장한 점은 옳지만, 턱의 폭이나 전두엽 피질의 크기를 통해 개인이 얼마나 똑똑한지 알 수 있다고 주장한 점은 분명히 틀렸다. 사람이 얼마나 똑똑한지는 돌기의 크기가 아니라 배선된 뇌세포의 발화가 영향을 미친다!

헨리 몰레이슨(HM) ▶ 뇌전증을 기억상실증과 맞바꾸다

때로는 뇌 병변이 직접적 손상에 의한 것이 아닌 경우도 있었다. 사실 의사들은 특정 뇌 부위가 어떤 역할을 하는지 완전히 이해하기 전에 재미 삼아 그 부위를 의도적으로 잘라내기도 했다. 그 과정에서 때로는 다른 질환으로 치료받으려던 환자가 운 나쁘게 희생되기도 했다. 의료기관에 'H.M.'으로 알려졌던 불행한 헨리 몰레이슨Henry Molaison처럼 말이다.

헨리 찾기

헨리 몰레이슨은 어렸을 때 자전거 사고를 당해 심각한 뇌전증을 앓았다. 그리고 나이가 들면서 발작이 더 심해졌다. 스물여섯 살 무렵에는 발작이 너무 잦고 강렬해 거의 아무것도 할 수 없었다. 당시 이처럼 심한 발작의 경우 가장 좋은 치료법 중 하나는 발작을 일으킨다고 알려진 뇌의 일부를 제거하는 것이었다.

다행히도 헨리의 담당 의사들은 좌우 내측 측두엽, 해마, 편도체, 그리고 내측 피질 일부가 발작을 일으키는 기원이라고 집어냈다. 의사들은 관련 조직들을 제거하는 것이 가장 좋은 치료법이라고 결정했다. 1950년대 당시에는 뇌의 이 부위들이 정확히 무슨 역할을 하는지 아무도 완전히 이해하지 못했다. 하지만 수술은 순조롭게 진행되었고, 헨리가 깨어날 때까지 특별히 놀라운 일은 벌어지지 않았다.

〈니모를 찾아서〉라는 애니메이션을 본 적이 있는가? 헨리는 기본적으로 이 애니메이션 속에서 깜박 잊기를 잘하는 도리와 같았다. 수술 후 헨리는 이름과 어린 시절 정도는 기억했지만 심각한 순행성 기억상실증amnesia이 생겨 새로운 기억을 형성할 수 없었다.

영원히 늙지 않는

이것은 헨리에게 매우 나쁜 소식이었다. 하지만 반대로 의료진들에게는 아주아주 좋은 소식이었다. 헨리는 남은 생애 동안 뇌수술이 미치는 장기적 영향을 이해하고자 했던 수십 명의 의사에게 심리학과 신경학 분야의 집중적인 연구 대상이 되었다.

헨리를 대상으로 연구한 과학자들은 해마와 내후각 피질이 기억 형성에서 중요한 역할을 한다는 사실을 알게 되었다. 헨리는 장기 기억에만 손상을 입었다. 예컨대 병원 식당으로 가는 길을 찾는 것처럼 습관을 형성하는 것, 그리고 일련의 숫자를 반복하는 것 등의 작업 기억에는 문제가 없었다. 이것은 해마와 근처 구역이 새로운 명시적 기억(사실이나 사건에 대한 기억)을 형성하는 데는 확실히 중요하지만, 악기를 연주하거나 차를 운전하는 데 필요한 무의식적인 암묵적 기억을 형성하는 데는 그렇게 중요하지 않다는 사실을 보여주었다. 또 헨리가 심각한 기억 장애를 겪고 있는 것은 분명했지만 때때로 문제에 대한 해결책을 찾을 수 있었다. 예컨대 자신이 이미 갖고 있던 기억을 '업데이트'함으로써 기존 기억을 수정하고, 그에 따라 실제로는 의식적으로 그 배치를 기억할 수 없었지만 자신이 살았던 집의 평면도를 그릴 수 있었다.

헨리의 학습 능력에 대한 연구는 기억의 여러 종류 사이 연관성과 차이점을 명확히 밝히는 데 도움을 주었다. 그가 뇌 병변 때문에 자신이 얼마나 유명한지 전혀 몰랐다는 점은 묘하게 아이러니하다. 헨리는 병원에서 여생을 보내는 동안 매일 아침 아직 스물여섯 살이라고 생각하며 깨어났다. 영원한 젊음을 누리는 기분은 어떨까?

사후의 삶

헨리 몰레이슨은 2008년 여든두 살의 나이로 사망했다. 그가 살아 있는 동안에는 의사들이 MRI 기술을 활용해 뇌를 촬영했지만, 그가 죽은 뒤에는 과학자들이 뇌를 보존하게 되어 기뻐했다. 헨리의 뇌는 냉동된 채, 이 책의 저자인 앨리가 박사 학위를 마친 UC 샌디에이고 대학교로 이송되었다. 그리고 매우 날카로운 칼로 정육 코너의 고기처럼 아주 얇은 2,403개의 조각으로 잘리는 과정이 53시간 동안 생방송되었다. 이후 헨리의 뇌는 스캔되어 디지털로 재구성되었고, 그에 따라 전 세계 과학자들이 헨리의 불쌍한 뇌에 정확히 어떤 일이 벌어졌는지 더 자세히 볼 수 있었다.

반구 절제술: 뇌의 반쪽이 다른 반쪽보다 더 나을 때

헨리 몰레이슨은 수술 후 장기간 극심한 부작용을 겪었다. 하지만 뇌전증을 치료하기 위해 뇌수술을 받는 모든 사람이 그렇게 심각한 상황에 처하는 것은 아니다. 사실 심한 뇌전증의 경우에는 여전히 외과적 절제술이 가장 효과적이다. 성인 환자라면 이런 수술의 경우, 보통 깨어 있는 상태에서 의사와 이야기를 나누는 과정을 포함한다. 따라서 외과 의사들은 환자가 어떻게 반응하는지 추적하고 몹시 중요한 다른 뇌 조직을 제거하지 않도록 확인할 수 있다. 하지만 아이의 경우라면, 10대까지도 뇌가 발달하는 중이기 때문에 상처를 입더라도 적응할 수 있는 공간이 많다. 그래서 아주 어린 아이가 매우 심각한 뇌전증 증세를 보일 경우, 의사들은 때로 반구 절제술이라고 하는 극적인 수술을 한다. 뇌의 절반을 분리하거나, 제 역할을 못 하게 비활성화하거나, 제거하는 수술이다. 꽤 커다란 장애가 남을 것처럼 무시무시하게 들리지만, 사실 매우 어린 아이(5세 이하)들은 이 수술을 받고 거의 정상으로 돌아온다. 뇌의 나머지 절반이 추가적으로 새로운 연결을 많이 만들어내 사라진 절반을 보충하기 때문이다.

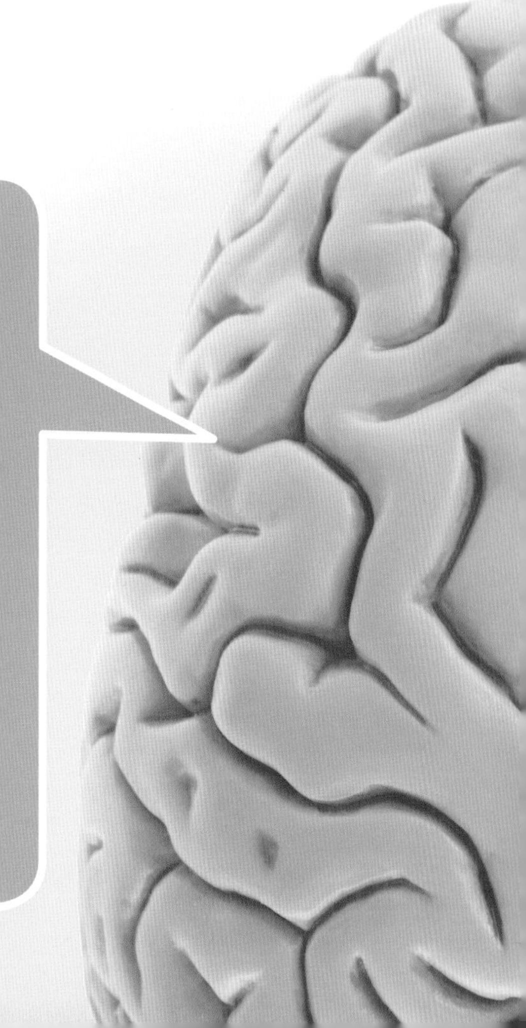

뇌의 어디를 다치셨나요?

특정한 뇌 부위의 크기가 능력의 정도와 관련 있지는 않다. 하지만 당신은 결코 왼쪽과 오른쪽으로 뇌진탕을 입고 싶지 않을 것이다. 이 모든 뇌의 영역은 우리 삶에서 꽤 중요한 역할을 한다. 이 영역들이 손상을 입으면 묘한 억양을 얻거나 사망에 이르는 등 다양한 결과가 나타난다. 아래 그림은 특정 뇌 영역이 무엇을 제어하는지, 그 영역이 손상되면 어떻게 되는지 알려준다.

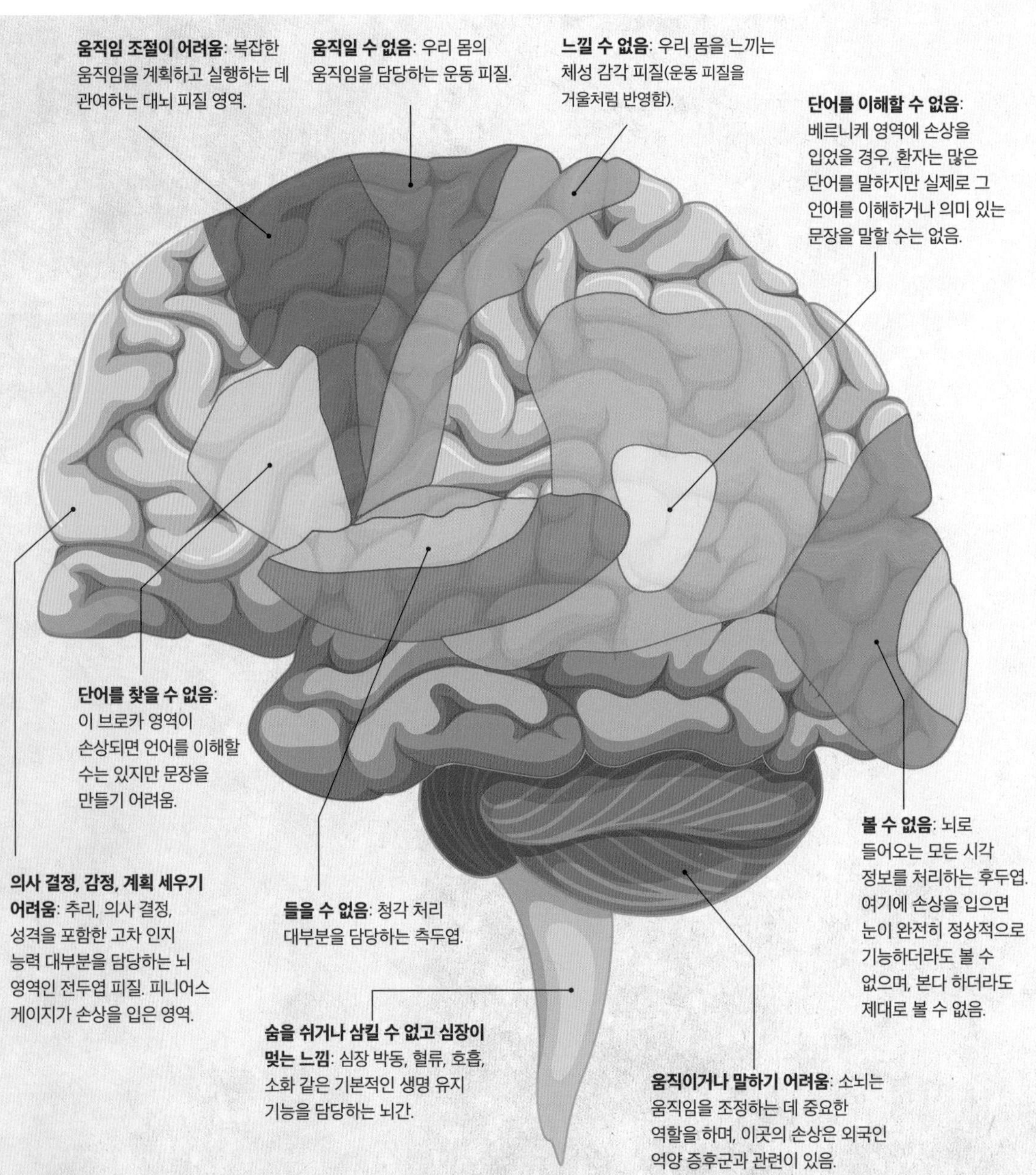

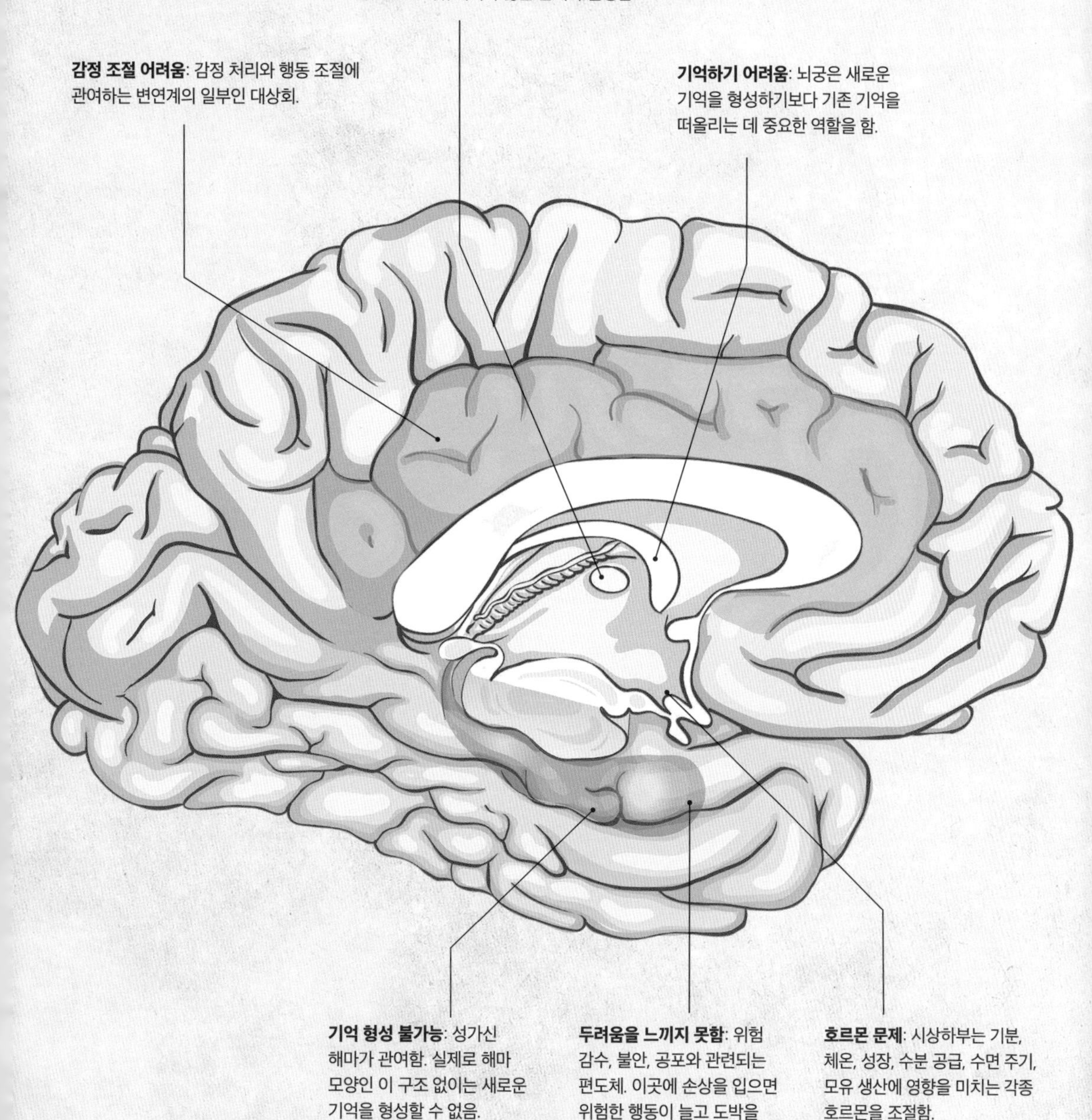
감각 변화, 운동 기능 문제, 혼수상태: 시상하부는
뇌에서 매우 중요한 중계 센터이므로 이곳에 손상을
입으면 그 하류에서 수많은 문제가 발생함.
감정 조절 어려움: 감정 처리와 행동 조절에
관여하는 변연계의 일부인 대상회.
기억하기 어려움: 뇌궁은 새로운
기억을 형성하기보다 기존 기억을
떠올리는 데 중요한 역할을 함.
기억 형성 불가능: 성가신
해마가 관여함. 실제로 해마
모양인 이 구조 없이는 새로운
기억을 형성할 수 없음.
두려움을 느끼지 못함: 위험
감수, 불안, 공포와 관련되는
편도체. 이곳에 손상을 입으면
위험한 행동이 늘고 도박을
하기도 함.
호르몬 문제: 시상하부는 기분,
체온, 성장, 수분 공급, 수면 주기,
모유 생산에 영향을 미치는 각종
호르몬을 조절함.

MDMA에 빠진 당신의 뇌

정체: 3, 4-메틸렌 디옥시메탐페타민methylene-dioxy-methamphetamine, MDMA.

약물 종류: 공감과 사회적 연결의 감정을 일으키는 엠파토겐엔탁토겐과 각성제.

기능: 이 약물이 뇌를 스위스 치즈처럼 구멍 뚫리게 만든다는 속설은 잘못되었다. 나는 이런 이야기를 들어본 적도 없지만, 이 책 담당 편집자에 따르면 MDMA는 '뇌에 구멍을 일으킨다'고 주장하는 마약 반대 캠페인이 있었다고 한다. 이것은 1990년대 MDMA를 복용하고 나서 뇌에 전체적으로 세로토닌 수치가 정상보다 낮았다는 사실을 보여준 미국 마약단속국DEA의 연구를 잘못 받아들인 결과다. 이것은 우리가 이미 알고 있는 사실이며, 뇌에 구멍이 뚫리는 것과 아무런 상관이 없다. MDMA는 사용자가 신체적 자극을 받고 깨어 있는 느낌을 주는 동시에 사교성을 높이고 신체적 감각, 특히 촉각을 향상시킨다.

원리: MDMA는 당신의 뉴런이 옥시토신, 노르아드레날린, 도파민뿐만 아니라 신경전달물질인 세로토닌을 가능한 한 많이 방출하도록 해 두뇌에 이런 기분 좋아지는 화학물질이 넘쳐나게 한다. 또한 MDMA는 뇌가 세로토닌을 시냅스 밖으로 내보내지 못하게 막아 자극받은 뉴런을 계속 자극하도록 하고, 그에 따라 행복감과 에너지를 더 많이 느끼게 한다.

위험성: 단기간에 세로토닌이 과도하면 발작을 비롯한 신경학적 문제가 발생할 수 있다. 이 세로토닌을 전부 내버리는 며칠 동안 우울함을 느낄 수 있지만, 시간이 지남에 따라 몸이 더 많은 세로토닌을 생성해 대부분 정상으로 돌아간다. MDMA 남용이 빈번해지면 일부 뇌 영역이 수축되며 기억 장애가 생기는 등 몇 가지 문제가 생긴다. 이 약물이 외상 후 스트레스 장애post-traumatic stress disorder, PTSD 같은 심리 상태를 치료하는 잠재력이 있는지 연구되고 있다.

뇌에 자국이 남다

뇌에는 온갖 방식으로 자국과 흔적이 남을 수 있다. 기억을 통해 흔적이 남는 게 아니라, 말 그대로 '자국' 말이다. 예컨대 '스터지스웨버 신드롬Sturges-Weber Syndrome'이라는 질환이 있는 사람들은 뇌에 자국을 갖고 태어난다. 그래서 태어날 때부터 얼굴에 진한 와인 색 모반이 나타나는데, 이것은 그 부위의 혈관이 비정상적으로 성장했다는 징후다. 뇌 내부에 이것이 생기면 혈류에 문제를 일으켜 발작과 편두통, 지적 장애에 이르는 모든 것을 촉발시킬 수 있고 때로는 혈전과 뇌졸중을 일으키기도 한다.

또한 태어나는 과정만으로 뇌 손상 위험이 따르기도 한다. 출생과 관련된 뇌 손상 가운데는 산소 결핍으로 인해 뇌세포가 죽는 것부터 까다로운 분만 중에 일어난 신경 손상, 분만을 돕기 위한 집게 모양 겸자를 사용하는 데 따르는 뇌출혈, 두개골 골절에 이르기까지 종류가 무척 많다. 이 문제들은 대부분 커다란 뇌가 좁은 질을 따라 비집고 나올 수밖에 없는 현실에서 비롯된다. 그렇게 진화를 거친 탓이다.

뇌의 일부를 잃은 모든 사람이 행동이나 기능 면에서 중대한 변화를 보이는 것은 아니다. 사실 어떤 사람들은 뇌의 일부가 없는데도 자각하지 못한다. 여기에 대한 정말 믿기 힘든 몇 가지 사례가 있다. 소뇌 없이 태어난 여성이 몸의 균형을 잡는 데 약간 문제를 겪는 것 말고는 꽤 정상적이었다. 또 머리에 물이 차 뇌의 거의 90퍼센트를 잃은 한 남성이 '다리에 약간 힘이 없음'을 겪었을 뿐 가정과 직장에서 평범하게 지낸 사례도 있다.

전두엽 절제술

이게 대체 뭐야?

1940년대 크게 유행했던 전두엽 절제술은 당시 모든 종류의 정신 질환에 대한 '기적의 치료법'으로 환영받았다. 하지만 이 시술을 하려면 기본적으로 환자의 두개골에 얼음 깨는 송곳을 박아 넣고 전두엽 피질의 일부를 파괴해야 했기 때문에, 유행이 꽤 빠른 속도로 지나갔다.

처음에 백질 절단술로 불린 이 수술은 침팬지의 전두엽에 손상을 입히면 공격적 행동을 억제할 수 있다는 연구를 바탕으로 포르투갈의 과학자 안토니우 에가스 모니스Antonio Egaz Moniz가 개발했다.

송곳으로 쿡쿡 쑤시기

1940년대 초 미국의 의사 제임스 와츠James Watts와 월터 프리먼Walter Freeman도 비슷한 수술을 개발했다. 처음에는 뇌 조직에 직접 손상을 입히려고 알코올 주사를 사용했지만, 나중에는 얼음 뚫는 송곳을 이용해 구멍을 뚫고 뇌를 절제했다. 와츠와 프리먼은 수술 후 환자의 60퍼센트 이상이 '개선'되었지만, 환자가 예전보다 무뚝뚝해지고 억제력을 잃곤 했다고 보고했다(흥미롭게도 모니스 역시 그렇게 기록했다). 그리고 환자 7명 중 1명이 즉사했다. 이것은 꽤 심각한 부작용이다.

하지만 전두엽 절제술 같은 수술은 꽤 많은 사람에게 매우 매력적인 인상을 주었다. 당시 백인이거나 특별히 부유하지 않으면 대부분의 사람들은 어떤 종류든 정신 건강관리를 받기가 어려웠기 때문이다. 많은 사람에게 제도화된 병원이 유일한 선택이었지만, 그조차 대단하지 않았다. 병원은 초만원이었고, 환자들은 종종 그저 격리되거나 절제 수술을 받을 뿐이었다. 이런 상황에서 다루기 어렵고 위험한 환자를 더욱 유순한 성격으로 만드는 수술은 꽤 매력적으로 다가왔다. 설령 그 과정에서 환자가 식물인간이 되는 위험이 따르더라도 말이다.

여성과 어린이 우선

만약 당신이 이 전두엽 절제술이 좋은지 나쁜지 아직 결정하지 못했다면, 한 가지 중요한 경고 신호가 있다. 이 절제술이 당시 엄격한 사회 규범에 반하는 행동이나 신념을 보여 사회적으로 '다르고' 병적이라고 인식된 사람들에게 무척 자주 행해졌다는 사실이다. 실제로 비교적 쉽게 회복해 집안일을 할 수 있으리라 예상되는 여성 가운데 이 절제술을 받은 사람이 많았다.

상황은 더 나빠질 수 있다. 전두엽 절제술은 더 '순하게' 만들기 위해 아이들에게도 종종 실시되었다. 사실 프리먼은 아프리카계 미국인 여성들이 "그들에게 평생 간호를 제공할 수 있는 협조적인 가족 구성원이 집에 있을 가능성이 가장 높기 때문에" 전두엽 절제술에 가장 적합한 환자라고 여겼다.

더욱 우리를 분노하게 만드는 사실은 이 시술이 너무 인기 많아 창시자인 안토니우 에가스 모니스가 1949년에 노벨 생리의학상을 수상했다는 점이다. 그렇다, 가끔은 꽤 커다란 실수가 저질러지곤 한다.

약물의 도움을 받다

결국 전두엽 절제술 수행 방식과 시술 결과에 대해 사람들이 못마땅하게 여기면서 의사들은 자신감을 잃었다. 그러다가 1950년에 새로운 약물 클로로프로마진chlorpromazine이 개발되었다. 이것은 조현병schizophrenia을 치료하는 기적의 약으로 환영받은 향정신성 약품이었다. 이후 점점 더 많은 의사가 전두엽 절제술은 근본적으로 과학적 근거가 희박하다고 지적하기 시작했다. 그 결과 1970년대에는 이 시술이 미국 여러 주와 여러 나라에서 금지되었고, 이후 극히 드문 경우에만 적절하다고 결정되었다.

신경정신과 영화 코너:

기억상실증

할리우드 영화는 이 복잡한 신경 질환에 대해 얼마나 잘 다루고 있을까? 간단하지만 아주 과학적인 조사 결과가 있다.

〈마제스틱The Majestic〉(2001)

1950년대 할리우드 영화 각본가였던 피터 애플턴(짐 캐리)은 공산주의자로 고발당한다. 술을 진탕 마신 그는 다리 근처로 차를 몰아 해변에서 세차하는데, 자신이 누구였는지 기억이 사라진 상태다. 인근 마을 주민들은 그를 전장에서 돌아온 참전용사라고 생각하지만, 애플턴은 큰 화면에서 자신의 이름을 본 뒤 진실을 깨닫는다. 그리고 오해받았던 대상인 실제 전쟁 영웅에게서 영감을 받아 공산주의자로 고발당한 현실에 맞서 싸운다.

기억상실증에 대한 묘사: ★★☆☆☆ 역행성 기억상실증이 실제로 일어날 수 있고 그런 환자들이 존재하지만, 그렇다고 자기 이름을 한 번 본 뒤 갑자기 기억이 '돌아올' 가능성은 거의 없다.

줄거리: ★★★☆☆ 짐 캐리가 진지한 역할을 연기하는 감상적 영화를 보고 싶다면 바로 이것이다. 비록 훌륭한 영화로 꼽을 수는 없지만 유쾌하고 단순하다.

〈첫 키스만 50번째50 First Dates〉(2004)

헨리(애덤 샌들러)는 루시(드루 배리모어)에게 기묘한 방식으로 사랑에 빠진다. 매일 루시에게 사랑을 고백하지만 루시는 매일 밤 헨리를 잊어버리기 때문이다.

기억상실증에 대한 묘사: ★★★☆☆ 선행성 기억상실증에 대한 묘사는 괜찮은 편이다. 하지만 실제로는 루시가 아마도 아주 오랫동안 기억하지 못할 것이고, 그에 따라 로맨틱했던 장면들도 꽤나 불편해질 것이다.

줄거리: ★★★☆☆ 여자 주인공이 매력적인 것은 알겠는데, 그래도 나를 전혀 기억하지 못하는 누군가와 사랑에 빠지는 것은 여전히 납득이 되지 않는다!

〈니모를 찾아서Finding Nemo〉(2003)

물고기 니모(알렉산더 굴드 목소리)는 과잉보호를 하는 아빠 말린(앨버트 브룩스) 때문에 집에서 도망친다. 아들을 찾는 과정에서 말린은 기억력에 문제가 있는 물고기 도리(앨런드제너러스, 물고기 부자와는 종이 다른 블루탱)와 만난다. 그리고 도리는 가장 중요한 시점에 무언가를 기억해내는 데 성공한다.

기억상실증에 대한 묘사: ★★★☆☆ 도리의 선행성 기억상실증이 꽤 정확하게 묘사되어 있다. 하지만 도리가 가장 중요한 시점에 'P. 셔먼, 42 월러비 웨이, 시드니'라고 갑자기 정보를 떠올린 장면은 뜬금없이 문제가 일단락되는 일종의 '데우스 엑스 마키나deus ex machina'처럼 보인다.

줄거리: ★★★★☆ 픽사에서 뭘 잘못하지는 않았겠지만, 그래도 앨버트는 너무 고압적이다!

〈본 아이덴티티The Bourne Identity〉(2002)

정신을 잃고 표류하던 주인공 제이슨 본(맷 데이먼)은 자기가 사람을 죽이는 데 능숙하다는 사실을 깨닫지만 왜 그런지는 기억나지 않는다. 알고 보니 그는 정부가 고용한 살인 기계였고, 이제 정부에서 보낸 요원들이 그를 죽이려 든다.

기억상실증에 대한 묘사: ★★★★☆ 역행성 기억상실증(과거를 기억하지 못하는)이 꽤 괜찮게 묘사되어 있다. 하지만 무엇이 기억상실증을 유발했는지 알기 어렵고, 그래서 이 부분이 얼마나 정확한지 알 수 없다.

줄거리: ★★★★★ 매우 강렬하다, 최고조에 달한 맷 데이먼을 볼 수 있다.

〈메멘토Memento〉(2000)

레너드 셸비(가이 피어스)는 어떤 이유에서인지 몸에 문신이 많고 자기 아내를 죽인 범인을 찾고 있다. 이 과정에서 많은 사람이 그의 기억상실증을 이용한다.

기억상실증에 대한 묘사: ★★★★★ 주인공은 몇 분 넘게 아무것도 기억하지 못해 문신이나 폴라로이드 사진을 활용하는 모습이 자주 등장한다. 이것은 순행성 기억상실증을 영화 속에서 가장 정확하게 묘사한 사례 가운데 하나다.

줄거리: ★★★☆☆ 많은 사람이 이 영화를 정말 좋아한다는 사실을 알지만, 크리스토퍼 놀런Christopher Nolan 감독이 줄거리를 너무 복잡하게 만든 것 아닌가 하는 생각이 든다.

당신에게 이 소식을 전하게 되어 유감이지만…

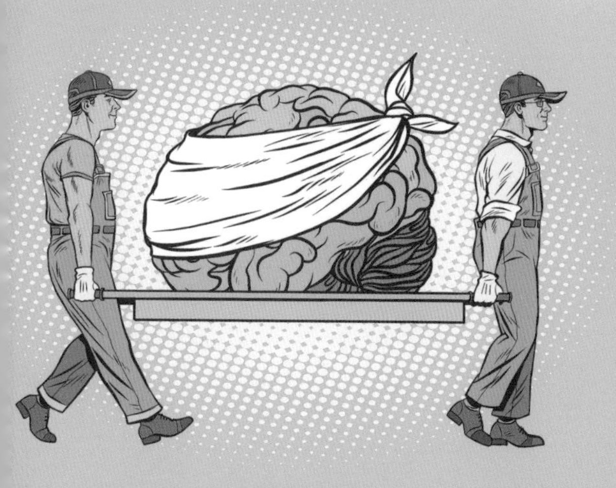

보통 몇 초 이상 의식을 잃는 것은 정말 안 좋은 일이다. 당장 병원에 가지 않으면 안 될 만큼 목숨이 위험하기 때문이다. 영화에서처럼 '한번 의식을 잃어 모든 걸 잊었다가 살아나 줄거리가 계속 진행'되지는 않는다.

머리에 총을 맞는다고 해서 항상 즉시 죽는 것은 아니다. 게다가 영화에서 묘사하는 것보다 당신의 몸이 훨씬 더 경련을 일으킬 것이다.

땅이나 벽, 자동차 앞유리에 머리를 부딪히면 말 그대로 뇌를 파괴하는 것과 다를 바 없다. 정말이다.

'약물을 통해 뇌를 깨우기'란 불가능하다. 영화 〈리미트리스Limitless〉와 〈루시Lucy〉를 감명 깊게 본 팬들에게는 유감이지만, 뇌는 언제나 전체적으로 작동하며 약물을 통해 현실을 왜곡하는 것은 불가능하다.

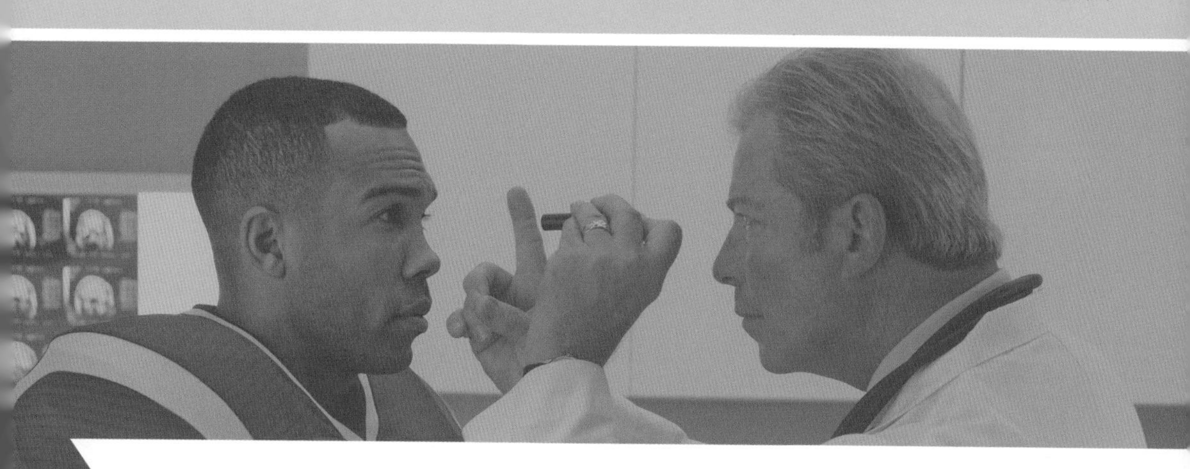

뇌진탕이 기억상실증을 일으킬 수 있을까?

그렇다. 하지만 머리를 다시 한번 부딪힌다고 해서 (영화에서 암시하듯이) 증세가 고쳐지지는 않을 것이다. 기억상실증은 뇌를 손상시키는 모든 것에 의해 일어날 수 있고, 뇌진탕도 포함된다. 뇌진탕 직후 기억력에 문제가 생기는 일은 드물지 않다. '기능 해리diaschisis'라는 현상으로 인해 뇌가 부상을 입은 뒤 신경세포가 서로 의사소통하는 데 어려움을 겪기 때문이다. 하지만 너무 심하게 다친 경우가 아니라면 이런 기억상실증은 시간이 지나면서 사라진다. 이때 머리에 다시 충격을 가하는 것은 전혀 도움이 되지 않는다. 더 많은 뇌세포가 다치기 때문이다.

우뇌 vs 좌뇌

당신은 좌뇌형인가, 우뇌형인가? 오늘날에는 뇌의 어떤 반구가 성격을 '지배'하는지 알려주는 퀴즈가 많고, 어떤 반구를 사용하느냐에 따라 성공을 돕기 위한 맞춤형 인생 조언, 커리어 코칭, 공부 도움말도 정말 많다. 그러나 안됐지만, 실제로 뇌는 그런 식으로 작동하지 않는다.

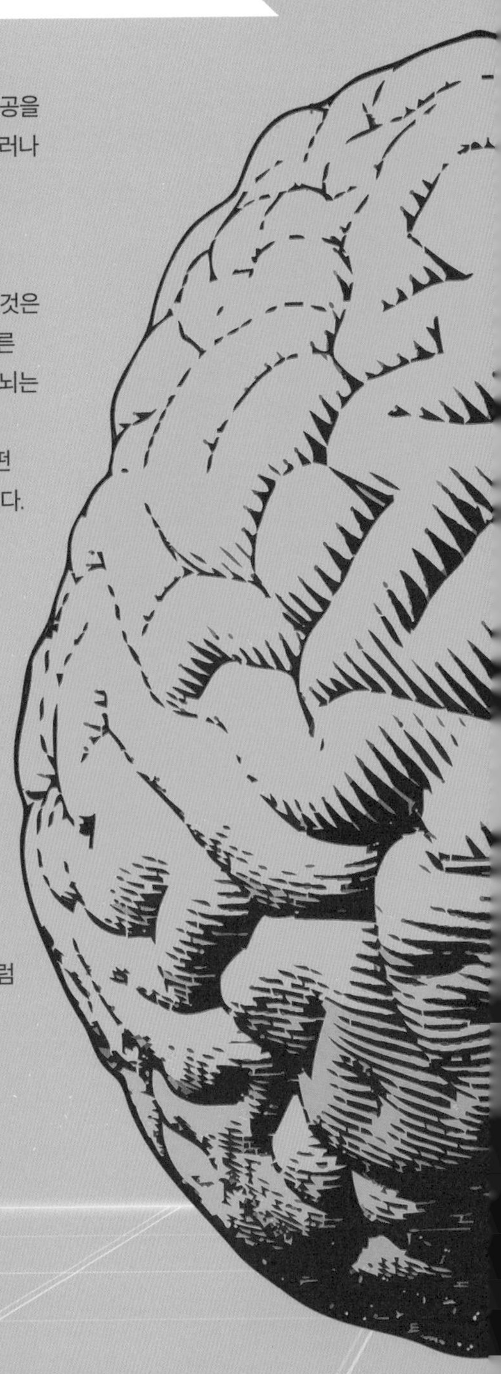

오해

사람들이 뇌의 한쪽 반구가 행동과 성격을 지배할 수 있다고 생각하는 것은 어느 정도 말이 된다. 왜냐하면 사람의 어떤 특성은 뇌의 한쪽, 또는 다른 쪽과 연관되어 있기 때문이다. 좌뇌는 보다 논리적이고 분석적이며, 우뇌는 보다 창의적이고 감정적이라고 여기는 것은 그렇게 근거 없는 생각이 아니다. 하지만 이 모든 생각은 두뇌의 절반이 다른 쪽 절반에 비해 어떤 것을 더 많이 담당한다는 오해에서 비롯된 것이다. 그러나 사실이 아니다.

왜 그런 생각을 했을까?

사실 뇌의 각 반구는 몸의 반대쪽을 통제한다. 오른쪽 반구는 몸의 왼쪽을 통제하고, 왼쪽 반구는 몸의 오른쪽을 통제한다. 그리고 건강하고 평범한 뇌에서 뇌의 양 반구는 뇌량이라는 정보 고속도로를 통해 연결되어 온몸이 조화를 이루도록 정보를 여기저기로 전달한다.

뇌전증과 같은 질병을 치료하기 위한 몇 가지 흔치 않은 수술이 있는데, 이 뇌량을 잘라내는 것이다. 그러면 여러 가지 기묘한 효과가 나타난다. 어떤 행동은 한쪽 또는 다른 쪽 반구에 기반을 두기 때문에, 이런 효과는 특정한 성격적 특징이 한쪽 반구에 국한된 것처럼 보이게 한다.

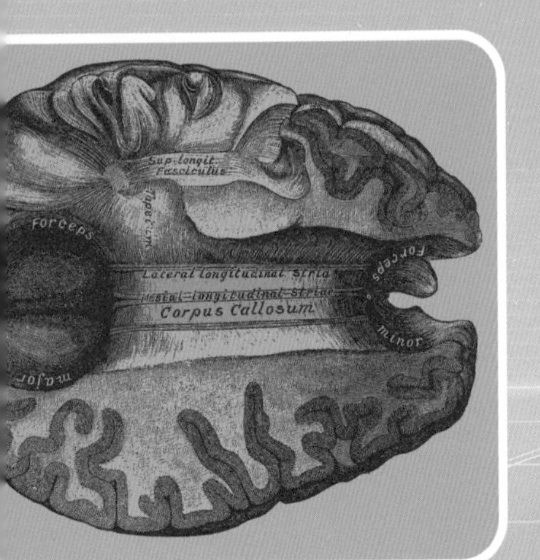

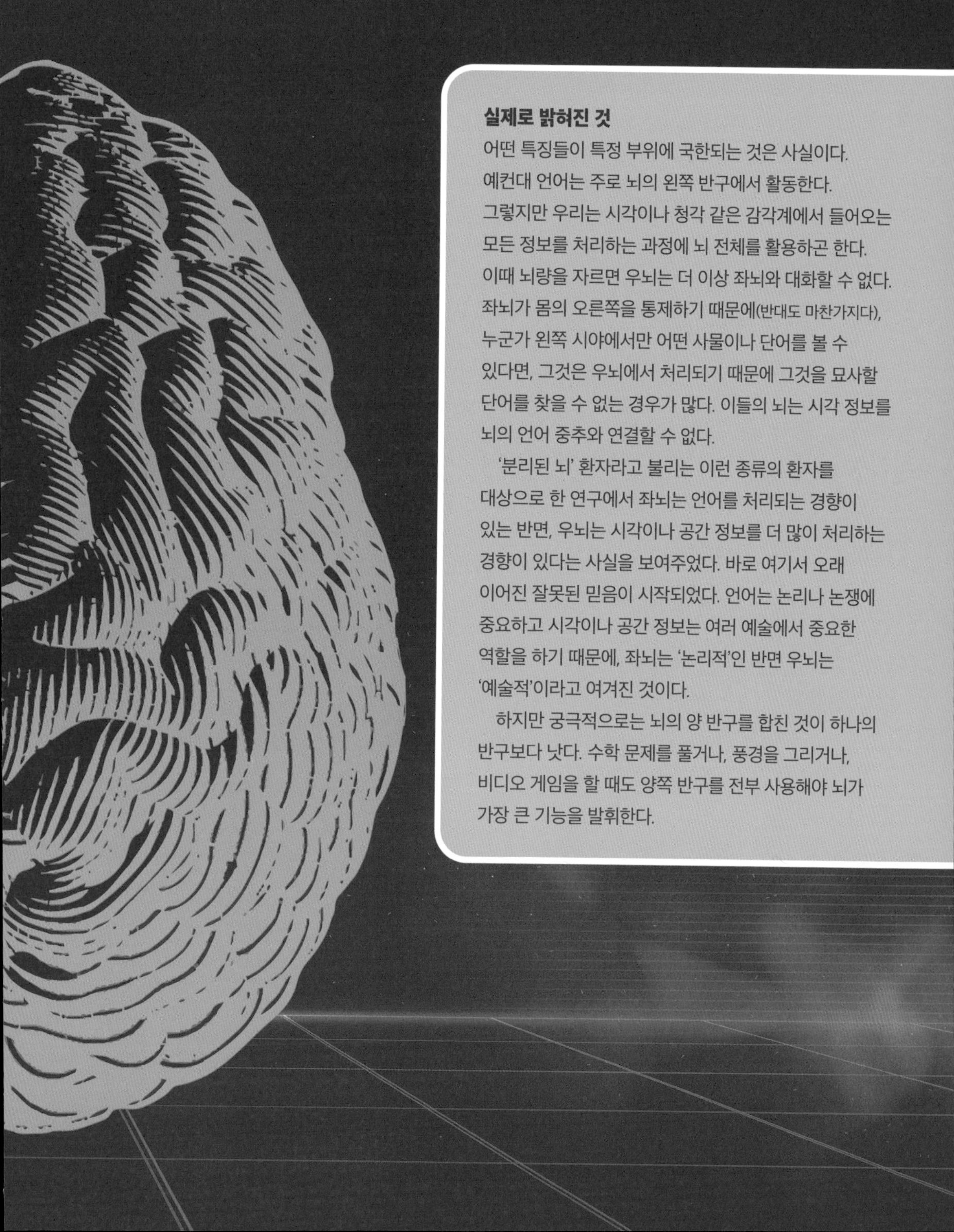

실제로 밝혀진 것

어떤 특징들이 특정 부위에 국한되는 것은 사실이다. 예컨대 언어는 주로 뇌의 왼쪽 반구에서 활동한다. 그렇지만 우리는 시각이나 청각 같은 감각계에서 들어오는 모든 정보를 처리하는 과정에 뇌 전체를 활용하곤 한다. 이때 뇌량을 자르면 우뇌는 더 이상 좌뇌와 대화할 수 없다. 좌뇌가 몸의 오른쪽을 통제하기 때문에(반대도 마찬가지다), 누군가 왼쪽 시야에서만 어떤 사물이나 단어를 볼 수 있다면, 그것은 우뇌에서 처리되기 때문에 그것을 묘사할 단어를 찾을 수 없는 경우가 많다. 이들의 뇌는 시각 정보를 뇌의 언어 중추와 연결할 수 없다.

'분리된 뇌' 환자라고 불리는 이런 종류의 환자를 대상으로 한 연구에서 좌뇌는 언어를 처리되는 경향이 있는 반면, 우뇌는 시각이나 공간 정보를 더 많이 처리하는 경향이 있다는 사실을 보여주었다. 바로 여기서 오래 이어진 잘못된 믿음이 시작되었다. 언어는 논리나 논쟁에 중요하고 시각이나 공간 정보는 여러 예술에서 중요한 역할을 하기 때문에, 좌뇌는 '논리적'인 반면 우뇌는 '예술적'이라고 여겨진 것이다.

하지만 궁극적으로는 뇌의 양 반구를 합친 것이 하나의 반구보다 낫다. 수학 문제를 풀거나, 풍경을 그리거나, 비디오 게임을 할 때도 양쪽 반구를 전부 사용해야 뇌가 가장 큰 기능을 발휘한다.

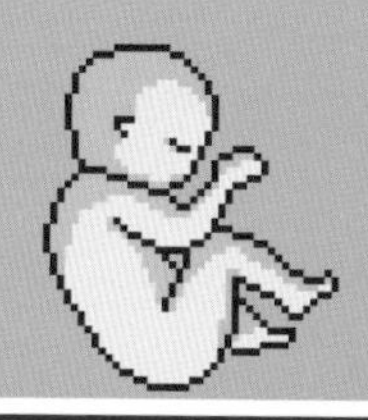

CHAPTER 4

잠깐, 애들은 그냥 작은 어른 아닌가요?

지그문트 프로이트Sigmund Freud는 아이들에 대해 이상한 주장을 펼쳤다. 진짜로 기묘했다. 그 당시 아동 발달에 대한 우리의 이해는 걸음마 단계였다고 여기는 게 좋을 것이다.

성장이란 우리가 살면서 겪는 가장 이상하고, 창피하며, 동시에 가장 대단한 일이다. 한번 상상해 보자. 우리는 커다란 머리를 가졌지만 아무것도 못 하는 아기에서 무한한 상상력을 가진 활기찬 어린이로, 정체성 문제를 겪는 깡마른 청소년으로, 그리고 마침내 극복할 수 없는 자기만의 고민과 고뇌로 가득 찬 별난 어른으로 변신한다. 태어나서 초기 몇 년이 나머지 인생에 가장 큰 영향을 미치는 것처럼 보인다. 그것은 피할 수 없다. 누구나 아기에서 어린아이를 거쳐 지금의 존재가 되기 때문이다. 그렇기에 현재의 자신을 이해하고 싶다면 시간을 거슬러 돌아볼 필요가 있다. 그렇지 않은가?

만약 당신이 "그래요!"라고 대답한다면 우리는 좋은 동료가 되어 함께 탐구를 시작할 수 있다. 지난 20세기 동안 심리학자들은 아이들이 어떻게 해서 돈이 많이 드는 울보에서 뇌에 대한 책을 즐겨 읽는 어른으로 완전히 성장하는지 설명하고자 애썼다. 그럼 이제 성장에 대한 심리학 이론 중 몇 가지를 살펴보자. 먼저 신화이자 전설로 남은 돌처럼 차가운 괴짜 지그문트 프로이트부터 시작하자.

프로이트 ▶ 그러니까 당신은 엄마랑 하고 싶은 건가요?

지그문트 프로이트는 심리학에서 가장 논쟁적인 인물 중 하나다. 하지만 한편으로 천재라 할 수 있다. 많은 사람이 그를 현대적 심리 치료의 아버지이자 정신분석학의 창시자라고 여긴다. 프로이트는 학자와 일반 대중 사이에서 심리학의 입지를 넓혔으며, 오늘날까지도 그가 만들어낸 정신분석학 용어를 통해 영향력을 과시하고 있다. 반면에 현대 학문의 관점에서 보면 그는 일종의 돌팔이였다. 그의 이론 가운데 상당수가 근거 없다는 이유로 논박되었으며, 그는 끔찍한 남성 우월주의자처럼 보였다. 또한 사람의 성기가 코와 직접 연관성이 있다고 여겼다. 그리고 코카인을 정말 사랑했다.

모든 분야에서 왕성하게 활동한 사람

당신이 좋아하든 싫어하든 간에 프로이트는 매우 흥미로운 인물이다. 그는 8개 국어를 배워서 할 줄 알았고, 나치에 붙잡혀 죽임당할 위기에서 가까스로 벗어났으며, 열세 번이나 노벨상 후보에 올랐고, 섹스에 매료된 인물로 널리 알려져 있으며, 아내 마사 버네이스 Martha Bernays와의 사이에서 여섯 명의 자녀를 두었다. 프로이트는 아버지 노릇을 하는 동안 자녀들이 특정한 나이에 자기 신체의 특정 부위에 집착한다는 사실을 알아차렸다. 그리고 프로이트답게, 그것은 어떤 성적인 이유 때문이고, 이것이 나중에 인생에 영향을 미치리라 생각했다. 이제 당신은 마음속에서 이렇게 혼잣말을 할지도 모른다. '유아를 성적 존재로 만드는 것은 좀 이상한걸.' 그렇다, 당신의 생각이 옳다. 하지만 프로이트는 적당히 멈추지 못했고, 결국 자기 생각을 심리 성적 발달 이론으로 발전시켰다.

발달의 여러 단계

프로이트는 아동의 발달을 다섯 단계로 나누었다. 구강기, 항문기, 남근기, 잠복기, 생식기. 맨 처음 세 단계는 입이나 창자, 성기 같은 '성적으로 민감한 부위'와 연관되어 있다. 그리고 프로이트가 세 번째 단계 이후 다소 게으른 것처럼 보이는 것은 잠복기나 생식기에 새로 할당할 신체 부위가 없기 때문이다. 나는 어떤 식으로 자연스레 진행될지 잘 모르겠다. 다음에는 어느 부위를 탐험해야 할까? 발? 쇄골? 어쨌든 프로이트는 이 여러 단계 가운데 어느 단계든 정신적으로 고착되면, 성인기까지 이어지는 여러 문제를 초래한다고 이론적으로 설명했다.

프로이트가 발명한 용어들

프로이트에 대해 거의 모른다 해도, 우리는 그가 창안해 널리 퍼뜨린 단어와 개념들을 전부 사용하고 있다.

자아(에고): 마음속에 있는 본능적 욕망과 내면화된 도덕성 사이 중재자. 물론 오늘날 '커다란 에고big ego'를 지녔다는 것은 단지 못된 사람이라는 의미일 뿐이다.
죽음에 대한 동경: 스스로 또는 다른 사람이 죽기를 바라는 무의식적 욕망. 종종 죄책감과 자책감을 일으킨다. 글쎄, 높은 곳에서 낙하산을 타고 뛰어내리는 사람들이 이런 감정을 얼마나 느끼는지 모르겠지만.
방어 기제: 할머니가 왜 이렇게 전화하지 않느냐고 말할 때 당신은 '방어 기제'를 통해 불안이나 죄책감으로부터 스스로를 보호한다. 이런, 정말 눈코 뜰 새 없이 바빴어…….
리비도: 모든 행동을 추동하는 성적 에너지(프로이트의 설명에 따르면). 성적 유혹에 빠지는 것과 비슷하다.
투사: 자신에 대한 감정을 부정하고 그것을 다른 사람에게 떠넘기는 것이다.
무의식: 비록 알지 못하지만, 그래도 여전히 행동과 감정에 영향을 미치는 마음의 일부. 무의식적으로 튀어나온 말실수를 '프로이트적인 말실수'라고 한다!

출생부터 생후 1년까지: 구강기

프로이트는 구강기의 아기는 쾌락의 원천인 입에 초점을 맞춘다고 생각했다. 아기는 모유 수유로부터 만족감을 얻으며 자신에게 즉각적으로 필요한 것에만 관심을 가진다. 프로이트는 아기가 젖을 떼는 데 어려움을 겪으면 타인에 대한 신뢰와 독립성에 문제가 생겨 지나치게 수동적이거나 미성숙한 사람, 또는 낙천적인 사람이 된다고 생각했다. 이렇게 성인이 되면 '구강기 고착'을 겪는다. 이들은 흡연, 껌 씹기, 손톱 물어뜯기는 물론이고 구강성교처럼 입을 자극하는 활동을 추구한다.

생후 1~3년: 항문기

한 살이 지나면 많은 아이가 자신의 배설물에 집착한다. 그에 따라 아이들은 부모가 자신에게 어떤 기대를 하는지 이해하기 시작하고, 어디에나 똥을 싸고 싶은 욕구와 균형을 맞추기 시작하는 항문기에 들어선다. 프로이트는 이 시기에 부모가 지나치게 엄격하면 아이는 '항문 보유적 성격'이 되어 어른이 되었을 때 깔끔함과 질서에 집착할 수 있다고 생각했다. 반면에 부모가 너무 느슨하면 '항문 폭발적 성격'이 되어 방종하고 무모하며 반항적인 성격이 되고, 대변에 관심이 많아 다소 더러울 수 있다.

생후 3~6년: 남근기

이 시기에 아이는 자기 신체에 대해, 특히 성별 차이와 생식기에 대해 알게 된다. 프로이트는 이것이 본질적으로 아이와 부모의 상호작용을 변화시키고, 논쟁적인 오이디푸스 콤플렉스와 엘렉트라 콤플렉스로 이어진다고 믿었다. 오이디푸스 콤플렉스란 모든 소년이 엄마와 섹스를 하고 싶어 하며 엄마의 관심을 얻고자 아버지와 적극적으로 경쟁을 벌일 것이라는 이론에 바탕을 둔다. 그리고 엘렉트라 콤플렉스는 소녀가 역시 엄마와 섹스를 하고 싶어 하지만 장비가 부족한 탓에 '남근 선망'을 갖게 되고 이것이 어느 사이 아버지와 섹스를 하고자 하는 욕구로 변한다는 이론에 기초한다. 내가 마음대로 지어낸 이야기가 아니다! 프로이트는 여자아이가 이 단계에 고착되면 성적으로 지배적인 여성이 되며, 남자아이는 성적으로 공격적인 남성으로 성장할 것이라고 생각했다.

생후 6년부터 사춘기까지: 잠복기

프로이트는 이처럼 섹스에 집착해, 사춘기 이전 아이들을 홀대했다. 온갖 선망과 젠더 드라마의 소용돌이 끝에, 프로이트는 이 시기에 자연이 아이들에게 약간의 휴식을 주었다가 사춘기에 다다르게 한다고 믿었다. 정말 그럴까?

사춘기 이후: 생식기

이제 다 성장했으니 더 이상 머릿속을 망가뜨릴 게 없을까? 전혀 그렇지 않다. 하지만 프로이트는 일단 사춘기에 접어들면 왜 그 이상한 것을 좋아하는지 굳이 알아내려고 애쓰지 않는다. 그렇다면 우린 왜 그럴까?

에릭슨 ▶ 그래서 엄마랑 하고 싶지 않다고요?

프로이트의 심리 성적 이론은 50년 넘게 아동 발달의 지배적 이론이었다. 프로이트 딸의 친구 에릭 에릭슨Erik Erikson이 "제발 섹스 좀 빼자"라고 나설 때까지 말이다.

불길한 시작

에릭의 어머니는 코펜하겐의 저명한 유대인 가정에서 태어나 아이를 가진 뒤(아버지가 누구인지는 확실하지 않다) 독일로 피신했다. 그곳에서 그녀는 결혼했고, 에릭의 이름에 '홈부르거Homburger'라는 의붓아버지의 성을 붙여주었다. 십 대 시절 이 모든 사실을 알게 된 에릭은 쉽게 받아들이지 못했다. 홈부르거가 대체 누구인가! 그동안 속은 기분이 들어 혼란스러워하다가 결국 학교를 자퇴하고 방랑하는 예술가가 되어 유럽을 돌아다녔다. 나중에는 빈의 부유한 가문에 미술 가정교사로 고용되었다. 다들 지그문트 프로이트의 딸인 아나 프로이트Anna Freud에게 정신분석을 받는 사람들이었다.

작은 제안 하나

에릭은 정신분석학을 공부했고, 특히 아이들을 대상으로 하는 연구를 전문으로 했는데, 이 전공은 그와 잘 어울렸다. 사람들은 에릭이 아이들을 얼마나 잘 다루는지 항상 이야기하곤 했다. 하지만 프로이트의 심리 성적 발달 이론을 접한 에릭은 회의적이었다. 물론 그는, 사람은 각자 독특한 단계를 거치며, 어떤 단계에서 꼼짝 못하게 되면 평생을 망칠 수도 있다는 프로이트의 주장에 빠져 있었다. 하지만 다행히도 프로이트의 주장처럼 엄마와 섹스를 하는 것에만 관심이 있지는 않았다.

사람은 사회적 존재다

에릭은 사람이 성장하는 데는 부모와의 관계 이상의 것이 필요하다는 사실을 깨달았다. 우리는 우리 모두를 형성하는 사회에서 살아간다. 에릭은 이러한 깨달음에서 개인이 마주한 환경과 정체성 형성을 통한 개별적 여정에 초점을 맞추는 심리 사회적 이론을 발전시켰다. 혼란스러운 어린 시절의 감정을 감안하면, 그가 '정체성'에 커다란 초점을 두었다는 점이 놀랍지 않다. 미국으로 이주한 에릭은 자신의 '정체성 위기'를 해결하고자 성을 에릭슨으로 바꾼다. '정체성 위기'라는 그가 직접 만든 용어다!

5단계? 8단계는 어때요?

프로이트의 단계 이론에서 영감을 받은 에릭슨은 유년기를 넘어 성인기를 거쳐 피할 수 없는 죽음으로 끝맺는 사람의 발달을 8단계로 정리했다. 각각의 단계에는 개인이 숙달하거나 실패한 '과업'이 있다. 이런 과업을 익히는 방법은 개인이 성공적이고 생산적인 사회 구성원이 되는 것이다. 그리고 어떤 과업이든 그것에 실패하면 무능하다는 느낌이 든다. 에릭슨이 가정한 바에 따르면 꽤 끔찍한 결과로 이어진다. 놀랍게도 에릭슨의 이 이론은 평생에 걸친 개발에 초점을 맞춘 얼마 안 되는 이론 가운데 하나여서 오늘날까지도 유효하다.

여기에 당신을 위한 간단한 참고용 표를 준비했다. 확실히 섹스가 배제되어 있다는 점에 주목하라. 덤으로, 똥에 대한 내용도 없다!

과업	나이	과업에서 답해야 할 핵심 질문	숙달에 따른 결과	실패에 따른 결과
타인을 신뢰함 vs. 신뢰하지 않음	출생 후 18개월까지	내 세상은 안전한가?	와! 당신은 타인을 믿게 되었군. 당신에게 충분한 관심과 사랑을 준 부모님 덕분일 거야.	이런! 당신은 세상이 예측 불가능하고 잔인하기 때문에 사람들을 믿지 않는군. 당신이 불안에 휩싸인 난파선이 되지 않기를 바라네.
자율성 vs. 수치심과 의심	2~3세	혼자서 할 수 있는가, 아니면 항상 다른 사람에게 의지해야 하는가?	와! 당신이 얼마나 독립적인지 좀 보라! 스스로 확신을 갖고 옷을 고르다니!	그래? 혼자서는 안 될 텐데. 부끄러운 줄 알고, 그 낮은 자존감으로 잘 살아보라.
진취적인 계획 vs. 죄책감	3~5세	내가 잘하고 있는가, 못하고 있는가?	의욕과 자신감이 넘치는군! 스스로 나무에 얼마나 높이 올라갔는지 한번 보라!	거기서 내려와! 왜 묻지도 않고 일을 할 수 있다고 생각하지? 당신은 중대한 제재가 필요하군!
근면함 vs. 열등감	6~11세	어떻게 하면 잘할 수 있을까?	믿을 수 없군! 당신은 정말 좋은 친구들이 있고 학교에서도 성적이 좋으며 축구도 잘해. 당신은 스스로 자랑스러워할 필요가 있어.	안 돼! 왜 그러는 거야? 당신은 학교에서 다른 아이들과 문제가 있고, 집에서도 비슷한 처지야. 이걸 자격지심이라고 말하지 마.
정체성 vs. 역할 혼란	12~18세	나는 누구이고 어디로 가고 있는가?	와! 당신은 스스로를 정말 잘 아는 것 같아. 당신은 강한 신념과 가치관을 가졌어.	으악! 당신은 항상 너무 무신경해. 부모님이 원하는 것을 그만두고 당신의 미래를 생각해봐.
친밀함 vs. 고립	19~40세	나는 타인의 사랑을 받고 타인이 원하는 존재인가?	당신 인생에서 친밀하고, 튼튼하고, 애정 넘치는 관계를 찾았다니 정말 기쁘군!	당신은 아직도 독신이고 비참하잖아! 분명 상당히 고립되고 외롭다고 느낄 거야.
후진 양성 vs. 정체	40~65세	나는 세상에 진짜로 가치 있는 것을 제공할 수 있는가?	와! 괜찮은 커리어를 쌓고 아이들을 가르치고 있어? 당신은 세상에 흔적을 남기는 거야!	당신은 너무 천박하고 자기중심적이야. 자신을 향상시키기 위해 무언가 하면서 시간을 보낼 수는 없을까?
충실성 vs. 절망	65세~사망	나는 충실한 삶을 살았는가?	휴! 당신은 인생에서 성취한 것에 꽤 만족하고 있군. 정말 현명!.	아쉽군! 당신은 인생을 낭비했어. 이제 당신은 후회로 가득 찬 씁쓸하고 우울한 늙은이일 뿐이야.

피아제 ▶ 알고 보니, 아이들은 그냥 멍청한 어른이 아니야

장 피아제Jean Piaget는 꽤 특별한 아이였다. 주변의 사물에 무한정 매혹되고 예리하게 느끼는 피아제의 특성은 어린 나이부터 그를 과학자로 만들었다. 열다섯 살에 이미 조개류를 연구해 여러 편의 논문을 발표했고, 스물두 살에 자연사 분야에서 박사 학위를 받았다. 하지만 조개와 달팽이를 연구하던 도중 피아제는 카를 융Carl Jung 밑에서 한 학기 공부해보기로 결심했다. (참고로, 융은 프로이트 밑에서 공부하다가 모든 것이 섹스와 관련되어야 한다는 프로이트의 주장에 확신하지 못해 결국 스승과 관계가 틀어지고 말았다. 패턴이 보이는가?) 그때 피아제는 거의 알지 못했지만, 그의 인생 경로가 크게 바뀌는 순간이었다.

정말… 궁금하군

융 밑에서 공부하는 동안 피아제는 연체동물 분야의 유망한 커리어에서 멀어지고, 소르본 대학교에서 1년 동안 이상 심리학을 공부하기에 이르렀다. 젊은 시절 피아제는 파리에서 심리학자 알프레드 비네Alfred Binet의 실험실에서 일했다. 그리고 최초의 표준화된 지능 검사 중 하나인 비네-시먼 척도 개발에 도움을 주었다. 하지만 수백 명의 프랑스 어린이에게 이 검사를 시행했을 때, 피아제는 이상한 패턴 하나를 발견했다. 어린이들이 한결같이 같은 문제를 틀렸던 것이다. 대체 이유가 뭘까?

아니요, 하지만 괜찮아요!

피아제는 예전에 온전한 굴 껍데기를 생각하면서 얻곤 했던 흥분을 느꼈다. 그러면서 아이들이 보여준 반응에 대해 논리적 설명을 찾고자 했다. 마침내 놀랍게도 아이들이 완전히 합리적이고 직관적인 방식으로 설명한다는 사실을 발견했다. 그때까지만 해도 아이들은 어른에 비해 사고 능력이 떨어지고 근거 없이 해답을 추측하기 때문에 문제를 틀린다고 가정되곤 했다. 그리고 그 추측 실력은 형편없었다. 하지만 다양한 연령대 아이들이 각기 완전히 다른 사고방식을 갖고 있다는 사실을 발견한 피아제는 가설을 세워 검증했고, 모든 아이가 네 개로 구분되는 인지 단계를 거친다는 유명한 발달 이론을 완성했다. 단계 각각의 특징을 설명하는 데는 여러 방식이 있지만, 아마 가장 흥미로운 것은 각 단계 아이들을 일부러 속이고 골탕 먹이는 것이다. 무슨 말이냐고? 옆 페이지에서 살펴보자.

감각 운동기: 생후~2세
아기는 감각과 움직임을 통해 세상을 탐험한다. 아기가 모든 것을 입에 넣는 것은 이런 이유다.
골탕 먹이는 방법: '대상 영구성 시험'이다. 이 단계 아기는 장난감에 담요를 덮어놓으면 아예 사라진다고 여긴다! 세상에서 없어진 줄 아는 것이다! 그러니 '까꿍 놀이'가 그렇게나 재미있는 것이다.

전조작기: 2~7세
이 시기 아이는 상상력을 발휘해 놀이에 참여하기 시작하고, 기호나 이미지를 활용해 서로 다른 대상을 표현한다. 하지만 논리에는 아직 형편없이 서툴다.
골탕 먹이는 방법: 바로 '보존 시험'이다. 폭이 넓은 컵의 물을 폭이 좁은 컵에 부으면 아이는 폭이 좁은 컵에 물이 더 많이 들었다고 생각한다! 아니면 아이가 길쭉한 생선튀김 8개를 먹고 싶어 하는 상황에서 4개가 있다면 반으로 잘라주기만 해도 만족한다!

구체적 조작기: 7~11세
이 시기 아이는 좀 더 논리성을 갖추지만, 여전히 추상적이거나 가설적 사고에는 익숙하지 않다.
골탕 먹이는 방법: '연역적 추론 시험'이다! 아이에게 "유리를 깃털로 치면 유리가 깨진다. 조니가 유리를 깃털로 쳤다. 무슨 일이 벌어질까?"라고 물어보면 이미 설정을 얘기해줬는데도 아이는 아무 일도 일어나지 않는다고 대답한다! 왜냐하면 깃털은 현실적으로 유리를 깨뜨릴 수 없기 때문이다. 정말 '구체적으로' 사고하는 셈이다.

형식적 조작기: 12세 이상
이 단계에서 사고가 완전히 발달해 가상의 문제를 해결하고 추상적 사고, 연역적 추론, 메타 인지가 가능하다! 이 단계 덕분에 십 대 청소년들은 추상적 사고가 필요한 도덕, 윤리, 정치, 사회 문제에 대해 더 많이 고민한다. 심지어 몇몇은 철학자를 꿈꾸기도 한다.
골탕 먹이는 방법: 대학원에 지원하도록 하라.

비고츠키

소련에서는 사회가
당신의 일부다!

역사상 가장 위대한 심리학자로 손꼽히는 것, 아니면 소련에서 낮은 자존감을 안고 살아가다 서른일곱 살에 결핵으로 세상을 떠나지만 그래도 역사상 가장 유명한 심리학자가 되는 것 중 당신은 무엇이 더 인상적인가? 레프 비고츠키Lev Vygotsky는 젊은 나이에 숨을 거둬 사생활에 대해 알려진 것이 거의 없다. 하지만 비고츠키는, 우리가 발전하는 데 사회와 문화라는 두 가지 중요한 요소가 영향을 미친다는 사실을 밝혀냈다.

모든 것이 중요하다

대부분 심리학자는 사회와 문화의 중요성을 평가절하했다. 프로이트, 에릭슨, 피아제는 당신이 어디에서 태어났든 간에, 일반적으로 다른 모든 사람과 거의 똑같이 성장할 거라고 믿었다. 물론 미국이나 유럽 출신 백인 아이들만 살펴보면 그럴 것이다. 하지만 비고츠키는 이렇게 말했다. "이봐, 친구들, 빼먹은 게 한 덩어리 있어." 비고츠키는 우리가 성장하면서 공동체로부터 얼마나 깊은 영향을 받는지 인식했다. 그리고 당시 대중적 이론과 반대로, 사회적 상호작용과 놀이를 통한 학습이 뇌의 발달로 이어진다고 믿었다. 말하는 단어, 사는 동네, 스스로 동일시하는 문화, 모든 것이 성장에 차이를 만든다.

저 좀 도와주시겠어요?

이 아이디어는 비고츠키가 만들어낸 가장 위대한 개념으로 이어졌다. 멋진 프로그레시브 록밴드 '근접 발달 영역Zone of Proximal Development'에서 따온 이 용어는 어린이(또는 성인)가 도움을 받아 수행할 수 있는 작업을 설명한다. 이 작업은 아이가 이미 수행 방법을 알고 있는 것과 아직 할 수 없는 것 사이에 존재한다. 비고츠키는 더 많은 지식을 가진 선생님의 지도를 받으면 어린아이도 보통 그들보다 큰 아이가 할 수 있다고 여겨지는 새로운 기술을 배울 수 있음을 깨달았다. 예컨대 수영이나, 글 읽기, 퍼즐 푸는 법을 배우는 식이다. 그래서 본질적으로 근접 발달 영역은 선생님이 왜 그렇게 중요한지, 그리고 선생님이 왜 학생들을 위해 수업 수준을 조정해야 하는지 보여준다! 비고츠키는 일찍 세상을 떠났지만 그의 아이디어는 오늘날까지 전 세계 교실에서 계속 살아 숨쉰다.

오늘날에도 이 이론들을 사용할까?

이러한 이론 중 상당수는 심리학이 여전히 새로운 분야였던 1900년대 초에 개발되었다. 하지만 아직도 그것 모두를 지배할 단 하나의 아동 발달 이론에 대한 합의가 이뤄지지 않았다. 어떤 이론도 전체를 아우를 수 없다. 그렇다고 이 이론 하나하나가 도전받지 않는다는 뜻은 아니다. 프로이트의 심리 성적 이론의 대부분은 근거가 없다. 에릭슨의 이론은 유럽 중심적이었고 문화가 아이의 발달에 어떻게 영향을 미치는지 언급하지 않았다. 그리고 피아제의 이론은 비록 심리학 수업에서 복음처럼 가르치고 있지만, 발달이 순차적이고 유동적인 방식으로 일어난다는 잘못된 인상을 준다. 이 이론들은 오늘날에도 여전히 사용되고 있지만, 결함이 있는 창조물이다.

모차르트는 아기들을 더 똑똑하게 만들까?

1993년 『네이처Nature』지에 발표된 한 연구에 따르면 대학생들이 모차르트 소나타를 10초 듣고 난 직후 공간 관련 작업을 더 잘 수행했다. 그럼 모차르트의 음악이 아기들에게도 효과 있지 않을까? 하지만 이 연구에는 큰 결함이 있었다. 음악은 일반적으로 뇌 활동에 정말 좋지만, 이 연구의 결과는 지나치게 과장되었다. 미국 조지아주에서는 모든 신생아에게 모차르트 CD를 공짜로 지원하는 법안을 제안했지만 말이다. 이 모든 것은 아주 간단한 효과로 설명할 수 있다. 바로 단기적 자극이다. 만약 당신의 뇌가 깨어나서 뭔가에 주의를 기울이기 시작한다면, 비디오 게임을 하거나 직소 퍼즐 같은 작업에 대한 단기적 성과를 높인다. 하지만 커피를 홀짝거리거나 이 책을 읽는 데 몇 초 소비하는 것만으로도 똑같은 효과를 얻을 수 있다. 안됐지만, 지능에 미치는 장기적 영향은 확인되지 않았다.

볼비 ▶ 보호하는 동시에 애착을 형성한다

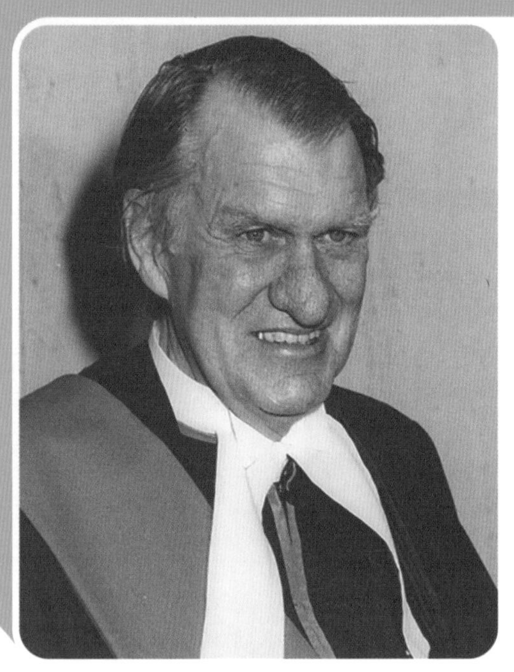

1900년대 초 런던의 부유한 가정에서 네 번째로 태어난 존은 유모의 손에서 자랐다. 당시에는 아이가 전업 유모의 손에서 자라는 일이 흔했다. 실제로 부모가 아이와 너무 많이 접촉하면 아이를 망친다고 여겼다. 따라서 존은 매일 차를 마신 후 한 시간만 어머니와 만났다. 정말 영국식이었다. 하지만 네 살 무렵 유모가 다른 일을 찾아 떠나, 어린 존은 좌절에 빠졌다. 마치 친어머니를 잃은 것처럼 슬펐다. 존은 몇 년 뒤 기숙학교에 들어갔지만, 이후 자신에게 필요한 모성애를 결코 되찾지 못했다. 존은 애착 대상을 잃었던 것이다.

가지 말아요!

이 아이의 이름은 존 볼비John Bowlby였다. 그는 나중에 전 세계에서 손꼽히는 유명한 심리학자가 되었다. 소년 시절의 경험은 그가 사람들에게 잘 알려진 개념을 발전시키도록 이끌었다. 바로 '애착 이론attachment theory'이다. 볼비는 정말로 나쁜 짓을 저지르는 아이들이 어떻게 해서 그런 비행 청소년이 되었는지 궁금했다. 물건을 훔친 아이들을 연구한 결과, 볼비는 대부분이 다섯 살 이전에 부모로부터 일종의 이별을 경험했다는 사실을 알아냈다. 그리고 이후 제2차 세계 대전 동안에도 어머니와 떨어진 아이들이 무척 괴로움을 겪었다는 사실을 발견했다. 아무리 돌봐줄 다른 사람이 있다고 하더라도 마찬가지였다.

애착은 뇌에서 일어난다

이 두 가지 관찰 결과를 결합하면서, 볼비는 태어날 때 모든 사람이 자신을 가장 아끼는 사람과 '지속적인 심리적 연결'을 형성하기 시작한다고 결론지었다. 어린 나이에 만들어지는 이런 유대는 아이의 사회적, 감정적, 인지적 발달에 중요한 영향을 미칠 수 있다. 만약 그 유대가 건강하고 강하다면 성공적으로 잘 적응한 성인으로 성장할 가능성이 높지만, 약하거나 손상된 유대를 형성하면 문제가 생길 것이다. 볼비의 애착 이론은 심리학에서 완전히 새로운 영역을 열었고, 육아에 접근하는 방식을 변화시켰다. 예를 들어, 티타임을 즐긴 뒤 아이와 한 시간 정도 시간을 보내는 것으로는 충분하지 않다.

보육 시설이 애착을 망칠까?

오늘날에는 어린아이의 부모가 둘 다 직장에 나가 일하는 것이 점점 더 흔해지고 있다. 그에 따라 아이는 때때로 부모와 떨어져 보육 시설에서 많은 시간을 보낸다. 하지만 연구 결과에 따르면, 이렇게 부모와 떨어져 있는데도 좋은 보육 시설에 다니는 아이들은 인지적으로나 사회적으로 능력이 향상될 뿐 아니라 건강한 애착을 형성하는 데 전혀 부정적 영향을 받지 않는다. 아이들이 따뜻하게 힘이 되는 세심한 보살핌을 받는 한, 누구에게 그런 보살핌을 받는지는 중요하지 않다. 하지만 질 낮은 육아와 보육 시설을 경험하면 아이의 애착 형성을 망칠 수도 있으니 조심해야 한다!

에인스워스  당신은 어떤 상처를 입었는가?

몇몇 학자는 우리가 진화적 이점 때문에 애착을 발달시킨다고 믿는다. 먼 옛날 우리 조상의 부모들은 강한 유대를 형성한 무력한 아이들을 보호하고 돌보는 경향이 있었다. 물론 모든 부모가 육아를 잘하는 것은 아니다. 1970년대 심리학자 메리 에인스워스Mary Ainsworth는 보호자가 부모-자녀 관계에 대한 신뢰를 손상시키면, 아기는 그들의 필요를 충족시키는 데 도움이 되는 부적응 행동을 배울 것이라는 사실을 깨달았다. 에인스워스는 이러한 행동에서 패턴을 발견해, 네 가지 뚜렷한 애착 유형을 정리했다.

안정적 애착

보호자가 도움을 주고 잘 보살피면 아이는 적절한 방법으로 사랑을 받고 사랑을 표현한다. 또 건강한 스트레스 대처 방법을 개발하고, 자신감 있고 잘 적응하는 사람으로 성장할 가능성이 높다. 이것이 희망적인 시나리오다. 모든 아이 중 약 70퍼센트가 이런 안정된 애착을 가지고 있는 것처럼 보인다.

불안-회피 애착

몇몇 아이는 부모를 피하거나 무시하며, 감정적으로 멀게 느낀다. 어른이 되면 이들에게는 사람들과의 관계가 그렇게 중요하지 않을 수도 있다. 낭만적인 관계를 추구할 수도 있지만, 만약 상대방이 너무 가까이 다가오면 몰아세우거나 관계를 끝장낼 수도 있다.

불안-양가 애착

어떤 아이는 부모에게 달라붙어 지속적인 안심을 요구하지만, 부모가 위로하려고 하면 화를 내며 문을 쾅 닫는다. 이런 애착 유형의 성인은 자존감이 낮으며 가족이나 배우자에게 지나치게 의존할 수 있다.

무질서한 애착

이러한 애착 유형의 아이는 원하는 것에 일관성이 없고, 때로는 무엇을 원하는지 몰라 의기소침해한다. 이런 무질서한 애착 유형의 성인은 타인을 신뢰하는 데 어려움을 겪거나, 심지어 자신이 타인과 가까워질 만한 가치가 있다고 여기지 않을 수도 있다.

안정적 애착

불안-회피 애착

불안-양가 애착

무질서한 애착

마이카의 고양이 실험

빌과 로키는 둘 다 정말 착한 고양이이지만, 나는 우리가 건강한 유대 관계를 쌓고 있는지 궁금할 때가 많다. 나는 고양이들의 애착 유형을 알아보기 위해 '안전기지 실험'을 해보기로 결심했다. 당신도 집에서 애완동물과 함께 해볼 수 있다! 방법은 다음과 같다.

1단계: 애완동물을 낯선 방으로 데려간다.

2단계: 애완동물이 방을 탐험하는 동안 2분 정도 함께 있는다.

3단계: 낯선 방에 애완동물을 두고 2분간 방에서 나간다. 그러면 아마 애완동물은 혼란에 빠질 것이다.

4단계: 방에 다시 들어가 애완동물의 행동을 관찰한다.

만약 다시 만났을 때 편안하게 다가오고 방을 계속 탐험한다면, 당신의 애완동물은 안정적 애착을 형성하고 있는 것이다. 반면 애완동물이 딱 달라붙고 편안함을 계속 요구한다면, 불안-양가 애착이 있다는 의미다. 그리고 방에 돌아왔을 때 피하려 한다면, 애완동물에게 불안-회피 애착이 있다는 뜻이다. 마지막으로 애완동물이 도움을 청하러 왔다가 다시 멀어지며 편안해지는 데 어려움을 겪는다면, 아마도 무질서한 애착 유형일 것이다. 한번 시험해보라! 아기 고양이를 울릴지도 모른다는 사실을 견딜 수 있다면.

이게 대체 뭐야

해리 할로의 원숭이들

우리가 유년기에 대해 알고 있는 지식 가운데 일부는 악명 높은 심리학자 해리 할로가 미국 위스콘신주에서 행한 윤리적으로 매우 건전하지 못한 연구에서 비롯되었다. 할로 박사는 아이가 엄마와 떨어져 있을 때 어떤 일이 일어나는지 연구하고 싶어 했다. 어렸을 때 어머니가 잘 안아주지 않았던 걸까? 알 수 없는 일이다.

불쌍한 아기 원숭이들

이 주제에 대해 실험하기 위해 할로는 태어난 지 얼마 안 된 새끼 원숭이들을 어미와 분리시키고, 새끼들을 '가짜 엄마'가 있는 두 개의 작은 우리에 넣었다. 하나는 철사로 만들어지고 우유 공급 장치가 갖추어져 있었으며, 다른 하나는 부드러운 천으로 만들어진 것이었다. 그 결과 새끼 원숭이들은 대부분 시간을 천으로 만들어진 엄마에 매달려 위안을 구했고, 배가 고플 때만 철사로 만들어진 엄마에게 갔다. 이것은 아이와 부모 관계에서 교감의 중요성을 보여주었다. 하지만 할로 박사는 새끼 원숭이들을 단순히 방치하는 데 머무르지 않고, '사악한 엄마'라고 부른 또 다른 버전의 천으로 만들어진 엄마 실험을 진행했다. 이 엄마들은 새끼 원숭이들을 다양한 방법으로 괴롭힐 수 있는 장치를 갖췄다. 예컨대 새끼에게 차가운 공기를 훅 불거나, 얼음물로 적시거나, 오므릴 수 있는 뾰족한 못으로 쿡쿡 찔렀다. 할로는 새끼 원숭이들이 천으로 만들어진 엄마 때문에 다치더라도 계속해서 돌아와 위안을 구한다는 사실을 발견했다. 그러다가 목숨을 잃기도 했다. 비록 이 실험이 학대하는 부모와 자식의 애착 관계에 대한 통찰력을 제공하긴 했지만, 실험 자체가 매우 잔인하고 가학적이라는 사실은 부정할 수 없다.

인간의 탈을 쓴 괴물

할로 박사는 이 밖에도 오랫동안 끔찍한 연구들을 해왔다. 그중에는 새끼 원숭이들을 1년 동안 어두운 방에 묶어 고립시킨 연구도 있었다. 할로는 이 실험을 '절망의 구렁텅이'라고 불렀다. 이 구렁텅이에서 살아남았다 해도 실험 동물은 심리적으로 혼란을 겪고 감정적으로 산산이 부서졌을 것이다. 할로는 이 실험이 인간의 우울증에 대한 모델을 제공할 수 있다고 주장했지만, 어떤 사람이 1년이나 어두운 방에 갇혀 있을까? 다시 한번 말하지만, 할로는 끔찍한 사람이었다. 개인적으로도 그렇게 좋은 사람이 아니었다. 외도를 계속했고, 아이들을 냉담하게 대했으며, 지독한 알코올 중독자였다.(우리 편집자는 할로가 지옥에서 영원히 원숭이들에게 고문받기를 바란다. 어쨌든 그가 이런 실험을 더 이상 할 수 없게 되어 정말 기쁘다.)

지니, 야생의 아이

1970년, 미국 로스앤젤레스의 아동 복지사들은 어두운 방에서 변기에 사슬로 묶인 한 아이를 발견했다. 아버지는 아이가 겨우 한 살 반이었을 때부터 방에 가두었다. 지니Genie라는 이름의 이 소녀는 이제 열네 살이 거의 다 되었는데, 아무런 외부 자극도 받지 못했고 말하는 법도 배우지 못했다. 아동 심리학자들은 지니에게 영어를 가르치려고 끈질기게 노력했지만, 지니는 기본적인 사회 기술과 비언어적 의사소통을 배우는 데는 성공했으나 결코 완전히 모국어를 습득하지 못했다. 이 사례는 사람이 언어를 습득하는 데 '결정적 시기'가 있다는 이론을 뒷받침했고, 우리가 나이 들었을 때보다 어렸을 때 새로운 언어를 더 쉽게 배우는 이유를 설명해주었다.

학습 유형에 대한 오해

당신은 어떤 유형의 학습자인가? 학교에서, 친구에게서, 심지어 심리 치료사에게서 이런 질문을 받았을지도 모른다. 당신은 분명 선호하는 학습 방법이 있을 것이다. 시각 학습자일지도 모르고, 청각 정보를 가장 잘 기억할지도 모른다. 책을 집어 들고 읽기만 해도 모든 것을 척척 배우는 사람일지도 모르고, 운동 감각을 통해 배우는 사람일지도 모른다. 이런 학습 유형에 대한 개념은 1990년대 처음 퍼지기 시작했다. 이 개념은 왜 교사들이 교실에 있는 모든 아이와 교감하려고 애써야 하는지, 왜 특정 학생들이 자료를 기억하는 데 어려움을 겪는지 설명하는 것처럼 보였다. 그리고 수천 곳의 학교에서 학생들이 선호하는 학습 방식을 알아내도록 테스트를 했다. 모든 아이가 특별하기 때문에 학습 방식과 유형도 각자 독특한 것일까? 사실은 그렇지 않았다.

학습 스타일에 대한 보고가 크게 과장되었다

학습 유형이라는 개념이 대중화된 이후 연구자들은 한 종류의 학습자가 다른 종류의 학습자가 될 수 없다는 식의 연구를 발표했다. 각 유형의 학습자가 시험을 얼마나 잘 보는지 알아본 것일까? 그렇다. 하지만 사실 테스트는 당신이 어떤 유형을 더 즐기는지 말해줄 뿐, 어떤 유형이 정보를 기억하는 데 더 도움이 되는지 말해주지는 않는다. 학생들은 자신의 학습 유형에 대해 듣고 어떻게 해야 그 특정한 유형을 통해 더 효과적으로 공부할 것인지 전략을 제공받았지만, 그렇다고 시험을 더 잘 보지는 못했다. 그리고 시각 학습자는 청각 학습자보다 이미지를 잘 기억하지 못하며, 청각 학습자는 시각 학습자보다 말로 이뤄진 정보를 더 잘 기억하지 못하는 것으로 드러났다.

상황에 따라 다르다

그렇다면 학습 유형에 대한 진실은 무엇일까? 글쎄, 사람들의 학습 유형에는 약간 차이가 있다. 당신은 아마 특정 유형을 활용할 때 장점과 단점을 갖고 있을 것이다. 하지만 대부분은 상황에 따라 달라진다. 해야 할 일과 공부에 따라 학습 유형이 달라진다는 것이다. 예컨대 스케이트를 타고 싶다면 스케이트에 대한 책을 읽고, 관련 비디오를 보고, 다른 사람의 조언을 들을 수도 있다. 하지만 가장 효과적인 방법은 바로 얼음판 위에 발을 내딛는 것이다.

반두라 ▶ 집에서 한번 해보세요!

오랫동안 학자들은 아이들이 직접 경험하고 행동을 강화해 배우고 발전한다고 가정했다. 다시 말해 포크 사용법을 연습했기 때문에 포크를 사용할 수 있다는 것이다. 하지만 기타를 쳐본 적도 없는데 스트로크 주법을 할 수 있는 이유는 무엇일까? 어렸을 때 학대당한 전력이 있는 사람은 왜 자신의 아이를 학대하는 경향이 더 강할까? 엑스박스에 중독된 열 살짜리 아이는 어디서 그런 욕설을 배운 걸까?

폭력은 어디서 배우나요?

이런 질문들은 오늘날 생존하는 가장 위대한 심리학자라 할 수 있는 앨버트 반두라Albert Bandura를 매료시켰다. 반두라는 1960년대에 공격성을 연구하며, 몇몇 아이가 다른 아이들에 비해 더 폭력성을 띠는 이유를 알고 싶어 했다. 그 아이들은 원래 그런 걸까, 아니면 다른 일이 있었던 걸까? 반두라는 그 아이들이 실제로 다른 사람을 관찰해서 폭력성을 배운다고 추측했다. 이 가설을 시험하기 위해 반두라는 유명한 '오뚝이 인형 실험'을 고안했다.

보고 그대로 따라 하는 원숭이처럼

실험은 간단했다. 한 그룹 아이들에게 공기를 넣어 부풀린 광대 인형을 공격적으로 대하는 어른의 모습이 담긴 비디오를 보여주었다. 비디오에서 어른들은 인형을 주먹으로 때리고 소리를 질렀으며, 공중에 던지고 망치로 쳤다. 한편 다른 그룹 아이들은 어른들이 인형을 가지고 친근하고 공격적이지 않은 방식으로 장난치는 내용의 비디오를 보았다. 그리고 마지막 그룹 아이들은 비디오를 전혀 보지 않았다. 그 후 각각의 아이들은 오뚝이 인형을 포함한 장난감으로 가득 찬 방에 들어갔다. 그 결과 비디오를 아예 보지 않거나 공격적이지 않은 비디오를 본 아이들은 장난감을 무시하거나 부드럽게 가지고 놀았다. 하지만 공격적인 비디오를 본 아이들은 어른들의 행동들을 따라 했다! 이 실험은 사회적 학습 이론을 뒷받침했다. 인형을 공격했다는 이유로 혼나면 아이들은 행동을 멈췄다. 이 실험은 아이들이 다른 사람을 관찰하고 모방함으로써 공격성을 비롯한 다른 사회적 행동들을 배운다는 사실을 보여준다. 그러니 당신도 좋은 롤 모델이 되어야 한다. 옆에서 누가 보고 있을지 모르니!

잘못된 상식: 비디오 게임이 아이를 폭력적으로 만들까?

아이가 공격성을 띠고 공감 능력이 부족해지며 집단 총격 사건에 휘말리는 데 비디오 게임의 책임이 있다는 주장을 들어본 적이 있을 것이다. 하지만 다행히도 이 주장은 '밸런스 붕괴'이며 '약화'되어야 한다. 반두라가 연구에서 증명했듯이, 아이들이 폭력적인 비디오 게임을 즐긴 직후 더 공격성을 띤다는 것은 사실이다. 하지만 그 공격성은 생겨나자마자 사라진다. 장기간에 걸친 최근 연구에 따르면, 수천 시간 동안 폭력적인 비디오 게임을 해도 사용자의 공격성에 변화가 생기지는 않는다. 그러니 걱정하지 마라, 당신은 냉철한 살인마가 되지 않고도 스타듀밸리 게임을 즐길 수 있다!

Riou – MESNEL

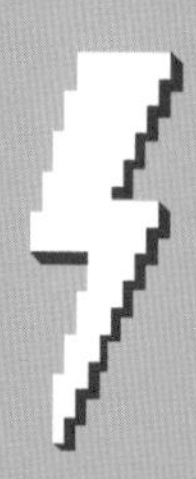

CHAPTER 5
전기에 관한 이야기

사람들이 뇌의 생물학을 연구하기 시작했을 때 갖고 있던 도구들은 매우 제한적이었다. 전두엽 절제술에 사용되던 얼음 깨는 송곳을 생각해보라. 하지만 곧 현미경이 발명되고 전기를 사용하면서 상황이 흥미로워지기 시작했다.

수천 년 동안 철학자와 자연학자들은 사람의 뇌에 대해 온갖 멋진(가끔은 이상하고 잘못된) 추측과 상상을 했다. 하지만 우리가 실제로 사람의 머릿속을 파헤치고 뇌가 어떻게 작동하는지 알아내기 시작한 것은 불과 몇백 년 전이다. 동시에 과학자들이 자신의 터무니없이 큰 저택에 처박혀 지내기보다, 두뇌나 정신에 대한 주장을 뒷받침하기 위해 실제 실험적 증거에 초점을 맞추기 시작했다.

이후 이 분야는 (대부분의 경우) 눈에 띄게 과학적으로 변했고, 신비주의에서 벗어나 동물 연구나 실제 생물학으로 전환되었다. 그 과정에서 몇몇 사람은 꽤 놀라운 아이디어로 놀라운 실험을 했다.

계몽주의

1543년, 안드레아스 베살리우스(37쪽 참고)는 실제 인간 해부학에 기초한 『인체의 작용에 대하여On the Workings of the Human Body』를 출간했다. 베살리우스는 전통을 깨고 많은 시체를 직접 해부해 사람의 몸이 어떻게 생겼는지 알아냈다. 하지만 당시에는 시체를 신성하게 여겼기 때문에 그것을 째고 안을 들여다보는 일이 눈살을 찌푸리게 했다. 또 베살리우스의 저서와 같은 해 출간된 니콜라우스 코페르니쿠스의 『천구의 회전에 관하여On the Revolutions of the Heavenly Spheres』는 과학혁명을 일으켰다고 널리 인정받았다.

이후 몇백 년 동안 사람들의 과학적 사고에 큰 변화가 일어났다. 신체가 체액으로 구성되고 뇌에 정자가 있다는 이상한 이론들이 사라지고, 드디어 과학적 방법이 시작된 것이다.

그에 따라 과학자 공동체가 번성하고 대부분 부유한 백인 남성들로 이뤄진 과학자들은 자신의 아이디어와 실험에 대해 이야기할 수 있었다. 그리고 모든 사람이 태양이 지구 주위를 도는 대신, 지구가 태양 주위를 돈다는 생각에 동조했다.

계몽주의와 막 싹이 튼 근대 과학은 경험주의 철학에 크게 의존했다. 경험주의는 관찰과 감각 경험을 사용해 정보를 제공받아 무언가 믿는 것을 강조했고, 절대적 권위를 누린 종교의 지배에서 벗어나 언론의 자유와 개방된 사고를 향해 나아가는 흐름의 일부가 되었다.

물론 당시에도 과학자들이 이미 잘 알고 있던 분야가 있었다. 중력이 중요하다는 사실처럼 말이다. 하지만 뇌가 어떻게 작동하는지와 같은 수수께끼는 아직 해결되지 않은 채였다. 그리고 과학적 방법 덕분에 과학자들은 그 어느 때보다 이 수수께끼의 일부를 해결하는 데 보다 가까이 성큼 다가섰다.

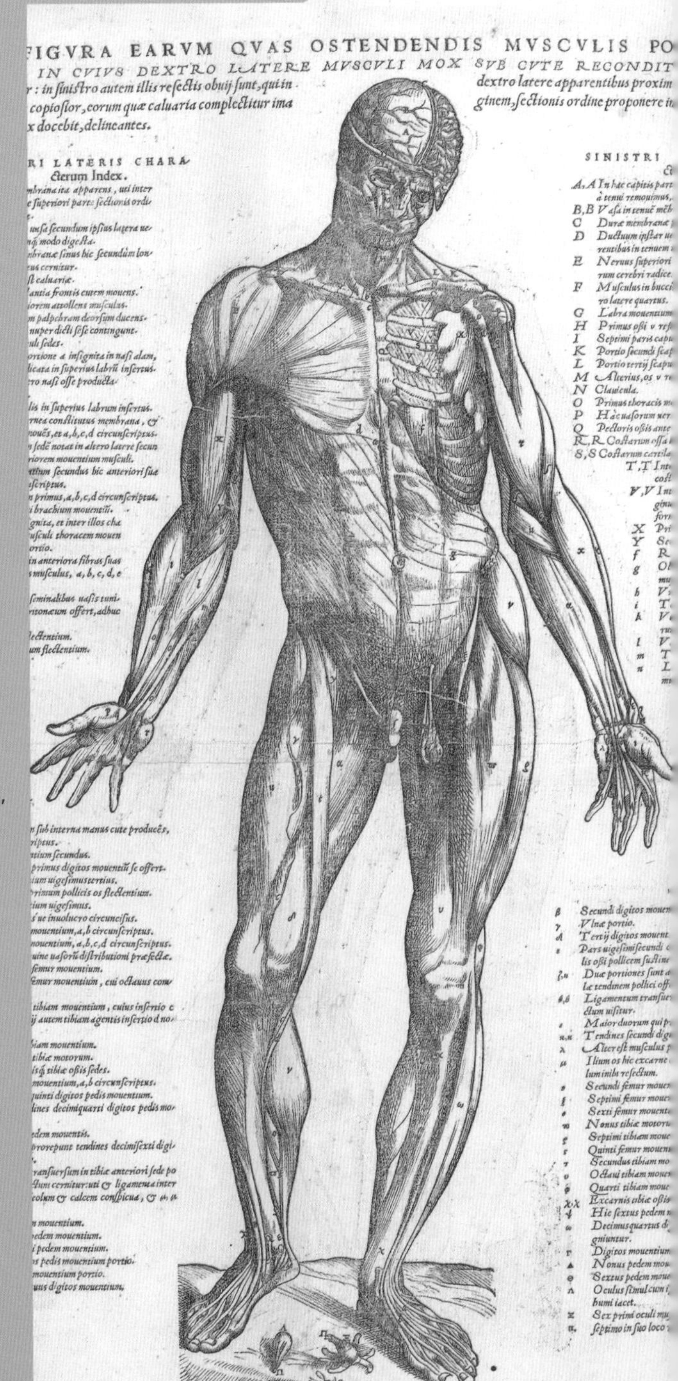

카페인에 빠진 당신의 뇌

정체: 카페인은 커피(1컵에 96밀리그램)와 차(1컵에 47밀리그램), 에너지 음료(1컵에 29밀리그램), 콜라(1컵에 22밀리그램), 알약(1알에 200밀리그램) 등에 들어 있다. 가루로 된 카페인도 있다. 카페인은 전 세계에서 가장 널리 사용되는 정신 활성 약물로, 다양한 장소에서 발견된다.

약물 종류: 각성제.

기능: 커피 한 잔을 마시고 나면 약 한 시간 이내에, 그리고 이후 3~4시간 동안 피로가 줄어들고 정신이 각성되며, 반응 시간이 줄어들고 근력과 운동 능력이 향상된다. 부정적 측면으로는 불면증, 초조함, 불안, 그리고 위장 관련 문제를 일으킬 수 있다. 복용량이 너무 많으면 카페인 중독이 나타나 심장 두근거림이나 정신 질환이 생기고, 드물게는 사망에 이를 수도 있다.

원리: 카페인은 뇌에서 아데노신 A2A 수용체에 결합해 차단시켜, 졸음과 관련 있는 화학물질의 농도가 줄어들게 한다.

위험성: 카페인은 그렇게 나쁘지 않다. 사실은 좋을지도 모른다! 당신은 카페인이 어린이의 성장을 방해하거나, 암을 유발하거나, 중독을 일으킨다는 말을 들었을지도 모른다. 하지만 실제로는 꽤 안전하다고 여겨진다. 카페인이 알츠하이머병Alzheimer's disease이나 파킨슨병Parkinson's disease을 예방하는 데 도움이 된다는 증거도 있다. 그러니 커피 한 잔은 마셔도 괜찮다!

전기 충격의 놀라움

볼타와 갈바니

신경과학 초창기에는 여러 가지 이상한 실험이 수행되곤 했다. 이 모든 것이 어떻게 작동하는지, 우리가 거의 알지 못했기 때문이다. 그래서 어떤 종류의 시도와 추측이든 한번 시험해볼 만한 것으로 여겨졌다. 개구리에 전극을 넣는 것도 여기에 포함되었다.

내키지 않는 과학자

루이지 갈바니Luigi Galvani는 부모가 '좀 더 실용적인' 진로를 추구하도록 강요한 초기 사례였다. 1700년대 후반 볼로냐 대학교에서 이뤄진 의학 수업은 여전히 시대에 뒤떨어진 히포크라테스나 갈레노스의 문헌에 초점을 맞추고 있었다. 어쨌든 갈바니는 결국 대학에서 해부학 강사가 되었고, 의학에 전기를 활용하는 데 관심을 갖고 있었다.

당시 몸의 근육이 어떻게 그런 기능을 하는지 논쟁이 계속되었다. 몇몇 사람은 물이나 공기가 가득 찬 작은 풍선이나 '동물의 정령'이 근육을 수축시킨다고 주장했다. 하지만 근육이 작은 풍선처럼 팽창한다는 증거가 없었다. 그래서 갈바니는 작은 불꽃을 일으켜 이 이론에 불을 지펴보기로 했다.

게임 체인저

이야기는 다음과 같다. 갈바니와 그의 아내 루차 갈레아치Lucia Galeazzi는 개구리의 피부를 이용해 정전기 실험을 하고 있었다. 개구리에게는 실망스러운 일이었지만, 갈바니에게는 멋진 시도였다! 그런데 갈바니가 개구리 한 마리의 피부를 벗겼을 때 조수가 우연히 전기가 연결된 메스로 개구리의 다리에 노출된 좌골신경을 건드렸다. 그러자 전기가 방전되면서 개구리의 다리가 풀쩍 뛰었다.

이 모습을 본 갈바니는 정전기와 비슷한 '동물 전기'라 불리는 힘이 전기 유체를 통해 몸속을 흐르며

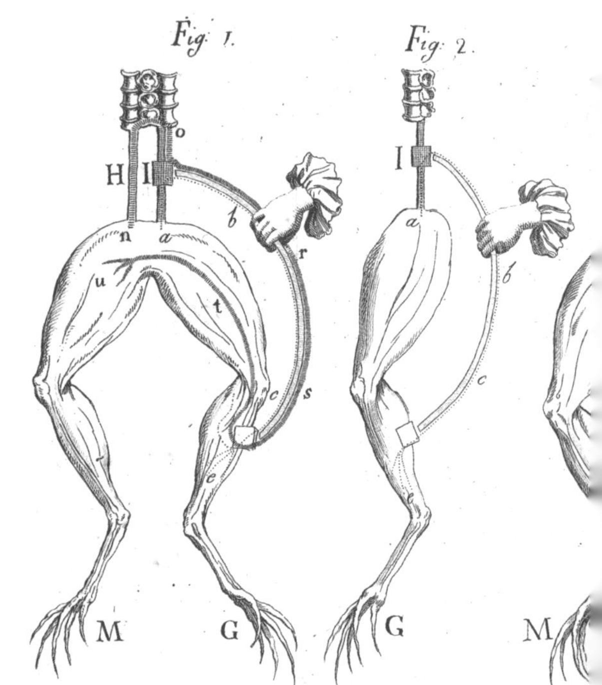

움직임을 일으킨다는 가설을 세웠다. 그리고 이 힘은 생물에게만 특별하게 나타난다고 생각했다.

당시 갈바니는 알레산드로 볼타Alessandro Volta와 경쟁하고 있었다. 하지만 볼타는 갈바니의 이론에 동의하지 않고, 개구리의 다리 속에 전기가 있는 것이 아니라, 개구리의 조직이 해부에 사용된 금속 도구에서 온 전기를 전도할 수 있다고 확신했다. 이렇듯 갈바니와 의견이 어긋나면서 볼타는 나중에 자신의 주장을 증명하기 위해 아연과 구리를 사용한 간단한 초기 전지를 발명했다. 우호적인 전문가들의 경쟁은 생산성을 높인다!

갈바니의 전기 실험은 전기 생리학이라는 분야가 시작되도록 이끌었고, 신경이 정령이나 흐르는 어떤 액체 대신 전기를 이용해서 신호를 전달한다는 사실을 과학자들이 이해하는 데 중요한 역할을 했다.

과학이 으스스해지다

갑자기 프랑켄슈타인처럼 들리겠지만, 갈바니의 후기 실험은 번개를 이용해 개구리의 다리를 뛰게 하는 것을 포함했다. 이것은 죽은 사람에게 '다시 숨을 불어넣으려고' 전기를 사용한 조카의 연구에 영감을 주었을지도 모른다. 의사이자 물리학자였던 조반니 알디니Giovanni Aldini는 많은 주제에 관심 있었지만, 아마도 처형된 범죄자 조지 포스터George Forster의 시신에 전기 자극을 보낸 실험으로 가장 유명할 것이다. 시신에 전기를 통하게 하자 얼굴이 씰룩거렸고, 주먹이 쥐어졌으며, 다리가 움직이기까지 했다.

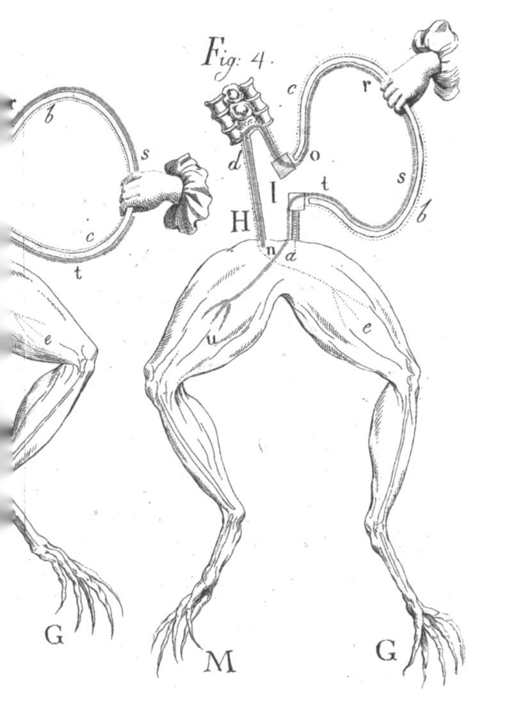

메리 셸리

시체를 되살리기 위해 전기를 사용한다는 이야기를 듣고 어떤 고전 공상과학 소설이 생각났다면 그건 우연이 아니다. 메리 셸리Mary Shelley는 젊은 시절 스위스에서 비가 오는 날 친구들과 유령 이야기를 지어내는 대회에 참가했는데, 이때 최근에 읽은 갈바니의 글이 꽤 영향을 미쳤다고 한다. 실제로 셸리는 자신의 이야기에 갈바니즘이 영향을 주었다고 언급했다. 단, 대중문화에서는 전기가 통하는 기구와 번개가 괴물에게 다시 숨을 불어넣는다고 묘사되었지만, 셸리의 소설에서는 그 괴물을 창조해낸 실제 과정을 간단하게 언급하는 데 그쳤다. 셸리가 '동물의 정령'이나 '동물의 전기' 가운데 어느 쪽을 지지했는지는 알 수 없다.

골지와 카할이 사진을 찍다

과학자들이 몸이 현미경으로 봐야 할 만큼 아주 작은 세포로 이뤄지고 그 세포들이 몸에서 각자 다른 역할을 한다는 사실을 깨달은 지 얼마 안 되었을 때 카밀로 골지Camillo Golgi와 산티아고 라몬 이 카할 Santiago Ramón y Cajal이 등장했다. 당시 골지는 개별적 뇌세포를 볼 수 있는 획기적인 기술을 막 발명해 카할과 경쟁 관계가 시작되었을 뿐 아니라, 뇌가 어떻게 만들어지는지에 대한 새로운 지식을 확고하게 다지는 데 도움을 받았다.

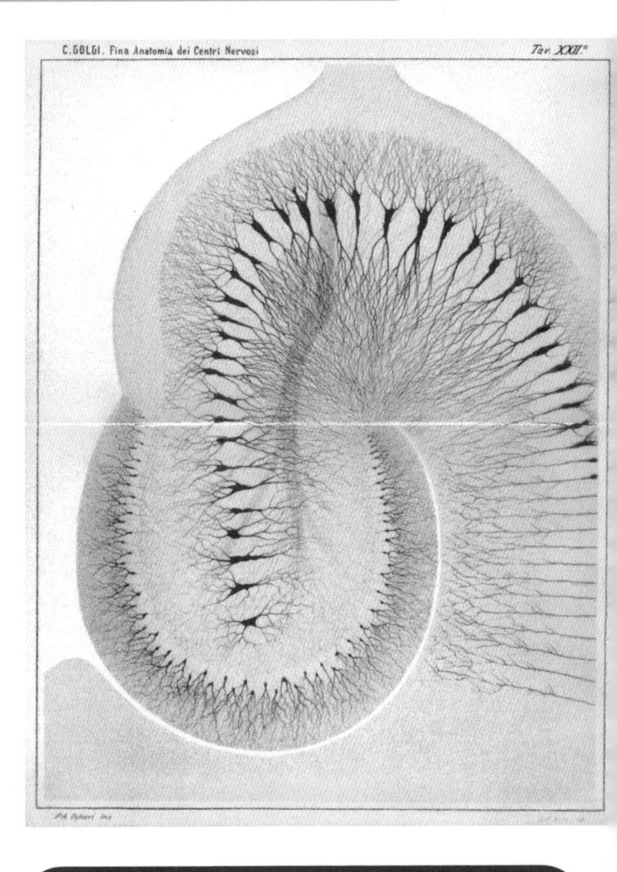

골지의 이론

뇌 조직은 한데 뭉쳐 있기 때문에 과학자들이 각기 다른 세포가 정확히 어떻게 생겼는지, 또 어떻게 작동하는지 알아내기가 매우 어려웠다.

그러던 중 1800년대 후반에 생물학자 골지는 뇌세포를 시각적으로 뚜렷이 볼 수 있는 새로운 방법을 발명했다. 독성이 굉장히 강한 화학물질을 사용해 조직을 굳힌 다음 그 부위를 검게 물들이는 이 방법은 '검은 반응black reaction'이라고 불렸다(어쩐지 불길하게 들리지만). 이 특별한 기술은 뇌세포 가운데 일부만 염색시켰으나 언제나 개별 세포가 세부적 부분까지 명료하게 보이도록 염색할 수 있었다.

골지는 말라리아가 기생충에 의해 발생한다는 사실을 증명하고, 단백질을 포장하고 운반하는 데 필수적 세포 소기관인 골지체를 발견하는 등 여러 놀라운 일을 해낸 과학자였다. 하지만 언제나 옳지는 않았다. 예컨대 그는 신경계가 매우 길고 복잡한 하나의 네트워크로 이뤄져 있다고 확신했다.

'검은 반응'의 미스터리

골지와 카할은 엄청나게 독성이 강한 크롬산칼륨과 질산은을 사용해 뇌 조직을 염색하는 골지의 '검은 반응' 염색법 덕분에 처음으로 개별 뇌세포들을 스케치할 수 있었다. 조직을 잘라내 슬라이드 위에 놓으면 개별 뉴런 가운데 일부가 완전히 검은색으로 염색되고 축삭돌기와 수상돌기가 온전히 모습을 드러냈다. 놀라운 사실은, 150년이 지난 지금도 정확이 어떤 이유로 모든 뉴런이 아닌 일부 뉴런만 염색되는지 알 수 없다는 것이다. 이유가 무엇이든 간에, 이 염색법은 뉴런만 염색하는 것처럼 보이며, 조직을 용액에 더 오래 둘수록 보다 많은 뉴런이 염색되는 결과로 이어진다. 하지만 어째서 어떤 세포는 염색되고 어떤 세포는 염색되지 않는지에 대한 비밀은 여전히 아무도 정확히 모른다.

카할이 올바른 이론을 제안하다

재능이 넘친 소년

산티아고 라몬 이 카할은 '과학자'라고 하면 사람들이 갖고 있는 여러 고정관념과 맞지 않는 어린 시절을 보냈다. 일단 괴짜가 아니라 말썽꾸러기였고, 과학자보다는 화가가 되고 싶어 했다. 하지만 아버지의 설득으로 해부학을 공부해, 결국 조직의 미세한 구조에 대해 연구하는 조직학에 관심을 갖게 되었다.

이후 뇌 조직을 염색하는 골지의 염색법에 대해 알게 된 카할은 그것을 자신의 연구에 적용했다. 결국 카할은 현미경을 통해 본 신경 세포체, 축삭돌기, 수상돌기로 이뤄진 섬세하고 복잡한 세계에 완전히 매료되었고, 자신이 본 것을 스케치하느라 오랜 시간을 보냈다. 그리고 세심한 관찰과 세부 사항에 대한 관심은 그가 몇 가지 중요한 발견을 하는 데 도움을 주었다.

시대를 앞서가다

카할은 신경계가 뉴런이라고 불리는 서로 분리된 개별 세포로 이루어져 있고, 이 뉴런들이 서로 연결되어 몸 전체에 정보를 전달한다는 원리를 밝혀내는 데 도움을 주었다. 하지만 세포 간 연결을 실제로 볼 수 없었기 때문에 카할과 골지의 논쟁은 수십 년 동안 지속되었다. 전자현미경이 발견된 1950년대가 되어서야 비로소 과학자들은 뉴런의 시냅스를 가까이 관찰하고 뉴런이 분리된 여러 세포라는 사실을 증명할 수 있었다.

그뿐만 아니라 카할은 뉴런의 독특한 구조에 주목한 최초의 인물이다. 카할은 수상돌기dendrite라 불리는 작은 여러 돌기로 둘러싸인 신경 세포체와, 축삭돌기axon라 불리는 이 세포체에서 멀어지는 하나의 긴 돌기를 관찰했다. 나중에 과학자들은 축삭돌기가 다른 세포로 신호를 전달하는 동안 수상돌기에서 정보를 받는다는 사실을 알게 되었다.

카할은 1,000여 점의 그림을 두 권의 방대한 책으로 출판할 만큼 왕성한 생산성을 보였다. 신경계에 대한 그의 고전적 그림은 오늘날에도 여전히 과학자들에 의해 언급되고 있으며, 정확할 뿐만 아니라 아름답다.

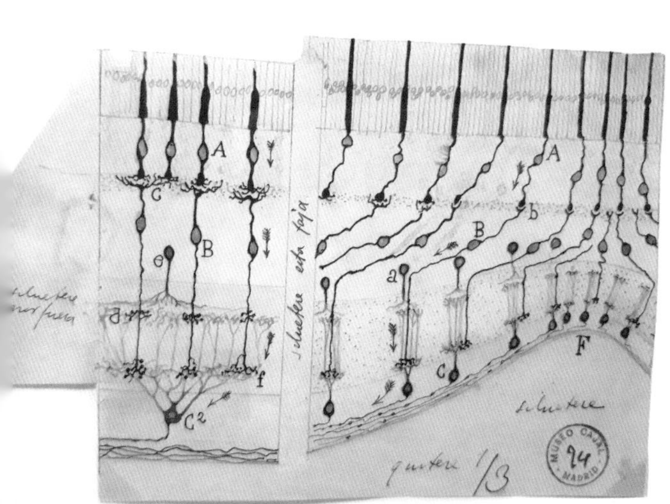

카할의 그림

비록 먼 길을 돌아서 왔지만, 어린 시절 화가가 되고 싶었던 산티아고 라몬 이 카할의 꿈은 결국 실현되었다. 카할이 남긴 수많은 과학 일러스트는 뇌세포를 사람들이 처음으로 볼 수 있도록 했고, 오늘날까지도 놀랍도록 정확하고 유용하다고 여겨진다.

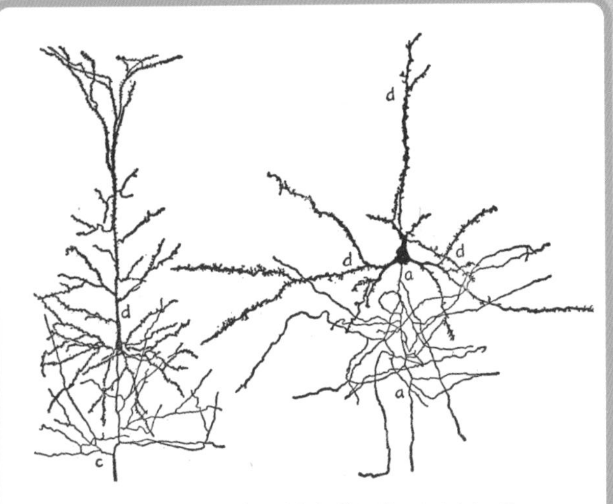

왼쪽은 토끼의 피질에서 나온 피라미드형 뉴런(추상 신경세포)을, 오른쪽은 고양이의 피라미드형 뉴런을 보여준다.

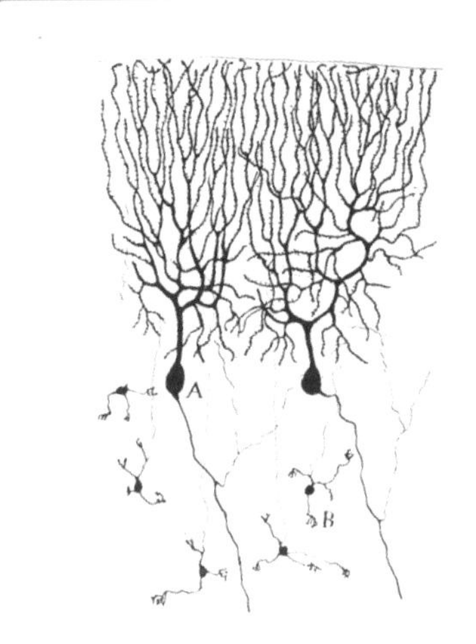

비둘기 소뇌의 푸르키네 세포(A)와 과립 세포(B)

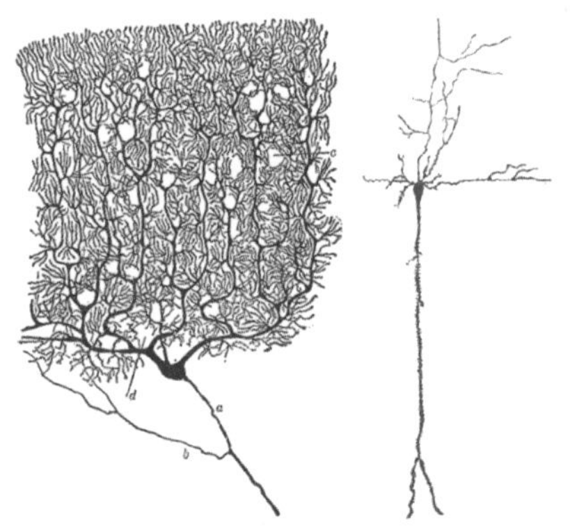

카할의 고전적 일러스트 중 하나: 비둘기 소뇌의 푸르키네 세포와 과립 세포

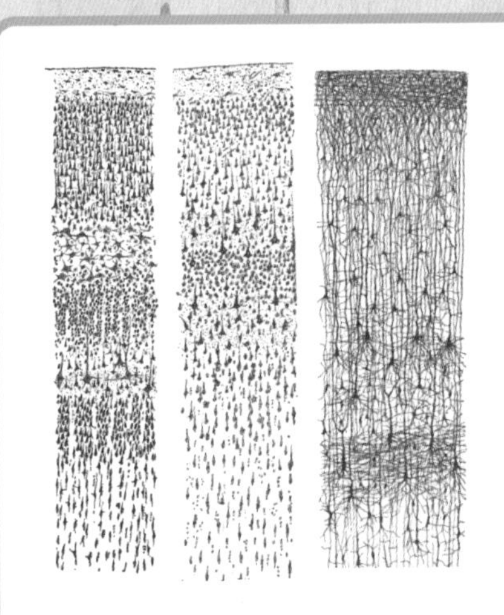

사람 두뇌 피질의 다양한 구역의 박편을 니슬 염색한 결과(왼쪽과 가운데)와 골지 염색한 결과(오른쪽)

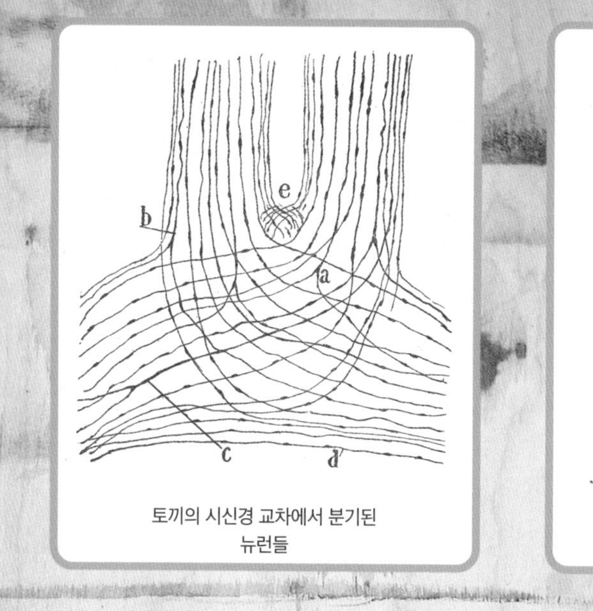

토끼의 시신경 교차에서 분기된
뉴런들

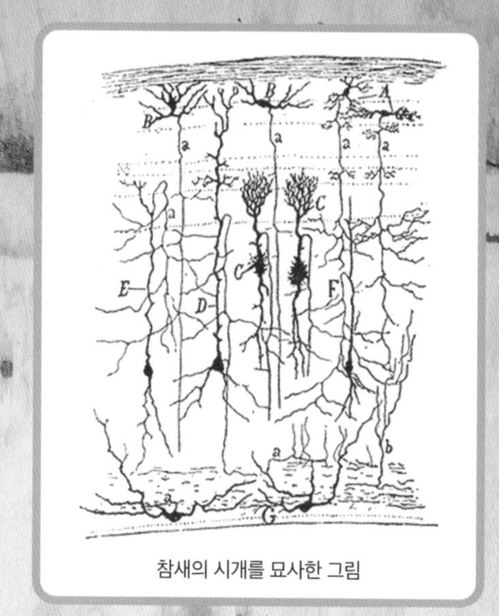

참새의 시개를 묘사한 그림

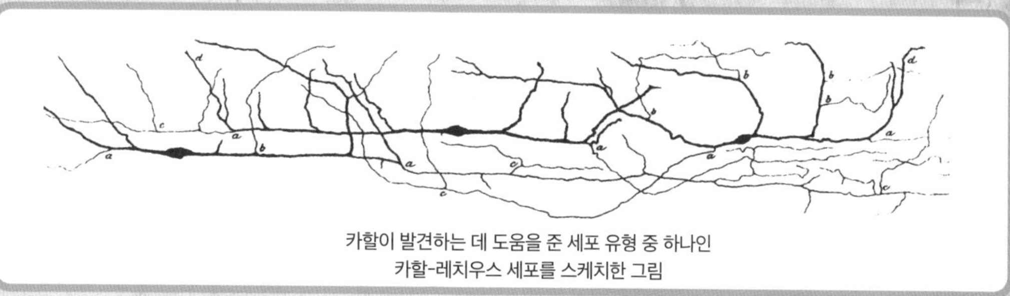

카할이 발견하는 데 도움을 준 세포 유형 중 하나인
카할-레치우스 세포를 스케치한 그림

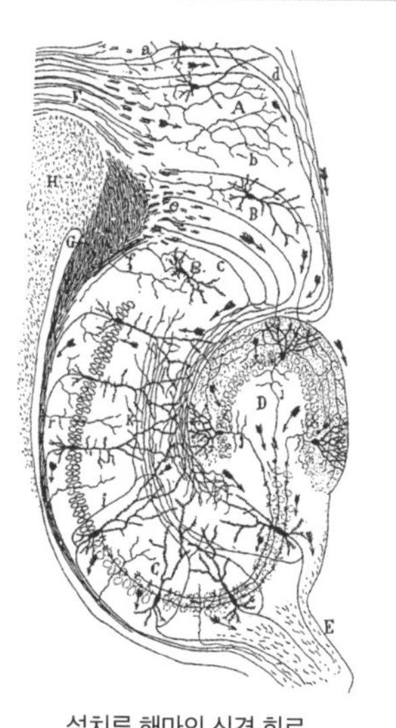

설치류 해마의 신경 회로

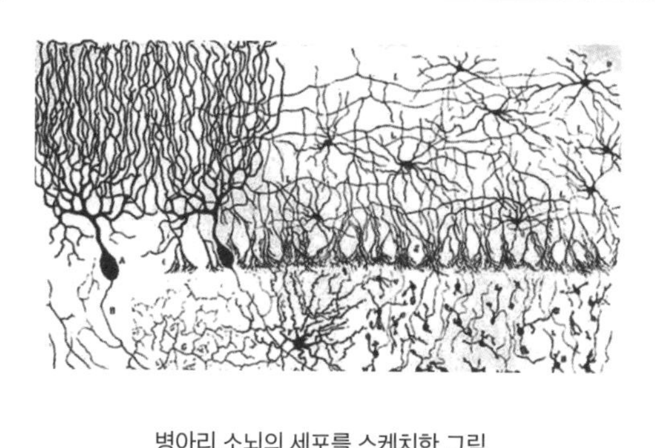

병아리 소뇌의 세포를 스케치한 그림

오징어의 축삭돌기

오징어 요리를 좋아하나요?

쥐나 개구리 같은 인기 있는 실험 동물에 대해 한 번쯤 들어봤을 것이다. 그리고 새나 파리를 연구하는 과학자가 있다는 사실도 들어봤을 것이다. 하지만 오징어는 어떤가? 과학자들은 그동안 오징어로부터 많은 것을 배워왔다. 커다란 오징어의 축삭돌기로부터 말이다. 분명히 말하자면 오징어의 '거대한' 축삭돌기를 말하는 것이지 '거대 오징어'의 축삭돌기에 대해 말하는 것이 아니다. 크라켄 같은 대왕오징어가 아니라 그저 평범한 보통 오징어 말이다.

갈바니와 친구들은 전기가 생물의 신경계를 작동시키는 중요한 부분이라는 사실을 알아냈지만, 그것이 어떻게 작동하는지는 확실히 알지 못했다. 오늘날 우리는 뉴런이 세포막을 가로지르는 전기적 전위 덕분에 신호를 전달할 수 있다는 사실을 알고 있다. 기본적으로 세포 내부에는 외부에 비해 음이온이 더 많다. 신호가 전달되면 이 모든 이온은 이리저리 뒤척이며 세포 안팎으로 흐르는 과정에서 정보를 그다음 뉴런으로 전달한다.

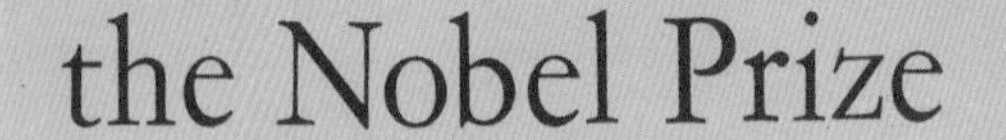
the Nobel Prize

International annual 1963 English edition

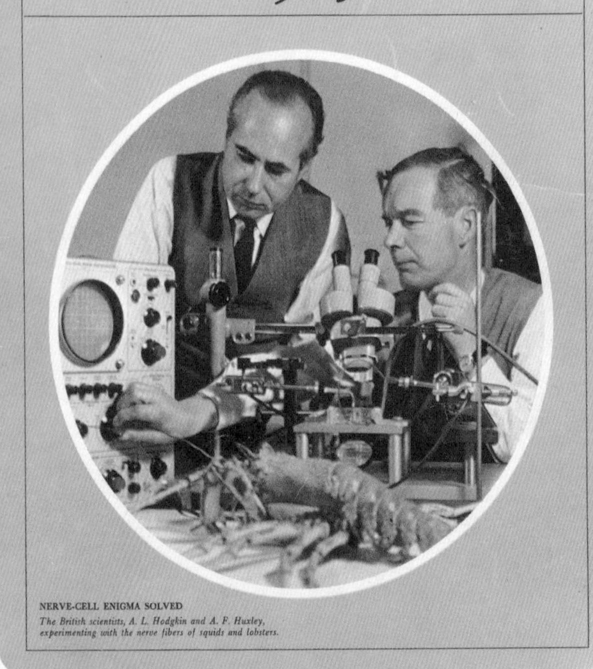
NERVE-CELL ENIGMA SOLVED

The British scientists, A. L. Hodgkin and A. F. Huxley, experimenting with the nerve fibers of squids and lobsters.

전기가 중요하다!

1900년대 중반 신경과학자 앨런 호지킨Alan Hodgkin과 앤드루 헉슬리Andrew Huxley는 활동 전위에 대해 연구할 때까지 인체 내에서 이 전위를 측정하는 데 필요한 도구를 갖고 있지 않아, 대신 해안에 사는 작은 롱핀 오징어를 실험하기로 했다. 이 오징어는 몸길이가 고작 30센티미터에서 60센티미터 정도지만, 축삭돌기가 무척 커 지름이 연필심과 비슷한 1.5밀리미터 정도였기 때문이다. 인간의 축삭돌기에 비해 1,000배 이상 크다.

호지킨과 헉슬리는 이 오징어의 축삭돌기에 비교적 쉽게 전극을 삽입해, 신호를 보내는 뉴런의 전기 스파이크, 즉 활동 전위를 최초로 기록했다. 전압 클램프나 화학적 억제제 같은 새로운 도구들로 무장한 호지킨과 헉슬리는 활동 전위의 동역학을 분석해 뉴런 내부에서 발화가 일어날 때 정확히 어떤 일이 생기는지 이해할 수 있었다.

수초란 무엇일까?

어쩌면 '왜 그렇게 작은 오징어가 그렇게 큰 축삭돌기를 가질까?' 의문을 품을지도 모르겠다. 오징어의 몸에서 축삭돌기는 물을 내뿜는 추진 시스템과 연결되어 있어, 야생에서 오징어가 포식자로부터 빨리 도망갈 수 있게 한다. 이때 축삭돌기가 두꺼울수록 전기 신호를 빠르게 전달한다. 두께가 더해질수록 주어진 시간에 더욱 많은 전자가 흐르기 때문이다. 인터넷 케이블로 비유하면, 대역폭이 더 커지는 셈이다!

하지만 사람의 몸에는 '수초myelination'가 있기 때문에 이러한 한계를 극복할 수 있다. 즉, 신경이 절연되어 전도되는 전기를 보존할 수 있다. 수초는 '희소돌기아교세포oligodendrocyte'라는 신경 교세포들 덕분에 형성되는데, 이것들은 세포막에 지방산의 긴 팔을 내밀고 그것을 근처 뉴런의 축삭돌기 주위에 감싼다. 이렇게 감싸진 막은 뉴런의 절연체 역할을 하며, 이온을 세포에 더 가깝게 유지시켜 신호를 더욱 빨리 전달하도록 돕는다. 오징어는 이런 수초를 보유하는 대신 거대한 축삭돌기를 진화시킨 결과, 포식자로부터 더 빨리 탈출해 자손들에게 그 특성을 물려주었다.

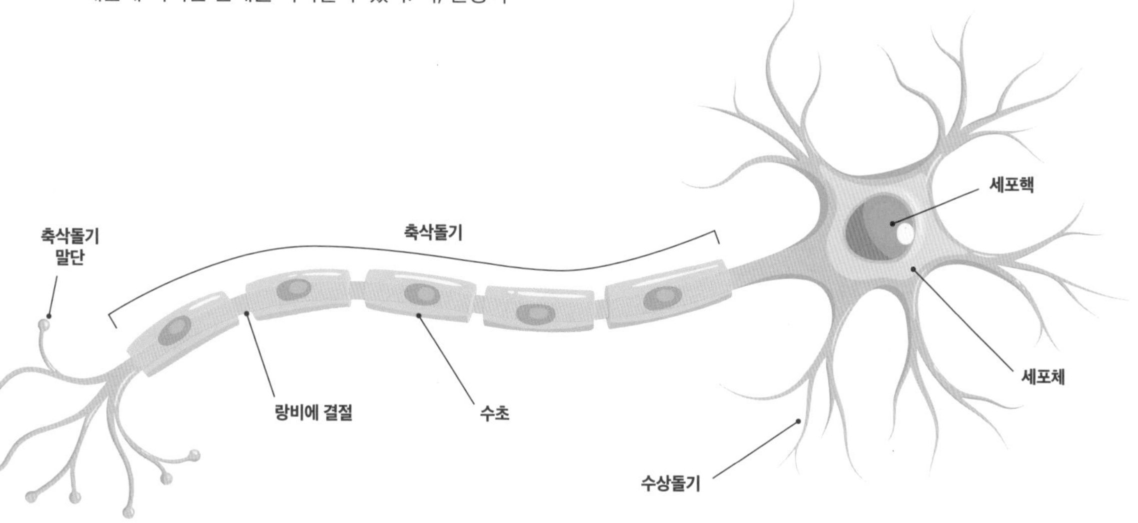

뇌를 지지하는 세포

이처럼 뉴런에서는 온갖 드라마틱한 일이 벌어지지만, 뉴런이 우리의 뇌에서 유일한 세포는 아니다. 우리 뇌의 약 절반은 '교세포glial cells'라는 세포들로 구성되어 있는데, 뇌의 접착 세포라는 뜻이다. 이런 이름이 붙은 이유는 과학자들이 수백 년 동안 이 세포가 그런 역할을 한다고 여겼기 때문이다. 교세포는 뉴런을 발판처럼 지지해주는 등 모든 것을 붙드는 역할을 한다. 그리고 전기적으로 활성을 띠지 않기 때문에 과학자들은 이 세포가 그 외에는 역할이 없다고 생각했다. 사실 우리 저자들은 교세포에 대해 조금 편향된 시각을 가졌다. 앨리가 교세포를 주제로 학위 논문을 썼기 때문이다. 하지만 그래도 우리를 한번 믿어보라. 대부분의 신경과학자는 오랫동안 이 놀라운 세포들을 엄청나게 과소평가해왔다는 사실을 말이다. 여러 종류의 신경 교세포는 뇌 전체에서 아주 중요한 역할을 한다. 뉴런이 뇌의 왕족이라면 교세포들은 뉴런의 충실한 신하로 뉴런을 보호하며 보살펴준다. 이런 영예로운 교세포들에 대해 더 알고 싶으면 108쪽 참고하라.

CHAPTER 6

행동이 중요해!

지그문트 프로이트나 카를 융 같은 심리학자들의 놀라운 연구 덕분에 인간 정신에 대한 연구는 빠른 속도로 대중문화에서 즐겨 찾는 호기심 어린 콘텐츠가 되었다. 하지만 이 분야 사람 가운데 어떤 이는 이런 상태를 못마땅하게 여겨 심리학을 유사 과학에서 진정한 과학으로 거듭나게 이끌었다.

최초의 심리학 연구는 그렇게 엄밀하지 않았다. 비록 프로이트나 융, 또는 다른 '얼리 어답터'들이 심리학을 대중이 알 만큼 유명하게 만들었지만, 이들의 연구는 대부분 주관적이었고 부족한 점이 많았다. 심리학은 아직 '과학'이 아니었다. 이런, 이런. 하지만 행동주의가 탄생하면서 이런 경향에 기념비적인 변화가 나타나기 시작했다. 간단히 말하자면, 행동주의 심리학자들은 이 분야의 '멋쟁이 아이들'이 되었다.

파블로프? 어디서 들어본 이름인걸

재미있는 퀴즈를 하나 내보겠다. 이반 파블로프Ivan Pavlov의 머리카락이 왜 그렇게 부드러웠는지 아는가? 클래식 컨디셔닝 때문이다. 두둥! 그런데 사실 이건 헤어 관리법이 아니라, '고전적 조건 형성'이라고 번역되는 개념이다. 어쨌든 그에 대해 더 알아보면 이 농담이 조금 더 이해될 수도 있다.

이반 파블로프는 매우 착한 소년이었다. 사람들에게 예의 바르고, 가족을 잘 돌봤으며, 학교 성적도 좋았다. 그의 아버지는 러시아 정교회 사제였다. 이반은 종교 공부를 하면서 고상하게 아버지 뒤를 따를 예정이었다. 하지만 신학교에 다니는 동안 믿음을 잃고 지식을 추구하는 또 다른 직업, 즉 과학에 소명의식을 느꼈다.

지식욕

파블로프는 신학교를 중퇴하고 생리학 공부를 시작했다. 그는 이 분야에서 꽤 잘해나가, 뛰어난 성적을 거둬 상도 타고 주변 사람들의 칭찬을 받았다. 졸업 후에는 동물의 소화에 남다른 관심을 가졌다. 특히 소화기관의 타액 반사에 매료되었다. 파블로프는 연구 대상 개들이 자기에게 먹이를 준 연구원들의 모습만 봐도 침이 나오기 시작하는 것을 알아챘다. 어떻게 이런 일이 가능할까? 개가 침을 흘리는 것은 자동적 현상이다! 파블로프는 이것을 '심적 분비psychic secretion'라고 불렀다. 이름이 꽤 역겹게 들리지만, 이 관찰은 파블로프가 심리학 분야에서 지금까지 가장 유명하게 손꼽히는 실험을 하도록 이끌었다. 그는 이 분야의 새로운 시대를 열게 했다.

학교에서 배웠을 법한 것

심리학 개론 시간에 들었던 이반 파블로프의 획기적인 업적은 다음과 같을 것이다. 파블로프는 침 흘리는 게 학습된 행동이 아니라 자동 반사라는 사실을 알고 있었다. 음식을 보고, 냄새를 맡고, 먹는 행동도 침이 나오게 한다. 여기까지는 이치에 맞는다. 하지만 아예 관련 없는 무언가로도 침샘을 자극할 수 있을까? 파블로프는 개들에게 먹이를 주기 바로 전에 종을 울리는 실험을 했다. 처음에는 개들이 이 소리에 반응하지 않았다. 그냥 무작위로 종이 울렸다고 여긴 것이다. 그렇지만 며칠에 걸쳐 먹이를 주기 전에 벨을 울리자, 개들은 먹이가 없더라도 종소리만 들으면 침을 흘리기 시작했다. 개들은 종소리를 먹이의 도착과 연관시켰고, 파블로프가 무작위로 고른 무언가에도 침을 흘리도록 훈련받았다. 명령을 받아 침을 흘리게 된 것이다! '고전적 조건 형성'이라고 하는 이것은 행동의 관찰과 이해를 통해 우리 삶의 모든 비밀이 밝혀질 수 있다고 믿는 행동주의 심리학의 토대가 되었다.

학교에서 가르쳐주지 않은 것

제일 먼저 지적할 점은 파블로프가 종을 사용하지 않았다는 것이다. 그럼 파블로프는 무엇을 사용했을까?

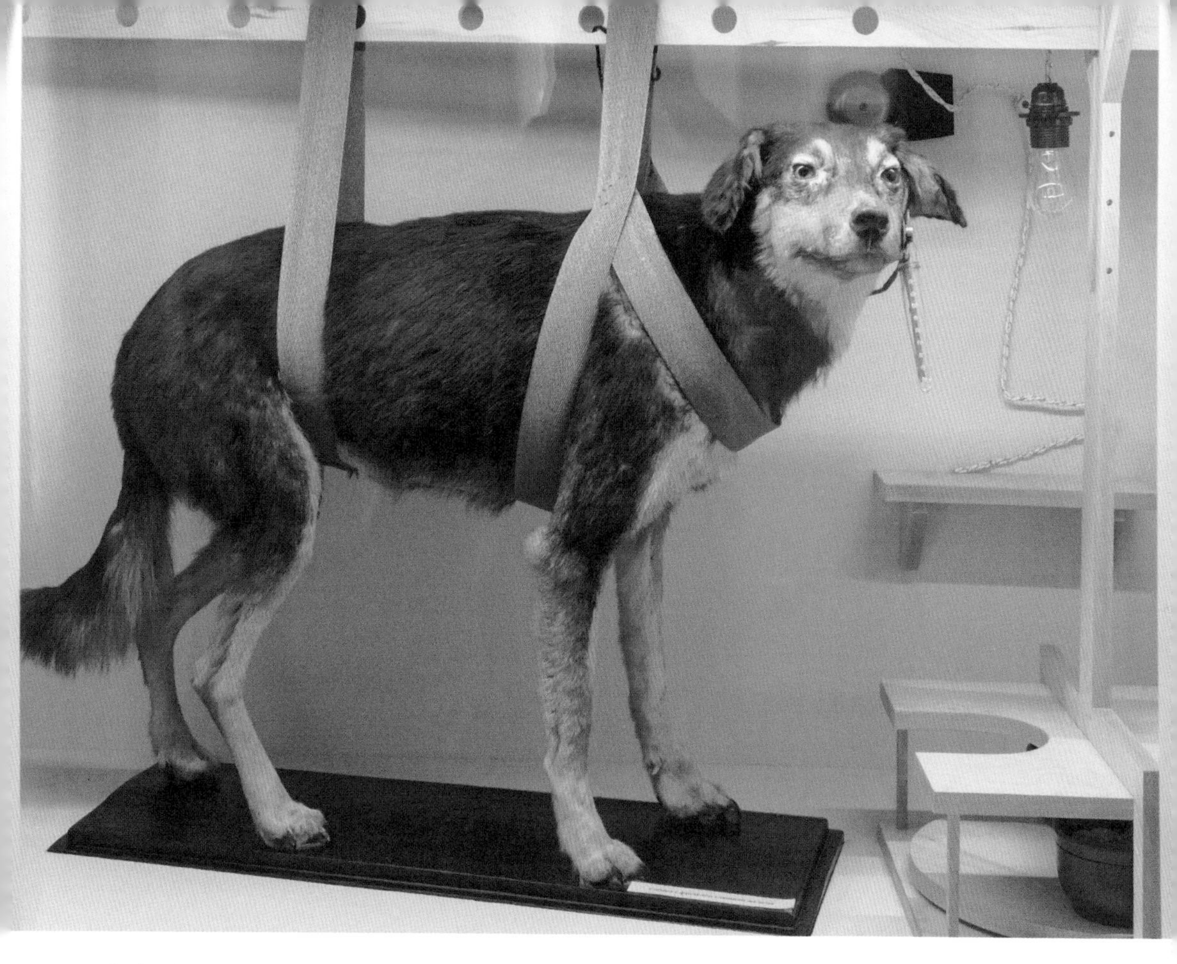

흥미롭게도 버저나 호루라기, 전기 충격(으악!)을 비롯한 많은 수단이 동원되었다. 하지만 '원조' 자극은 메트로놈 소리였다. 파블로프는 개들을 아주 잘 훈련해 메트로놈 소리만 듣고도 침을 흘리게 했을 뿐 아니라, 특정한 속도로 침을 흘리도록 했다.

그리고 파블로프를 다른 행동주의 심리학자들(우리가 앞으로 살펴볼)과 한 무리로 싸잡아 설명하는 경향이 있지만, 사실 파블로프는 행동주의자가 아니었다. 파블로프는 인간의 뇌가 결코 완전히 이해될 수 없는 일종의 '블랙박스'라고 믿었다.

주목할 것: 그는 개들에게 친절하지 않았다

파블로프는 가능한 적은 수의 개와 함께 자신의 실험을 자주 반복하기를 바랐다. 하지만 개가 당장 배고프지 않으면 소화에 대한 연구를 진행할 수 없었다. 따라서 일을 빨리 진행하기 위해 개들의 식도를 제거하고 목에 구멍을 뚫어 개가 먹이를 먹을 때 먹이가 이 구멍 밖으로 떨어지도록 했다. 먹이가 위에 도달해 포만감을 느끼지 못하도록 한 것이다. 또한 개들의 침샘을 관에 연결해 침을 수집했으며, 이것을 병에 담아 소화불량 치료제로 판매했다. 불행히도 이 필수적인 체액이 없는 상태에서 파블로프의 개 대부분은 일주일도 되지 않아 죽었다.

존 B. 왓슨 박사

셜록의 친구
왓슨 박사가 아니다

존 브로더스 왓슨John Broadus Watson 또한 매우 엄격하고 종교적인 가정에서 자랐다. 그의 어머니 엠마 왓슨Emma Watson(유명한 영화배우와 동명이인이다!)은 영화 〈풋루즈Footloose〉의 한 장면처럼 가정 살림을 꾸렸다. 술도, 담배도, 춤도 안 된다! 엠마는 어린 아들을 목사로 키우고 싶었으나, 존은 커가면서 불만이 생겼다. 영화 속 케빈 베이컨처럼 존은 제약을 느꼈고, 가수 케니 로긴스Kenny Loggins에게 화가 난 채로 춤을 추며 저녁 시간을 보냈다. 확실한 것은 존이 형편없는 학생이었고, 친구도 없었으며, 두 번이나 체포되었다는 사실이다. 그리고 어머니 엠마에게 대놓고 반항하며 무신론자로 전향했다. 심리학자로서 직업적 경력을 쌓는 데 이런 점은 전혀 문제가 되지 않았다.

왓슨이 옳았던 것

심리학이 생물학에 더 가까이 다가가려면 확실한 증거가 필요하다는 생각은 옳았다. 또 우리는 행동에서 많은 것을 배울 수 있다. 실험 심리학에 과학적 방법을 도입하라고 요구한 점은 칭찬할 만하다. 환경이 한 개인에게 큰 영향을 미친다는 확고한 견해도 우생학 운동에 매우 반대한다는 의미에서 바람직했다.

내면에 대해 성찰하지 마!

왓슨은 심리학이라는 분야의 일원이었지만, 이 학문에 불만을 품고 상당히 급진적인 아이디어를 제시했다. '마음'은 존재하지 않으니, 자기 성찰적인 마음에 대한 연구를 그만하라는 것이었다. 왓슨은 동료 심리학자들에게 "의식이나 정신 상태, 마음, 정신의 내용, 자기 성찰적으로 검증 가능한"과 같은 용어를 사용하지 말라고 말했다. 하지만 그것은 미친 주장처럼 들렸다. 심리학은 정신을 분석하는 분야인데, 내면의 생각을 연구할 수 없다면 무엇이 남을까? 정신분석가들은 실업자가 될 것이다!

대신 왓슨은 '행동'을 연구하라고 했다. 사람의 생각은 직접 관찰할 수 없으므로, 심리학이 보다 엄격한 과학적 접근법을 채택하고 직접 관찰할 수 있는 것에 초점을 맞추라고 제안했다.

이 아이디어는 심리학계에 돌풍을 일으켰고, 그 파문은 아직도 이어지고 있다.

왓슨이 틀렸던 것

왓슨은 '본성'에 비해 '양육'이 훨씬 중요하다고 잘못 과장했고, 환경을 통해 한 사람의 모든 것을 통제할 수 있다고 생각했다. 아래 박스에 실린 왓슨의 말을 한번 보라(비록 약간 우스개로 한 말이기는 하지만). 게다가 왓슨은 아이가 '물러지지 않도록' 부모가 아이에게 입맞춤을 하거나 껴안는 대신 악수하는 정도로 아이를 어린 어른처럼 대해야 한다고 주장했다. 아기가 독립적으로 자는 법을 배우도록 '내버려두고 재우기'를 제안하기도 했다. 이후 연구에 따르면 이 방법은 아기의 발달에 꽤 해로운 영향을 끼칠 수 있단다. 놀랍게도 왓슨은 나중에 아이에 대해 "충분히 알지 못했다"고 말하며 잘못을 인정했다.

"건강한 아기 열 명을 데려와 키울 수 있는 잘 꾸려진 나만의 세상을 만들어주면, 어떤 아이든 내가 선택한 하나의 전문가로 키울 수 있다. 의사나 변호사, 예술가, 상인은 물론이고 심지어 구걸하는 거지나 도둑으로 키울 수도 있다. 그 아이의 재능이나 성향, 취향, 능력, 소명의식, 어떤 가문 출신인지 등은 아무런 상관이 없다."

아기 앨버트 이야기: 이 쥐는 평범한 설치류가 아니야!

왓슨이 항상 좋은 사람이었던 것은 아니다. 왓슨은 자기 나이 절반밖에 되지 않는 학생과 바람을 피웠고, 대단한 여성 혐오자였으며, 굉장히 비윤리적인 연구를 수행했다. 예컨대 한 실험에서 왓슨은 인간에게 공포증을 심어줄 수 있는지 알아보기 위해 앨버트Albert라는 9개월 된 아기를 바닥에 눕히고 솜털이 보송보송한 흰색 실험용 쥐와 놀도록 했다. 그리고 호기심 많은 앨버트가 쥐를 만지려고 하자마자 망치로 심벌즈를 내리쳐 아이가 깜짝 놀라게 했다. 이렇게 반복한 뒤 다시 한번 쥐를 앞에 놓자, 앨버트는 심벌즈 소리가 전혀 나지 않았는데도 울음을 터뜨렸다. 이처럼 왓슨은 어린아이를 겁주는 일에 무척 뛰어났다. 결국 앨버트는 털북숭이처럼 보이는 모든 것을 무서워했다. 왓슨은 앨버트의 공포감을 '탈조건화'해서 완화시키지 못했다. 우리는 이 연구가 앨버트의 삶에 장기적으로 어떤 영향을 끼쳤는지 알 수 없다.

신경정신과 영화 코너:

세뇌

1950년대 무렵, '세뇌'는 무시무시해 보였다. 정부는 사람들의 마음에 새로운 내용을 입력하고 그들의 의지를 굽히는 방법을 연구했다. 이런 이미지는 빠르게 대중의 마음을 사로잡았다. 비록 여전히 과학적 증거가 부족하기는 하지만 할리우드 영화계에서는 인기가 좋았다!

〈캡틴 아메리카: 윈터 솔져Captain America: The Winter Soldier〉(2014)

S.H.I.E.L.D는 비밀 무기를 가진 악당 히드라에게 납치당한다. 마음을 조종당하는 슈퍼 군인(캡틴 아메리카의 오랜 친구) 버키 반스(서배스천 스탠)가 등장한다.

세뇌에 대한 묘사: ★★☆☆☆ 버키가 러시아어 단어 몇 개를 연달아 들은 뒤 어쩔 수 없이 아무 생각 없는 살인 기계가 된다는 설정이 우스꽝스럽다.

줄거리: ★★☆☆☆ 비록 내가 슈퍼 히어로 영화를 좋아하지만, 이 영화는 지나치게 산만하며 도덕성을 다루는 방식도 다소 얄팍하다.

〈시계태엽 오렌지A Clockwork Orange〉(1971)

디스토피아의 영국에서 비행 범죄자 알렉스(맬컴 맥도웰)는 의자에 묶인 채 눈을 크게 뜨고 정신이 나갈 때까지 폭력적인 영상을 보도록 강요당하는 과정에서 '재활'된다.

세뇌에 대한 묘사: ★★★★☆ 비록 영화 속 시각 효과가 극단적이기는 하지만, 혐오 요법은 실제로 존재하며 효과가 매우 좋을 수 있다.

줄거리: ★★★★★ 비록 영화가 어둡고 폭력적이지만 알렉스는 재치 있으며 어린애 같다. 그리고 이 조합은 영화를 불안할 정도로 즐겁게 만든다.

〈풀 메탈 자켓Full Metal Jacket〉(1987)

몇 주 동안 혹독한 처벌과 조롱, 신고식을 겪은 뒤 레너드 로런스(빈센트 도노프리오)는 무능한 신병에서 치명적인 명사수로 변신한다. 하지만 레너드는 어딘지 변해 있다.

세뇌에 대한 묘사: ★★★★★ 레너드의 성격 변화와 그에 따른 정신적 붕괴를 보여주는, 세뇌에 대한 정확한 묘사가 등장한다. 이게 진짜다.

줄거리: ★★★★☆ 전반부는 여전히 최고지만, 전쟁의 참상에 대해 다소 환상적으로 접근한다.

〈맨츄리안 켄디데이트The Manchurian Candidate〉(1962)

전쟁 포로 출신 군인이 공산주의자들에 의해 세뇌당하고 자신도 모르는 사이 정계 암살자가 된다.

세뇌에 대한 묘사: ★★☆☆☆ 세뇌가 한 개인의 자유 의지를 제거하거나 쿨쿨 잠들게 하지는 않는다. 그리고 특정한 카드를 보았다고 해서 최면 상태를 유발하는 일도 없다.

줄거리: ★★★★☆ 비록 공산주의에 대한 공포를 배경으로 한 영화지만, 줄거리가 훌륭한 고전적 심리 스릴러물이다.

〈쥬랜더Zoolander〉(2001)

남성 모델 데릭 주랜더(벤 스틸러)는 세뇌를 당해 〈릴렉스〉라는 노래에 맞춰 말레이시아 총리를 죽인다. 패션계의 사악한 거물 무가투(윌 페렐)가 아동을 고용하는 공장을 계속 운영하도록 하기 위해서다.

세뇌에 대한 묘사: ★☆☆☆☆ 데릭은 아주 바보 같은 인물이라서 쉽게 세뇌당한다고 묘사되지만, 사실 여기에 대한 실질적 증거는 없다. 정확하게 만들려고 애쓴 영화도 아니지만 말이다.

줄거리: ★★★☆☆ 남성 모델들을 일부러 우스꽝스럽게 묘사한 코미디가 정말로 우리를 크게 웃게 한다.

세뇌의 실제 사례

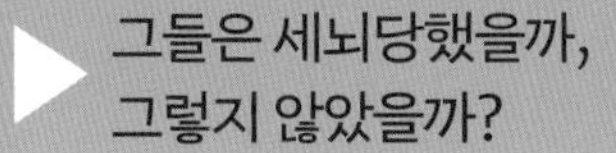

세뇌라고 하면 당신은 원치 않는 마인드 컨트롤을 생각할 것이다. 하지만 오늘날 '세뇌'라는 말은 광신적 헌신, 강요, 평소답지 않은 행동을 떠올리게 한다. 정말 그럴까? 실제 사례를 몇 가지 살펴보자.

프로젝트 MK울트라(1953~1973)
미국 CIA는 환각, 최면술hypnosis, 고문을 사용해 사람들을 통제하려고 열심히 노력했다. 불법적이었지만. 미국 정부는 완벽한 '자백을 유도하는 약'을 찾고 있었고, 이 프로젝트에 참여한 거의 모든 사람이 어느 순간 마약 LSD에 중독되었다. 우리가 아는 한, MK울트라MKUltra 프로젝트를 통해 성공적으로 세뇌된 사람은 아무도 없었다.

존스타운(1954~1978)
이 사건에서 '쿨에이드 마시기'라는 유행어가 등장했다. 하지만 약간 잘못된 묘사다. 1978년 900명 이상의 사이비 종교 '피플스 템플' 회원이 시안화물을 넣은 음료수를 마시고 사망했다. 종교 지도자 짐 존스Jim Jones는 회원들을 명령에 따르도록 세뇌시켜 죽음에 이르게 했고, 총구를 들이대며 강요하기도 했다.

맨슨 가족 (1968~1975)
사막의 버려진 영화 세트장에서 마약에 취한 히피 소녀들은 리더인 찰스 맨슨Charles Manson에게서 유명한 배우들과 사교계 인사들을 대량 학살해 종말론적 인종 전쟁을 재촉하라는 명령을 받았다. 뉴스에서는 소녀들이 세뇌당했다고 말했지만, 아마 이들은 자신의 의지로 그렇게 했을 것이다.

NXIVM (1998~2018)
이 다단계 마케팅은 개인적으로 더 나은 사람이 되고자 하는 부유한 여성들을 끌어들였다. 회원들은 회사의 기괴한 신념과 관행을 받아들였다. 하지만 이곳은 〈스몰빌Smallville〉에 나온 배우 앨리슨 맥Allison Mack을 성매매 혐의로 체포되도록 한 사이비 종교단체다.

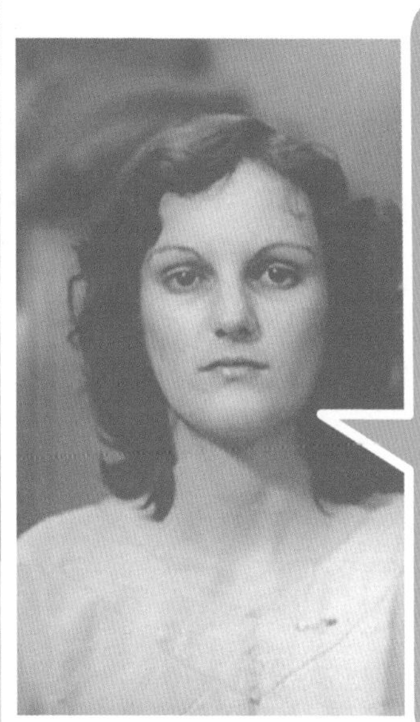

스톡홀름 증후군은?

1974년 패티 허스트Patty Hearst는 대학교 기숙사에서 한 테러리스트 조직에 의해 납치되었다. 하지만 두 달 후 허스트는 납치범들과 함께 열정적으로 총을 휘두르면서 은행을 털었다. 대체 무슨 일이 일어난 것일까? 심리학적으로 인정된 용어는 아니지만, 이런 스톡홀름 증후군Stockholm Syndrome은 인간의 생존 본능에서 비롯된 것으로 추측된다. 경찰을 신뢰하지 않는 여성 피해자들의 명예를 실추시키기 위해 만들어낸 거짓 개념이라고 여기는 사람도 있다. FBI에 따르면 인질 가운데 납치범들에게 공감하기 시작해 긴밀한 유대 관계를 형성하거나, 심지어 그들과 힘을 합치는 비중은 8퍼센트밖에 되지 않는다.

B. F. 스키너는 상자 안에서 생각한다

미국의 상당수는 심리학자 프로이트 등의 정신분석학적 접근에 신경 쓰지 않았다. 이 '행동주의자'들은 과학적 접근법을 취해 심리학을 실험실로 옮겼다.

보잘것없는 시작

버러스 프레데릭 스키너Burrhus Frederic Skinner는 부모님 집 지하실에서 백지 한 장을 앞에 두고 앉아 있었다. 문학 전공으로 대학을 막 졸업한 그는 걸작을 쓰고 싶었지만, 그런 희망은 결코 실현되지 않았다. 1년 뒤 스키너는 삶의 속도를 바꿀 필요를 느끼고 뉴욕으로 이사해 서점에서 일자리를 얻었다. 이곳에서 이반 파블로프와 존 B. 왓슨의 책을 접했다. 유레카! 책의 내용에 감명받은 스키너는 위대한 작가의 꿈을 포기하고 심리학을 공부하기로 결심했다.

논쟁을 즐기는 남자

스키너는 꽤 거만한 성격이었다. 그는 종종 자신이 하버드 대학교 동료들보다 똑똑하다고 생각했고, 행동에 대한 자신의 연구가 마음을 이해하려고 애쓰는 연구자들의 결과물보다 우월하다고 여겼다. 실제로 스키너는 꽤 똑똑했고, 파블로프의 고전적 조건 형성이 모든 행동을 설명하지 못한다는 사실을 깨달았다. 파블로프는 침을 흘리는 것과 같은 반사적 행동만을 연구했다. 그렇다면 골프라든지 뜨거운 난로를 만지지 않는 것은 어떻게 배울 수 있을까? 스키너는 이러한 종류의 행동은 결과를 통해 배운다고 생각했다. 그리고 이것은 과학에 대한 그의 가장 중요한 기여로 이어졌다. 바로 '조작적 조건 형성operant conditioning'이다.

조작적 조건 형성이 일어나려면 기본적인 전제가 필요하다. 어떤 행동이 보상받으면 그 행동이 강화되어 다시 일어날 가능성이 높아지고, 처벌받은 행동은 약화되어 다시 일어날 가능성이 낮아진다는 것이다. 완벽한 논리였다. 스키너는 이것이 자유 의지가 존재하지 않는다는 결과로 이어진다고 믿었다.

상자 안에 무엇이 있을까?

어떤 방해도 받지 않고 동물의 행동을 가장 잘 연구하기 위해, 스키너는 그의 유명한 도구인 '스키너 상자Skinner Box'를 발명했다. 스키너 상자는 레버와 식량 공급 장치가 달린 매우 간단한 형태였다. 스키너는 이 상자에 쥐를 넣고(다른 동물도 가능했다) 기다렸다. 그러자 쥐는 상자 안을 탐험하다가 레버에 부딪혔고, 그 결과 먹이 알갱이가 떨어졌다. 다시 우연히 레버에 부딪히자 또 한 번 먹이가 떨어졌다. 이렇게 몇 차례 반복되자 쥐는 레버를 누르면 먹이가 떨어진다는 사실을 배웠다.

하지만 스키너 상자는 더 복잡해질 수도 있다. 스키너는 조명과 바닥 전기 배선을 추가했다. 조명에 녹색불이 들어왔을 때 쥐가 레버를 누르면 먹이 알갱이가 나오고, 빨간불이 켜졌을 때 레버를 누르면 쥐는 가벼운 전기 충격을 받았다. 그 결과 말할 필요도 없이 쥐는 녹색불에서만 레버를 눌러야 한다는 사실을 빠르게 학습했다. 하지만 조심할 필요도 있다! 가끔은 동물들이 이 상자를 너무 잘 다뤄 레버를 끝없이 눌러 먹이를 게걸스럽게 포식할지도 모른다.

스키너가 옳았던 것

스키너는 학습에서 정말 중요한 부분을 밝혀냈다. 학습의 상당 부분이 행동 강화와 처벌을 통해 일어난다는 것이다. 우리는 그 결과를 우리가 하고 있는 일과 연관시키고, 그에 따라 다음에 할 일을 정한다. 조금 이상하지만, 스키너는 제2차 세계 대전 당시 비둘기가 유도하는 미사일을 개발하기도 했다. 비둘기를 미사일의 원추형 앞부분인 노즈콘에 넣고 목표물을 쪼도록 훈련시킨 것이다. 비록 이 미사일은 효과적이었지만, 아무도 진지하게 받아들이지 않아 실제로 발사되지는 않았다.

스키너가 잘못 생각한 것

스키너의 이론이 모든 것을 설명하지는 못한다. 조작적 조건 형성에서 암시하는 바와 반대로, 때로는 소셜 미디어에서 부정적 평을 많이 받는 해설자가 더 자주 모습을 드러낸다. 왜 그럴까? 그리고 사람은 말을 할 줄 안다! 비록 우연히 일어날 행동을 일으키는 것은 동일하지만, 새로운 언어 명령은 어떤 영향을 줄까? 하지만 스키너는 언어에 별로 관심이 없어 보였다. 그가 정말로 애정을 품은 듯한 비둘기에 대해서는 예외였지만. 스키너는 자신이 비둘기들에게 온갖 종류의 단어를 읽도록 가르쳤다고 주장했으나, 나중에 알고 보니 비둘기들은 단지 패턴 인식에 뛰어날 뿐이었다!

야생으로 들어간 행동주의

몇몇 행동주의자는 대중문화에서 유명한 아이콘이 되었고, 그들의 생각은 심리학이라는 학문 분야를 훨씬 넘어서기에 이르렀다. 이러한 새로운 개념에 흥미를 느낀 일부 신봉자는 행동주의를 유토피아로 넓혔다.

1949년, 스키너는 『월든 투Walden Two』를 펴내 저명한 작가가 되고 싶었던 평생의 꿈을 이뤘다. 이 '아이디어로 이뤄진 소설'은 개방된 마음을 가진 주민들이 행동 수정, 과학적 양육, 여성의 평등권을 비롯한 놀라울 만큼 현대적인 개념들을 실험하는 공동체에 대해 다뤘다. 이 책은 당시 영적 영역이나 이것과 관련된 자유 의지 같은 개념을 거부해 논란을 불러일으켰지만, 오늘날에도 여전히 이어지고 있는 10곳 이상의 생활 공동체가 설립되도록 영감을 주었다. 다음 엽서는 이 책에서 만들어낸 것이지만, 선전 문구가 전부 무척 현실적이다.

COME for the UTOPIAN ROPE SANDALS
STAY for the RAW, SUSTAINABLY HARVESTED NUT BUTTERS!

THE EAST WIND COMMUNITY

Located in Missouri's Scenic Ozarks!

인지 이론 ▶ 모든 것은 마음에 있다!

행동주의는 30년 이상 심리학에서 대유행이었다. 눈에 보일 듯 구체적인 심리학 이론이었기 때문이다. 머릿속에서 무슨 일이 일어나고 있는지 누가 신경이나 쓰겠는가? 하지만 그 문제를 신경 쓴 사람들이 있었다. 바로 인지 이론가들이다. 이들은 흐름을 거슬렀다!

1950년대까지 행동주의자들은 그들이 택한 실험적 방법으로 악명을 얻었다. 행동주의자들은 이 분야를 완전히 바꿔놓았고, 심리학은 이후 궤도에 올라 주로 행동에 대한 연구가 되었다. 하지만 이 방법론은 꽤 큰 문제들을 소홀히 했다. 예컨대 관찰할 수 없는 과정을 어떻게 설명하고 이해해야 할까? 행동이 어떻게 생각을

정당화할까? 상상력이나 의식을 어떻게 설명할까?

스키너는 의식의 존재를 믿지 않았기 때문에 이러한 질문들을 비웃었을 것이다. 하지만 이보다 덜 급진적인 다른 행동주의자들은 내적 세계가 외부 세계의 자극에 대한 반응이거나 행동에 대한 자극 그 자체일 수도 있다고 여겼다. 정말 똑똑하다!

미스터 로보토

하지만 몇몇 사람은 이 대답에 만족하지 않았다. 그러는 동안 발발한 제2차 세계 대전은 복잡한 논리 문제를 해결할 수 있는 컴퓨터를 포함해 새로운 기술의 발전을 가져왔다. 컴퓨터가 특정한 질문에 대답하기 위해 훈련되거나 코딩되지 않고 이러한 문제를 해결할 수 있다면, 인간도 비슷하지 않을까? 그래서 뇌를 정보 처리 장치로 여기는, 의식을 이해하는 새로운 방법이 도입되었다. 컴퓨터처럼 우리 뇌는 입력 정보를 거르고 해석한 다음 그것에 대해 행동하거나 기억 장치에 저장한다는 것이다.

언어를 설명하기

이런 생각이 퍼지면서, 회의론자들은 행동주의자들이 불완전한 이론으로 무장했다고 비난했다. 이 돌격의 지도자는 언어학자 놈 촘스키Noam Chomsky였다. 당시 B. F. 스키너는 행동주의가 인간이 언어를 어떻게 습득하는지 설명할 수 있다고 제안하는 책을 출판했다. 그러나 촘스키는 우리가 짧은 시간에 그렇게 많은 언어를 배우는 이유를 설명할 수 없다며 맹렬하고 체계적으로 스키너의 주장을 반박했다. 그는 우리가 자연환경에서 충분한 언어에 노출되어 있지 않다고 주장하면서, 성장 과정에서 구문과 문법의 무한히 복잡한 변형을 배운다고 말했다.

대신 촘스키는 인간이 노출되어 있는 언어를 체계화하고 확장시킬 수 있는 선천적 인지 과정을 갖췄다는 이론을 제안했다. 다시 말해, 우리는 단순히 우리에게 공급되는 대로 뱉는 프로그래밍 가능한 자동 기계가 아니다. 그보다는 명시적으로 프로그래밍되지 않고 경험을 통해 배우고 개선하는 기계 학습 인공 지능에 가깝다. 그것은 인간이 태어날 때부터 이 모든 것을 할 수 있는 복잡한 두뇌 연결과 정신 처리 능력을 갖췄다는 것을 의미한다. 그리고 이 이론은 행동주의에 위배된다. 촘스키는 언어 학습이 생물학적이고 인지적이라고 제안했다!

이러한 발견은 행동주의와 비슷하게 과학적 엄격함을 유지하는 학제 간 분야인 인지과학을 탄생시킨 '인지 혁명'의 시작점이 되었다. 하지만 이번에는 행동을 연구하는 대신 인식, 주의, 기억, 추론, 언어를 포함한 마음과 그 내부 과정을 연구한다. 혁명 만세!

놈 촘스키와 언어 이론

유명한 언어학자 촘스키는 인간이 '빈 서판'이라는 철학자와 행동주의자들의 오래된 믿음에 반대했다. 대신 모든 인간은 언어를 이해하고 사용할 수 있는 능력을 지니고 태어난다고 제안했다. 우리는 단어를 여러 범주(명사, 동사, 형용사 등)로 분류할 수 있는 선천적 능력을 갖고 있어, 새롭고 의미 있는 문법적으로 올바른 방법으로 이런 범주를 결합할 수 있다. 쉽게 말하면, 어떤 언어를 쓰든 상관없이 모든 인간은 '보편 문법'을 지니고 있다. 단지 단어만 배우면 된다!

심각하게 나쁜 과학

현대 심리학 연구 중에는 불필요하게 잔인하거나, 절차상 결함이 있다고 일반적으로 여겨지는 것이 몇 가지 있다. 예컨대 이 장 앞부분에서 살펴본 어린 앨버트에게 행해진 실험은 잔인하기로 손꼽히는 다섯 가지 심리학 연구 가운데 하나다. 나머지 실험들도 궁금할 것이다. 무고한 동물, 어린이, 대학원생이 동원된 연구들 말이다.

괴물처럼 끔찍한 연구:
고아는 권리가 없으니까 그렇지?(1939)

연구 내용: 22명의 고아가 두 그룹으로 나뉘었다. 절반은 긍정적 피드백을 주는 언어 치료를 받았고 말을 아주 잘한다는 칭찬을 들었다. 반면에 나머지 절반은 부정적 피드백의 언어 치료를 받아 말하는 데 결함이 있다는 비난과 함께 말더듬증이 생기고 있다는 평을 들었다.

우리에게 말해주는 것: 부정적 피드백을 통해 건강한 아이들에게 말더듬증을 유도하거나, 긍정적 피드백을 통해 말더듬증을 겪는 아이들의 언어 장애를 줄일 수 있는가?

실제로 배운 내용: 말하는 방식에 대해 끊임없이 비판받으면 정말로 망가질 수 있다! 부정적 피드백 언어 치료를 받은 아이들은 괴로운 기색을 보였고, 학교를 그만뒀으며, 아예 대화를 중단했다. 2007년, 실험 대상이 된 고아 중 7명은 이 연구에 따른 평생의 심리적, 정서적 피해에 대한 보상으로 120만 달러를 받았다.

밀그램 실험:
내가 그렇게 말했으니 따라야 해(1961)

연구 내용: 각기 다른 방에서 교사(참가자)는 학습자(연구에 전체적으로 참여한 사람)에게 단어 쌍을 읽어주었다. 학습자가 단어 쌍을 기억하는 데 실패하면 교사는 한 번의 잘못이 생길 때마다 15볼트씩 증가하는 전기 충격을 가했다. 충격이 커지자 학습자는 비명을 지르기 시작했고, 심장에 문제가 있다고 말하다가 아예 반응을 멈췄다. 이때 교사가 머뭇거리자 옆에 있던 하얀 실험복을 입은 연구자는 "당신은 실험을 계속해야 합니다"라고 말했다.

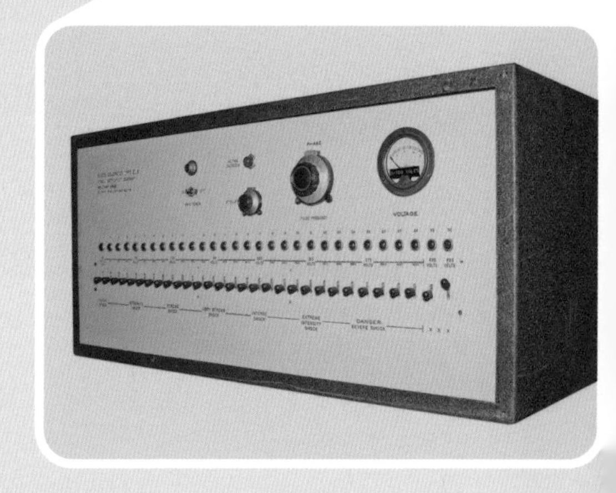

우리에게 말해주는 것: 사람들은 다른 사람을 해치라는 지시를 얼마나 따르는가?

실제로 배운 내용: 선량한 사람이라도 권위 있는 인물이 복종하라고 하면 양심에 어긋난 끔찍한 일을 저지른다는 사실이 밝혀졌다. 학습자의 반응이 없는데도 교사 참가자의 65퍼센트가 450볼트라는 최대 수준의 전기 충격을 주었다.

학습된 무력감: 탈출구는 없다(1960년대 중반)

연구 내용: 개를 상자 안에 넣고 반복적으로 가벼운 충격을 주었다. 그중 절반의 개는 레버를 눌러 충격을 멈출 수 있었지만, 나머지 절반은 그것을 통제할 방법이 없었다. 이후 이 개들은 전기가 흐르는 바닥과 개들이 쉽게 뛰어넘을 만한 낮은 벽이 설치된 상자에 놓였다. 이전에 자신에게 내려질 처벌을 통제할 수 없었던 개들은 쉽게 빠져나갈 수 있는데도 포기한 채 누워 계속해서 충격을 받았다.

우리에게 말해주는 것: 만약 동물들이 과거에 스스로 피할 수 있거나 피할 수 없는 처벌을 받았다면 나중에 처벌에 어떻게 반응하는가?

실제로 배운 내용: 자신에 대한 통제력을 빼앗으면 미래에 대한 희망도 앗아갈 수 있다. 불행히도 CIA는 9·11 테러 용의자들을 고문하는 과정에서 이 '학습된 무력감' 모델을 사용했다고 전해진다.

스탠퍼드 교도소 실험: 이 직업이 당신을 변화시켰어요(1971)

연구 내용: 자원봉사자들은 무작위로 수감자 또는 교도관 역할을 받고, 지하실에 있는 모의 교도소에 배치되었다. 죄수들은 이름이 아닌 수감 번호로 불려 인간성을 박탈당했다. 그리고 교도관들은 유니폼과 선글라스를 통해 개성이 지워졌다. 수석 연구자였던 필립 짐바르도Philip Zimbardo 박사는 교도관들에게 질서를 유지하는 데 필요한 행동을 무엇이든 하라고 말했다. 그러자 교도관들이 지나치게 권위적이고 학대를 일삼아 불과 6일 만에 연구가 중단되었다.

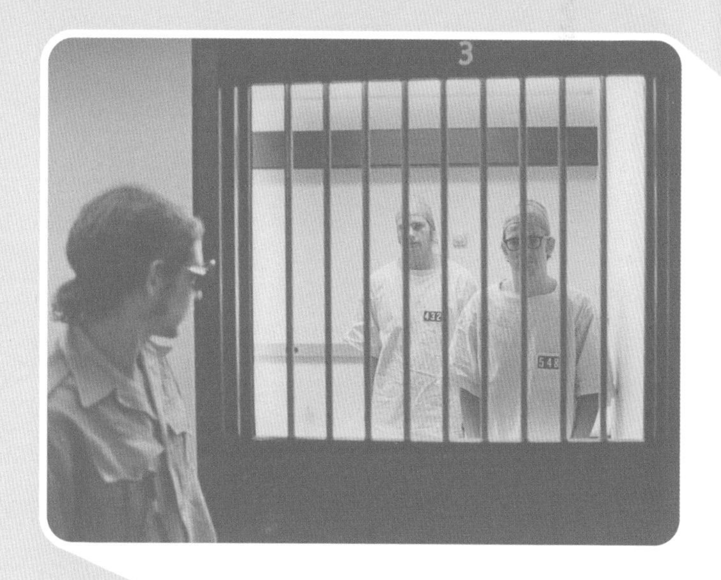

우리에게 말해주는 것: 교도관들이 보여준 잔인성은 그들 자신의 성격 유형 때문일까, 아니면 교도관과 수감자들이 배치되어 있는 환경 때문일까?

실제로 배운 내용: 이 연구는 너무 비과학적이어서 아무것도 알려주지 못했다. 단지 참가자들이 짐바르도가 원하는 대로 행동했다는 것만 보여줄 뿐이었다.

말도 안 되는 연구들

심리학 연구와 비윤리적 실험이 지닌 부정적인 면은 실제로 매우 어두울 수 있다. 다소 별난 입가심 삼아, 실제로 존재했던 이 이상한 연구들을 한번 살펴보자.

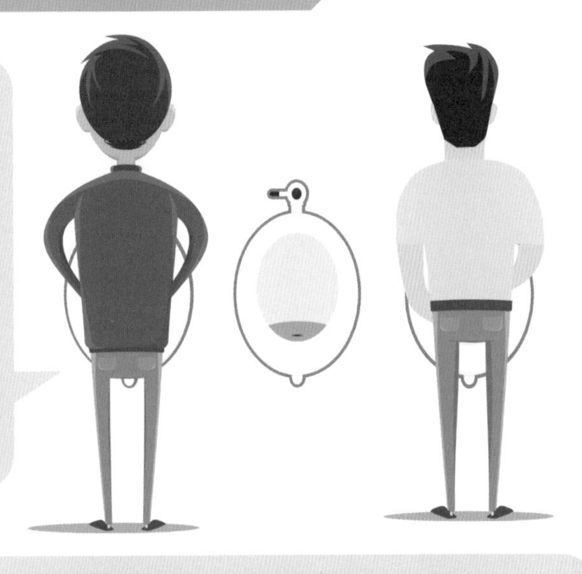

화장실에서 옆 사람이 미치는 영향

성과에 대한 불안감을 느껴본 적 있는가? 화장실에서는 어떤가? 몇몇 연구자는 남성 소변기에서 누군가 옆에 있으면 오줌을 누기 시작하는 데 걸리는 시간이 증가하는지 연구했다. 알고 보니 그 대답은 "그렇다!"였다. 근처에 낯선 사람이 있으면 스트레스가 증가해 요도 괄약근의 이완이 억제된다. 심지어 더 낯선 사람이 근처 화장실 칸에서 연구 대상자가 오줌 누는 모습을 잠망경으로 지켜보고 있었다. 그것은 단순한 개인 공간 침범이 아니라 사생활 침해였다!

실존적 공포에 대처하기 위한 방귀 뀌기

이 정신분석학적 사례 연구는 방귀 문제를 안고 자라면서 끔찍한 상황을 겪어온 제멋대로 소년을 대상으로 했다. 프로이트식 분석에 따라 연구자는 소년의 호방한 방귀가 "파탄의 공포로부터 자신을 지키고자 친숙한 구름 속에 감싸이고, 인격을 유지하기 위한 방어 메커니즘"이라고 결론지었다.

당신의 각도는?

한 연구 팀은 수백 시간의 연구 끝에 물리적으로 특정한 방향으로 고개를 기울이면 사물의 크기에 대한 추정치에 영향을 미칠 수 있다는 것을 밝혀냈다. 예컨대 고개를 왼쪽으로 기울이면 에펠탑이 더 작아 보인다는 것이다.

네, 이건 뱅크시의 작품인 것 같아요

비둘기는 패턴 인식에 매우 뛰어나다는 것이 밝혀졌다. 얼마나 뛰어날까? 심리학자들은 비둘기가 파블로 피카소Pablo Picasso와 클로드 모네Claude Monet의 그림을 전에 본 적이 없더라도 두 가지를 구별하도록 훈련시키는 데 성공했다. B. F. 스키너가 무척 자랑스러워할 일이다!

아름다움은 음주자의 눈에 달렸다

사람들은 술을 '용기를 주는 액체'라고 부르는데, 이것이 과학에 의해 확인되었다. 한 연구에 따르면 술에 취한 성인들은 술을 더 많이 마실수록 자신을 더 매력적이라고 등급을 매겼다. 사실 그렇게 놀라운 일은 아니다. 하지만 이 실험은 한 걸음 더 나아갔다. 일부 참가자들은 무알코올 음료를 마셨음에도 자신이 대단하다고 생각했다. 놀랍게도 자신이 술에 취했다고 생각하는 것만으로 스스로를 더 매력적이라고 평가한 것이다.

닭도 미인을 좋아한다

이 연구는 몇 가지 질문에 답을 주지만, 동시에 많은 문제를 일으킨다. 닭들이 누가 섹시하고 누가 그렇지 않은지 말해줄 수 있다는 것이다. 연구자들은 몇몇 닭에게 성별로 평균적인 사람의 얼굴에 반응하도록 훈련시킨 다음, 보다 여성스러운 모습에서 보다 남성스러운 모습까지 다양한 얼굴을 보여주었다. 그러자 닭들은 일관적으로 인간 참가자들이 가장 매력적이라고 평가한 얼굴에 가장 많이 반응했다. 정확한 이유는 모르지만, 아마도 대칭성이 일으키는 매력과 관련이 있을지도 모른다.

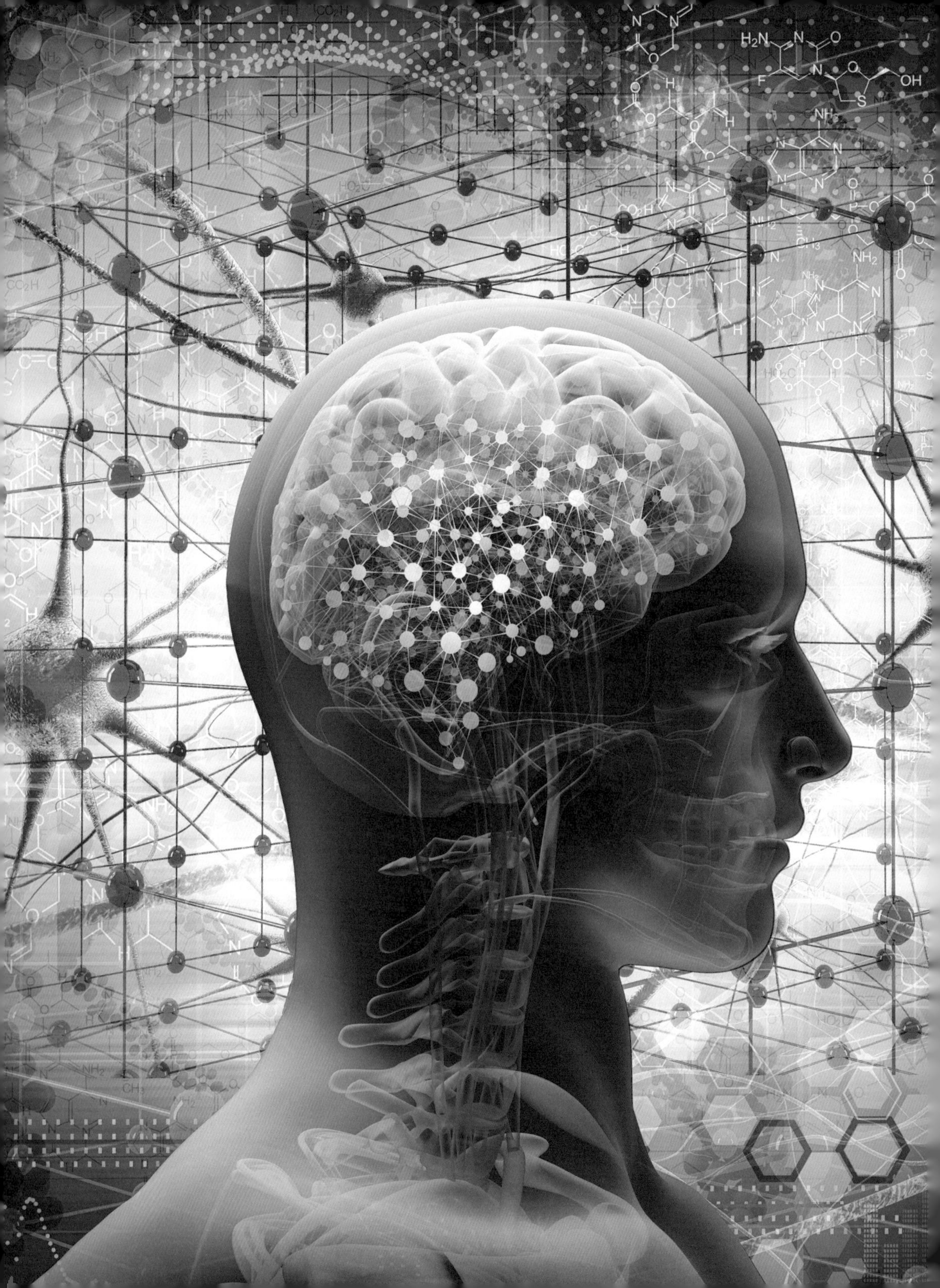

CHAPTER 7

드디어 현대에 왔다!

이제 역사 수업은 거의 끝났다. 약속하겠다. 우리는 아리스토텔레스에서 짐바르도에 이르기까지 모든 사람을 다뤘다. 그리고 그들이 어떻게(때로는 꽤 추한 방식으로) 뇌에 대한 현대적 이해를 형성하는 데 도움을 주었는지 알아보았다.
하지만 뇌 분야에서 활발하게 움직인 사람이 이들뿐이었다고 생각하면 안 된다! 이 장에서는 새로 부상한 가장 인기 있는 뇌 과학자들과 그들이 이 분야를 어떻게 변화시키고 있는지 소개하겠다.

지난 세기에는 많은 변화가 있었다. 금주법이 시행되고, 텔레비전이 발명되었으며, 사막에서 버닝맨 행사가 열렸고, 인터넷을 주머니에 넣을 수 있게 되었다. 그 과정에서 과학도 많이 변했다. 우리는 DNA의 모습을 한 생명의 분자 구조를 알아냈고, 그 정보를 사용해 인간 게놈 전체를 배열하는 데 성공했으며, 살아 있는 인간 두뇌 내부를 들여다볼 수 있는 기계를 만들었다. 그리고 여성도 과학을 연구하도록 허용되었다!

정말 진지하게도, 그렇다. 여성과 유색인종은 수천 년 동안 과학에 적극적으로 참여했으나 과학의 식탁에 앉는 경우는 매우 드물었다. 이것은 오늘날까지도 여전히 이슈가 되고 있다. 그리고 과학이 객관적이라 믿고 싶겠지만, 우리의 개인적 관심사, 목표, 훈련 방식은 우리의 질문과 그 질문에 대답하는 방식에 직접 영향을 미친다는 사실이 밝혀졌다. 따라서 신경과학과 심리학 분야에서 다양한 관점을 통합해야 보다 다양한 질문을 받고, 다양한 시각을 고려하며, 보다 다양한 해결책을 개발할 수 있다.

그렇게 해서 각계각층의 과학자가 이 분야로 쏟아져 들어오고 뇌를 분석하는 우리의 실력이 높아지면서, 우리는 이 모든 것이 어떻게 작용하는지 꽤 놀라운 사실들을 발견했다.

김인수 ▶ 이 일은 간단히 합시다

우선 저자들의 고향인 위스콘신주 밀워키 지역의 한 전설적인 인물의 삶에 대해 알아보자. 김인수는 어린 시절 대부분을 한국의 서울에서 보냈다. 그리고 당시 보통 한국 가정과 마찬가지로, 그녀의 부모가 진로를 결정했다. 가족이 약국을 경영했기 때문에 그녀는 약사가 될 예정이었다. 하지만 가족의 기대에 숨이 막혔던 그녀는 학부 과정을 공부하던 중 당시 남편을 만나 함께 미국으로 건너갔다.

스물세 살에 김인수는 밀워키에서 새로운 삶을 시작했다(이 나이에 집과 멀리 떨어진 곳에서 고생하며 새로운 언어를 배우는 게 얼마나 힘들지 상상해보라). 그녀는 실험실에 지원하기 전에 경험을 쌓고 약사가 되라는 부모님의 소원을 이루기 위해 실험실 테크니션technician으로 하루 종일 쥐들을 대상으로 일했다. 하지만 동료들과 이야기를 나누면서 삶에 대한 태도가

자신과 다르다는 사실을 알아챘다. "미국 학생들은 자기가 하고 싶은 공부를 선택했다. 나는 그런 점에 완전히 충격을 받고 깜짝 놀랐다. 그래서 이렇게 생각했다. '1만 킬로미터 넘게 떨어진 곳에 계신 부모님은 내가 여기서 뭘 하는지 알 길이 없을 테니, 나도 미국 학생들처럼 할 수 있다.'"

김인수는 쥐를 다루는 실험 대신 사람들을 직접 돕고 싶었다. 그래서 전공을 바꿔 위스콘신 밀워키 대학교에서 사회복지학을 공부했다. 놀랍게도 가족은 여기에 대해 들었을 때 놀라지 않았다! 그곳에서 김인수는 학부와 대학원 학위를 모두 취득한 뒤 임상의가 되었다. 이후 전국을 돌아다니며 시카고, 토피카, 팰로앨토에서 대학원을 더 다녔다.

그리고 캘리포니아에서 미래의 남편이 될 스티브 드세이저Steve de Shazer를 만났다. 스티브는 즉시 김인수의 임상적 재능을 알아보고 홀딱 반했다. 스티브는 김인수가 치료 과정에서 새롭고 효과적인 기술을 사용하고 있다는 사실을 깨닫고, 이것을 기록해 무엇이 효과 있는지 더 자세히 이해하고자 했다. 김인수는 손쉽게 자기 기술을 수행하는 전문가였고, 스티브는 그녀가 치료에서 어떤 작업을 했는지 정확하게 확인하는 학자였다. 두 사람은 치료사들이 어떤 특정한 작업을 하는지, 그리고 어떤 것이 효과 있고 어떤 것이 효과 없는지 확인하고자 수천 시간어치 치료 세션을 자세히 연구했다. 김인수의 타고난 재능에 두 사람의 고된 연구가 결합되어 그들은 새로운 종류의 치료법을 개발해 널리 퍼뜨렸다. 바로 '해결 중심 단기 치료'다.

김인수의 밝은 성격과 헌신적인 직업윤리가 없었다면 이 기법은 아무도 모르게 사라졌을 가능성이 크다. 사람들은 김인수를 끈질기고 관대하며 따뜻한 성격을 지닌 사람이라고 묘사했다. 그녀는 매우 일찍 일어나 논문을 쓰고 훈련을 이끌며 자신의 병원을

운영하는 등 끊임없이 움직였다. 또한 자기가 하는 일에 열정적이었으며, 이런 태도가 삶에 그대로 배어났다. 하지만 그런 태도가 타인에 대한 그녀의 깊은 관심과 온화한 낙관주의를 손상시키지는 않았다. 그리고 2007년 김인수는 항상 그랬듯이 체육관에서 운동을 마친 후 세상을 떠났다. 휴식을 취하기 위해 사우나에 들어갔다가 나중에 평화롭게 잠든 모습으로 발견된 것이다. 정말 멋진 인생이다!

해결 중심 단기 치료

새로운 치료사와 첫 번째 치료 세션에 들어간다고 상상해보라. 당신의 삶은 엉망이고, 이러한 고난의 무게가 어깨에서 느껴진다. 항상 이런 식이었다. 당신은 안락한 소파에 앉아 태어나서 지금까지 일어난 모든 문제를 이야기하기 시작한다. 그런데 그때 이상한 일이 벌어진다. 치료사가 당신의 말을 도중에 끊고 "당신이 이런 문제를 경험하지 않을 때가 언제인지 알려줄 수 있나요?"라고 묻는다.

이것이 '해결 중심 단기 치료' 뒤에 숨은 혁명적인 전제다. 오래된 투쟁을 재탕하는 것은 불필요하다. 환자가 어린 시절 무슨 일을 겪었는지 치료사가 알 필요는 없다. 환자는 현재 문제에 대한 도움을 받고자 치료를 요청했고, 아마도 자기 삶을 더 나아지게 만드는 방법에 대해 꽤 괜찮은 아이디어를 갖고 있을 것이다. 그러므로 치료사는 과거에 머무르는 대신 환자가 자기 삶을 어떻게 하고 싶은지에 초점을 맞추도록 안내한다.

'해결 중심 단기 치료'는 그 이름에 부합하는 치료법이다. 사람들이 그들의 문제에 대한 해결책을 가능한 한 빨리 개발해 계속 고통받지 않도록 하는 것이다. 이 치료법은 평균적으로 5회 세션만 필요하며 가끔은 1회 세션으로 충분할 수도 있다! 이처럼 세션 수가 적은데도 효과를 보인 해결 중심 단기 치료는 증거 기반 요법으로 분류되었다. 이는 인지 행동 치료와 대인관계 심리 치료보다 시간은 짧지만 효과는 비슷한 것으로 보인다. 그러니 도움을 받고 싶으면 한번 시도해보라!

벤 배러스와 교세포

벤 배러스Ben Barres는 자신의 독특한 경험이 연구에 극적인 영향을 미쳤다. 그의 뛰어난 관점과 현명한 조언자로서 능력은 수 세대에 걸쳐 이 분야에 파급 효과를 미칠 과학자의 완벽한 예다.

1950년대 미국 뉴저지주에서 태어난 벤은 태어날 때 지정 성별이 여성이었다. 어렸을 때 그는 과학에 푹 빠진 영재였으며 '톰보이'로 묘사되었다. 1970년대 MIT 학부생이 된 벤은 몇몇 교수에게서 노골적인 성차별을 경험했음에도 신경생물학과 사랑에 빠졌다. 그는 다트머스 대학교에서 의학 학위를 받고, 다시 하버드 대학교에서 박사 학위를 받기 위해 신경과 의사 직위를 거절했다.

훈련받는 동안 대부분의 과학자가 뇌의 뉴런에만 관심을 기울였지만, 벤은 뇌세포의 적어도 절반은 뉴런이 아니라는 사실을 알아차렸다. 총칭해서 '교세포'라고 알려진 이 수십억 개의 세포는 상대적으로 신비로웠다. 이 세포의 기능에 대해서는 거의 알려지지 않았지만, 사람이 부상을 입거나 질병에 맞닥뜨렸을 때 급격한 변화를 겪는다는 점은 분명했다. 벤은 특히 '성상교세포'라는 신경교세포의 하위 유형이 병든 뇌에 도움이 되는지, 아니면 해로운지 알아내는 데 관심을 기울였다.

이 무렵 벤은 자신의 성 정체성과 진정으로 씨름하기 시작했다. 당시 그는 스스로 남성이라고 밝혔지만, 성별에 대한 자신의 감정을 어떻게 헤쳐나갈지 전혀 알지 못했다. 그래서 낮은 자존감에 따른 우울증으로 숨이 막힌 채 훈련을 계속했다.

벤은 40대 초반 뇌에서 교세포의 역할을 연구하며 스탠퍼드 대학교 교수직에 오른 뒤 '트랜스젠더transgender'라는 단어를 듣고 머릿속에서 전구가

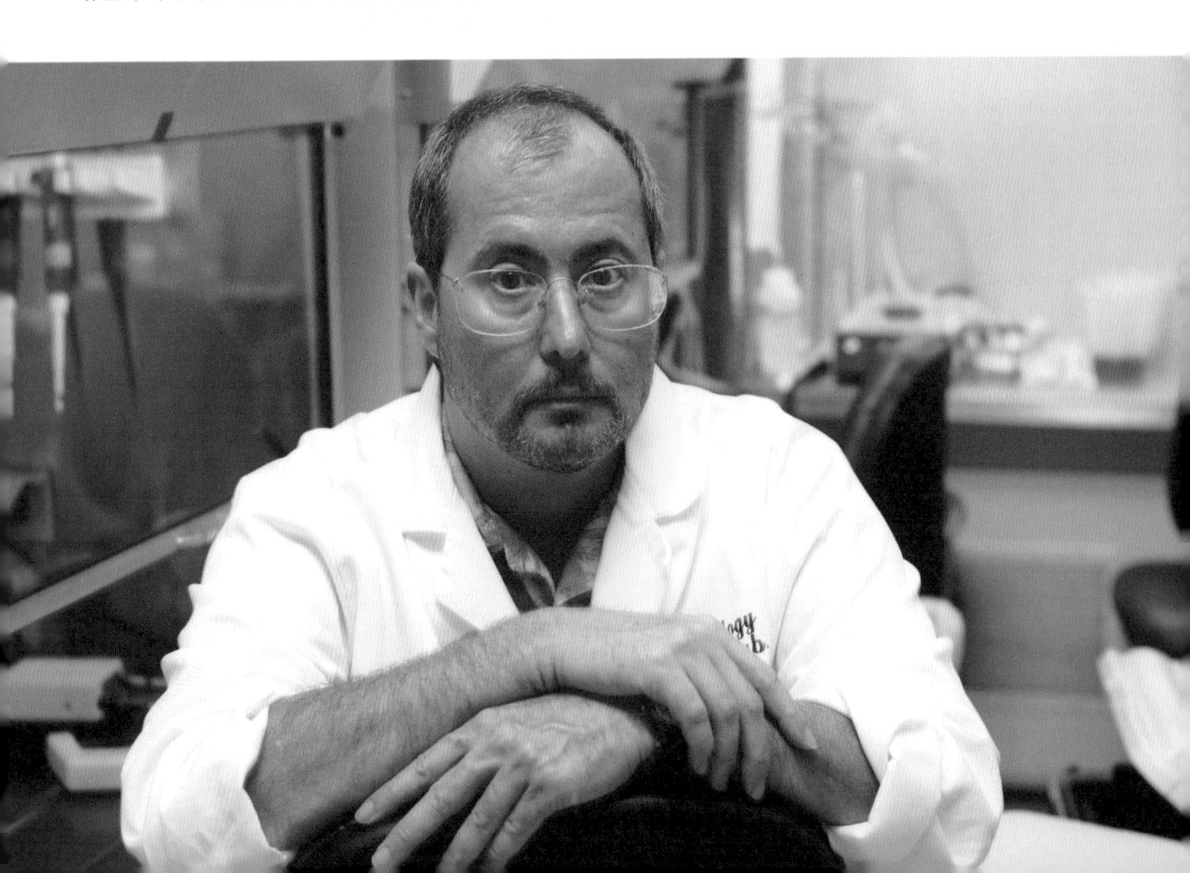

반짝하고 켜졌다. 가까운 멘토들의 지지를 업고 벤은 동료 교수와 학생들에게 이런 편지를 보냈다. "나는 여전히 청바지와 티셔츠를 입을 것이고, 여느 때와 거의 똑같을 것이다. 단지 훨씬 더 행복할 것이다."

궁극적으로 벤은 트랜스젠더라는 것이 자기 경력에 부정적 영향을 끼치지 않는다고 느꼈다. 오히려 그것은 다른 과학자들이 볼 수 없는 것을 알아보는 데 도움이 되었다.

벤은 여러 종류의 뇌세포를 분리하는 새로운 방법을 개발하는 데 공헌했다. 벤이 뉴런, 성상교세포, 희소돌기아교세포, 미세아교세포를 서로 분리한 덕분에 연구자들은 각각의 세포를 종류별로 면밀히 연구할 수 있었고, 서로 다른 세포들의 상호작용 방식에 대해 더 많은 것을 배울 수 있었다. 이런 기술을 손에 넣은 생물학자들은 뉴런과 교세포의 관계를 하나씩 풀어나가기 시작했고, 교세포라는 이 '뇌 속 접착제'가 뉴런이 정상적으로 성장하고 발달하는 데 매우 중요한 역할을 한다는 사실을 알게 되었다. 교세포가 없다면 뉴런은 제대로 자랄 수 없고, 올바른 연결을 형성하지도 못하며, 일생 동안 신호를 계속 보낼 수도 없을 것이다.

연구실 밖에서 벤은 이공계 분야 종사자들의 다양성을 옹호하고 지원하기 위해 종신 교수로서 특권을 사용했다. 벤은 과학 토론 중에도 이공계 분야에서 성희롱을 예방하고 부모들에게 학생들의 연구 경력을 효율적으로 꾸리는 문제에 대해 이야기했다. 심지어 여성이 남성에 비해 이공계 직업에서 덜 우수하다고 주장한 당시 하버드 대학교 총장과 말다툼을 벌이기도 했다!

벤은 교수로 재직하는 동안 수십 명의 학생을 지도했고, 그중에서 많은 학생이 뇌에서 교세포의 역할을 더 탐구해 인정받는 연구자가 되었다. 또한 벤은 학생들에게 매우 헌신적이었다. 췌장암과 싸우면서도 생애 마지막 몇 달을 학생들의 추천서를 고쳐 쓰며 보냈다.

벤 배러스에게서 영감을 받은 학생들

베스 스티븐스Beth Stevens

베스는 뇌의 면역 세포인 미세아교세포에 대해 연구한 결과 이 세포들이 불필요한 신경 연결을 적극적으로 제거함으로써 뇌 발달에 필수적 역할을 한다는 것을 밝혀냈다. 이제 베스는 면역계의 중요한 구성 요소인 '보체 연쇄반응'에서 온 신호에 미세아교세포가 어떻게 반응하고 세포 간 연결을 어떻게 다듬는지, 그리고 그 신호가 알츠하이머 같은 퇴행성 질환에서 어떻게 흐트러지는지 연구한다.

니콜라 앨런 박사Dr. Nicola Allen

앨런은 성상교세포에서 분비하는 단백질 글리피칸glypican이 뉴런의 연결을 돕는 중요한 역할을 한다는 사실을 알아냈다. 이제는 이 세포들이 어떻게 기능하는지, 그리고 그것이 발달과 노화, 질병이 발생하는 동안 뉴런과 그 연결에 어떤 영향을 미치는지 알기 위해 성상교세포가 생성한 단백질을 연구한다. 또한 이 책의 저자 앨리의 박사 과정 지도 교수였다! 앨런의 연구실에서 앨리는 유전적 신경 발달 장애에서 성상교세포의 기능이 어떻게 변화하고 이것이 뉴런 성장에 어떤 영향을 미치는지 연구했다.

셰인 리들로 박사Dr. Shane Liddelow

셰인은 염증으로 인해 행동과 기능이 변화한 반응성 성상교세포를 연구한다. 그의 연구는 원래 주변을 지원하는 이 세포들이 미세아교세포의 염증 신호에 반응해 킬러 세포로 변할 수 있다는 사실을 발견했다. 현재 셰인은 이 킬러 성상교세포들이 알츠하이머병과 같은 신경 퇴행성 질환에서 발생하는 일부 손상을 어떤 식으로 일으키는지 연구하고 있다.

교세포

영광스러운 신경교를 뇌 속 비욘세, 즉 쇼를 진행하는 스타라고 생각하면 교세포는 스타의 수행원으로 생각할 수 있다. 스타가 마음껏 노래하는 동안 멋지게 보이고 사람들의 귀에 목소리가 잘 들리도록 돕는 지원팀이다.

성상교세포astrocyte 이 별처럼 빛나는 작은 세포들은 이 책의 저자 앨리가 가장 좋아하는 세포다. 연구자들이 현미경으로 아인슈타인의 뇌를 관찰했을 때 일반인의 뇌와 다른 유일한 차이점이 무엇이었는지 아는가? 바로 아인슈타인이 평균적인 사람보다 훨씬 더 많은 성상교세포를 가지고 있다는 점이었다! 그러니 이 세포에는 꽤 특별한 무언가가 있을 것이다. 성상교세포는 뇌의 혈관에서 뉴런으로 영양분을 이동시키고, 상처 흔적을 형성하며, 뇌에서 손상 후 회복에 도움을 주고, 뇌의 환경을 균형 잡히게 해서 뉴런이 제 역할을 발휘하도록 돕는다. 동시에 비욘세의 사운드 기술자처럼 행동하기도 한다. 뉴런 사이 연결 부위를 얇은 덩굴손으로 감싸 뉴런의 신호를 모니터링하고 피드백을 주기 때문이다.

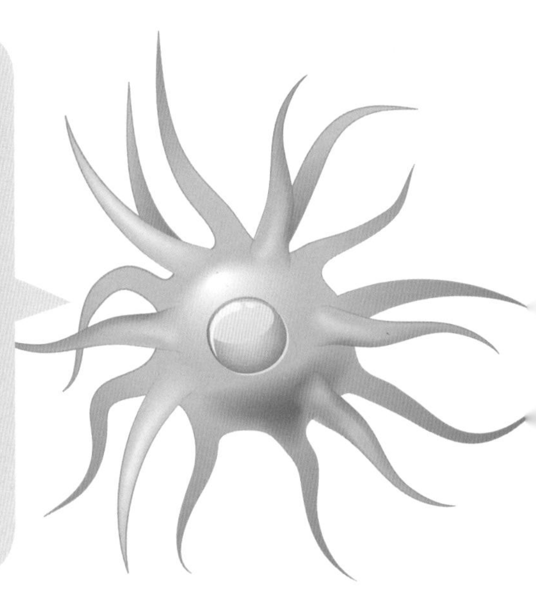

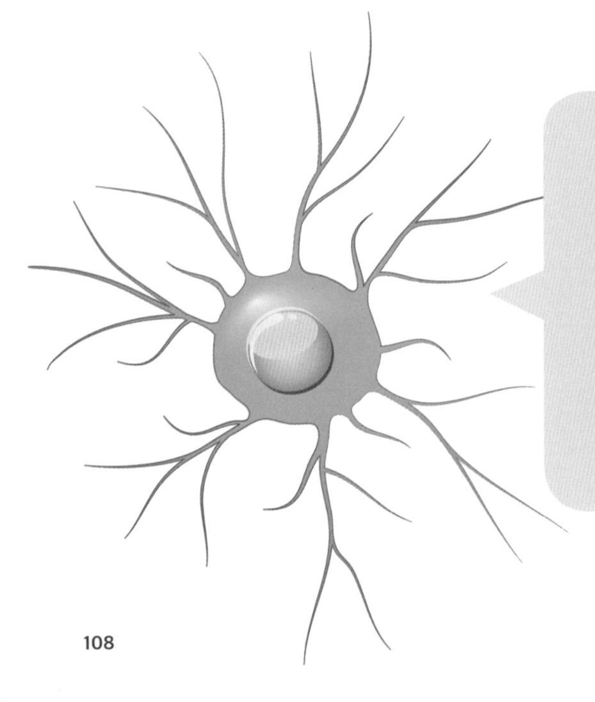

미세아교세포microglia 기본적으로 뇌의 면역 세포라 할 수 있는 미세아교세포는 뇌의 환경을 감시하고 문제를 일으킬 수 있는 바이러스나 세균 같은 침입자를 제거하는 보안 요원이다. 뇌에 질병이나 부상이 생기면 이 세포들은 활성화되어 문제를 일으킨 원인을 공격하기 위해 다른 면역 세포들을 증식시키고 모집한다. 또한 뉴런이 신호를 정제하도록 도우면서, 쓰레기를 치우고 불필요한 신경 연결을 제거한다.

희소돌기아교세포oligodendrocyte 재미있게 생긴 뚱뚱한 이 세포들은 비욘세의 홍보 담당자와 같다. 군중에게 메시지가 전달되도록 돕기 때문이다. 희소돌기아교세포는 신경 축삭돌기를 겹겹이 감싸는 뇌의 수초화 작업을 진행한다. 이렇게 덮인 지방질은 축삭돌기의 절연체 역할을 하며, 뉴런이 몸 전체로 신호를 더 빨리 보내도록 돕는다. 그에 따라 우리의 뇌는 수많은 작은 세포를 그 안에 욱여넣은 상태에서도 순간적인 감각을 일으킬 만큼 빠르게 신호를 전달할 수 있다.

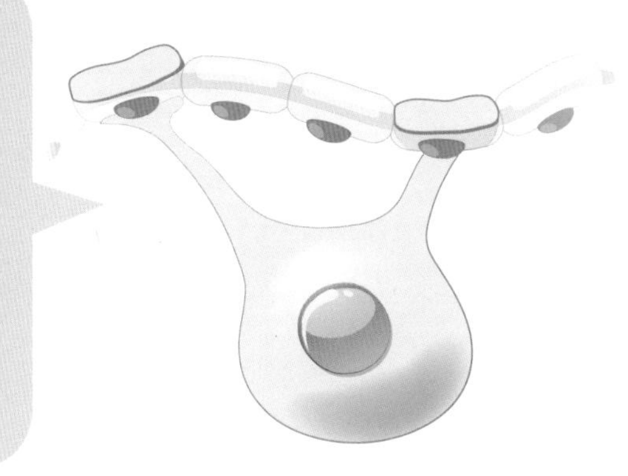

상피세포epithelial cells 뇌의 클럽 경비원을 만나보라! 뇌는 매우 연약하기 때문에 외부의 질병으로부터 특별히 보호해줘야 한다. 그래서 뇌의 혈관은 '밀착 연접'이라는 방식으로 세포들을 매우 가깝게 유지시켜 외부 물질이 몰래 들어오기 어렵게 진화했다. 그뿐만 아니라 혈액 속 면역 세포가 조직으로 들어오도록 하는 백혈구 접합 분자의 수가 적은 편이다.

…하지만 이 밖에도 몸속에는 다양한 교세포가 존재한다! 희소돌기아교세포와 비슷하지만 말초신경계(뇌와 척수 바깥)에 있는 슈반세포 Schwann cell, 뇌실의 안쪽 벽에 자리하며 뇌척수액을 생산하는 데 도움을 주는 뇌실막세포 ependymal cells, 그리고 감각신경과 부교감신경, 교감신경절, 장내 신경계를 지원하는 위성신경과 장신경절세포가 있다.

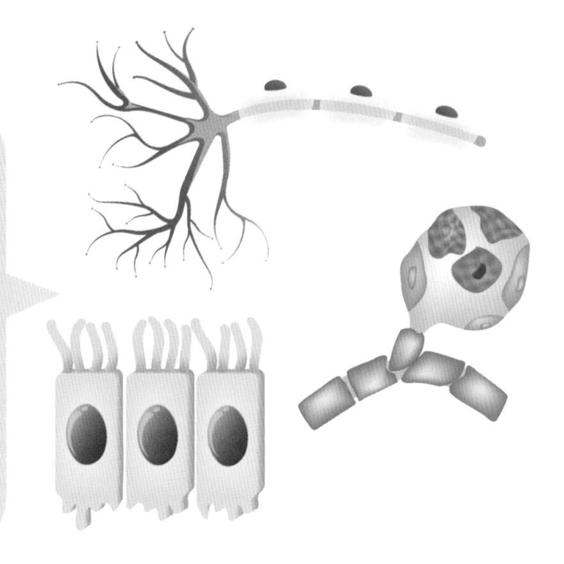

신경과학을 더욱더 변화시킬 연구자들

신경과학과 심리학의 역사는 아직 끝나지 않았다. 매일 새로운 발견이 등장해 뇌에 대한 우리의 생각을 계속 변화시키고 있다. 그리고 매혹적인 인물들이 끊임없이 베팅 금액이 가장 높은 에이게임A-game을 연구 테이블로 가져온다. 다음은 우리 모두를 위해 신경과학의 판도를 바꾸고 있는 놀라운 과학자들이다.

후다 아킬Huda Akil 후다는 남편과 함께 뇌 속의 천연 오피오이드 마취제 역할을 하는 엔도르핀을 발견했다. 또한 후다는 심하게 스트레스를 받으면 뇌가 고통을 줄이기 위해 엔도르핀을 방출할 수 있다는 것을 보여주었다. 그러니 영웅들이 총상을 입고도 어깨를 으쓱거리기만 하는 액션 영화들도 완전히 부정확한 건 아닌 셈이다.

칼라 섀츠Carla Shatz 하버드 대학교에서 신경생물학 박사 학위를 받은 최초의 여성 과학자 섀츠는 고양이 시각계에 대한 연구를 통해 발달 과정에서 신경 연결이 유전자에 의해서만 결정되는 것이 아니라는 사실을 발견했다. 어떤 연결을 유지하고 어떤 연결을 버려야 하는지 알려줄 때 신경 활동에 의존하기 때문이다.

엘리자베스 로프터스Elizabeth Loftus 인지심리학자이자 인간을 대상으로 하는 기억 전문가인 로프터스는 잘못된 기억, 특히 어린 시절의 기억을 암시 기법을 통해 개인에게 이식하는 것이 얼마나 쉬운지 입증하는 데 큰 공헌을 했다. 그에 따라 미국 여러 주에서는 법정에서 목격자나 회복된 기억을 활용하는 방식에 대해 대대적으로 점검하기에 이르렀다.

도리스 차오Doris Tsao 시스템 신경과학 분야 선구자인 차오는 원숭이에 대한 기능적 자기공명영상fMRI 스캔을 이용해 뇌의 개별 세포가 얼굴의 개별적 특징에 반응한다는 사실을 발견했다. 차오 연구팀은 아주 정확하게 이 신호를 분리하는 데 성공했고, 그에 따라 뉴런 신호를 바탕으로 원숭이가 보고 있는 얼굴을 재구성할 수 있었다!

대니얼 콜론라모스Daniel Colon-Ramos 콜론라모스는 예쁜꼬마선충을 이용해 신경세포가 어떻게 서로 시냅스를 찾아 형성하는지에 대한 신경생물학을 연구한다. 또한 다른 과학자들에게 그들의 연구를 알리는 디지털 자료를 제공하기 위해 예쁜꼬마선충의 신경계 전체 지도를 만드는 팀에서도 일하고 있다.

케이 타이Kay Tye 레이저를 활용해 감정과 동기 부여에 관련된 신경 회로를 연구할 수 있다는 사실을 알고 있는가? 정말이다(자세한 내용은 '광유전학'을 다룬 절 참고). 박사 과정 동안 타이는 쥐의 뇌에서 감정을 처리하는 데 중요한 편도체가 자극과 보상을 결합하는 법을 배울 때 활동이 증가한다는 사실을 발견했다. 이제 타이는 다른 신경 회로들이 어떻게 서로 다른 종류의 행동에 영향을 미치는지, 그리고 그것이 질병 치료를 위해 어떻게 조절될 수 있는지 연구하고 있다.

데이미언 페어Damian Fair 페어는 자폐증에 대한 연구에서 fMRI를 활용해 마치 지문처럼 개인별로 고유한 뇌 활동 패턴인 '커넥토타입'을 조사해, 이것이 개인의 마음이 어떻게 작용하는지 결정하는 뇌 활동의 뚜렷한 패턴을 나타낸다고 밝혔다. 페어는 자폐증 환자의 경우 이러한 연결 유형이 어떻게 일반인과 비슷하거나 다른지 이해하고자 하며, 자폐증의 근본적인 생물학적 특성을 명확히 알고자 한다.

비앙카 존스말린Bianca Jones-Marlin 부모가 아이의 발달에 어떤 영향을 주는지 관심이 많았던 존스말린은 박사 과정 동안 새끼 쥐의 울음소리를 듣는 어미 쥐의 뇌에서 '사랑 호르몬'인 옥시토신이 실제로 '볼륨을 높일 수 있다'는 사실을 발견했다. 어미가 아닌 쥐라도 여분의 옥시토신이 주어지면 그렇지 않은 쥐에 비해 새끼 쥐에게 반응해 돌봐줄 가능성이 높아졌다. 그러니 엄마가 당신을 사랑하지 않은 게 아니라, 충분히 시끄럽게 울지 않았을 뿐이다.

DSM ▶ 진단 및 통계 편람

오랫동안 우리에게는 정신 건강 문제를 진단하는 명확한 방법이 없었다. 1840년에 시행된 미국 인구 조사는 모든 정신 질환자를 단순히 '바보/미치광이'라는 하나의 범주로 분류했다. 하지만 불행히도 이 통계는 쓸모없었다. 범주가 지나치게 잘못 정의되었을 뿐 아니라 몇몇 인구 조사자가 모든 아프리카계 미국인을 '미친' 사람으로 분류했기 때문이다. 그로부터 40년 후 새로 생긴 미국정신의학회는 22가지 서로 다른 정신 건강 진단을 표준화한 통계 매뉴얼을 개발해, 정신 질환 담당 기관에서 사용하도록 했다. 의사들은 환자를 진단하기 위해 이 매뉴얼을 사용하기 시작했다. 비록 원래 주된 목적은 정신병원에서 환자에 대한 정확한 통계를 얻는 것이었지만 말이다. 이것이 오늘날 '정신의학계의 성경'인 DSM의 전신이다.

미친 세상

의사들은 이전에 건강했던 완전히 평균적인 남성들이 제2차 세계 대전의 참상을 목격한 후 심리적 문제들을 경험하고 있다는 사실을 알아차리기 시작했다. 놀랍게도 프로이트의 대화 치료 기법은 당시 지배적 이론이었던 정신 문제를 신체적 건강 문제로 치료하려는 방법에 비해 정신적 충격을 받은 군인들에게 더 효과적인 것으로 보였다. 이것은 정신병리학에 대한 관점을 완전히 바꿔놓았고, 정신 건강 장애와 신체적 건강 문제를 구별하는 데 도움을 주었다.

1952년 미국정신의학회는 최초의 정신 질환 진단 및 통계 매뉴얼DSM을 발표했다. 이 DSM 초판은 106종류의 정신 질환을 다루었는데, 실제로 임상의가 진단 목적으로 활용하도록 만들어졌다. 만약 당신이 미국의 의료 전문가라면 DSM을 접했을 것이다 (미국에서 근무하지 않는다면 아마 세계보건기구에서 만든 비슷한 매뉴얼 ICD를 사용할 가능성이 높다). 이것은 오늘날 우리가 이해하는 정신 장애를 진단하는 데 사용되는 설명, 증상, 기준의 모음집이다.

처음 발간된 이후 DSM은 여러 번 개정을 거쳤는데, 새로운 판본이 나올 때마다 상당한 변화가 있는 경우가 많았다(최신 버전은 2013년에 출간되었다). 다른 의학 관련 문서와 마찬가지로 DSM은 살아 있는 문서다. 연구자들이 새로운 발견을 하고 더 많은 연구를 수행하며 더 다양한 관점을 통합하면서 DSM은 계속 변화하고 있다. 현재 신경 다양성에 대한 우리의 지식이 진화 중이기 때문에 이 매뉴얼은 아직 불완전하지만, 그래도 여전히 가치 있고 유용하다!

DSM이 옳았던 것

DSM은 복잡한 인간의 행동을 적절히 분류하기 위한 최선의 노력이 일궈낸 결과다 (적어도 미국에서는). 이 매뉴얼은 임상의와 연구자들이 환자의 상태를 개념화하기 위한 구조와 공통 언어를 제공하는 풍부한 정보원이다. 이것이 없다면 우리는 정신 질환을 즉흥적으로만 다룰 것이다! 하지만 최근에는 DSM이 사람을 과잉 진단하게 한다는 비판이 반복적으로 제기되고 있다. 그래서 이제는 진단을 이행하는 데 '임상적으로 심각한 고통과 기능 장애'를 요구함으로써 환자의 관점을 강조한다. DSM은 살아 있는 문서이기 때문에 정신의학의 전부이자 최종판이라고 할 수는 없다. 하지만 이 매뉴얼은 끊임없이 성장을 촉진하며 연구자들이 가진 지식의 틈새를 지적해 이 분야의 연구가 계속되도록 북돋운다.

DSM이 틀린 점

가장 유명한 것은 DSM이 동성애를 장애로 분류했다는 점이다. 당시에는 그것이 인간 섹슈얼리티의 일반적 변이라기보다 '성적 도착'으로 여겨졌다. 하지만 1970년대 동성애자 인권 운동가들의 끈질긴 노력 덕분에 이 부분이 삭제되었다. 그리고 2013년에 출간된 DSM-5까지 여성들이 거식증으로 진단받으려면 최소한 생리 주기를 세 번은 건너뛰어야 했다. 이 기준은 생리를 계속하는 여성들을 제외했으며, 남성은 거식증에 걸릴 수 없다는 오해를 불러일으켰다. 여성에 대해 말하자면, 1980년대까지 '히스테리'를 DSM에서 진단했다. 히스테리는 고통을 겪는 여성들에게 포괄적으로 내려지던 진단명인데, 이것은 먼 옛날부터 전해 내려오는 자궁과 관련 있다는 믿음 때문이었다. 치료법은 무엇이었을까? 오르가슴이었다. 그뿐만 아니라 이전에 다중 인격 장애라고 불렀던 해리성 정체감 장애는 여전히 DSM에 있지만, 현재 논란거리가 되고 있다. 환자가 인위적으로 자신의 다른 페르소나를 만들거나 치료사에 의해 그 증상이 유발될 가능성이 크기 때문이다. 그래서 머지않아 DSM에서 사라질 것으로 보인다! 이처럼 우리는 정신의학에 대해 때때로 잘못 아는 경우가 있지만, 그래도 많이 배울수록 성장하고 변화를 겪는 것은 분명하다.

과잉 투약

미국인 6명 중 1명은 정신과 약을 복용한다. 오해하지 말아야 할 사실은 약물이 매우 효과적일 수 있다는 것이다. 하지만 특정 향정신성 의약품 투여량이 급속히 증가하면서 의사가 환자에게 과잉 투약하는 것 아닌가 하는 우려를 불러일으켰다. 1950년대에는 할돌Haldol과 소라진Thorazine 같은 향정신성 약물이 조현병을 치료하는 데 효과적인 것처럼 보였다. 하지만 응급실이나 정신병원에서 직원들이 다루기 쉽도록 '제멋대로인' 환자에게 이 약물을 과다 사용하곤 했다. 그것이 효과 있다는 결정적 증거가 없고 오히려 사망 위험을 높이는데도 여전히 '통제하기 어려운' 치매 환자들에게 향정신성 약물을 과다 처방하는 요양병원이 있어 우려스럽다. 심지어 어린이도 예외가 아니다. 어린 조니가 좀 흥분했다는 이유만으로 리탈린Ritalin이나 애더럴Adderall 같은 정신자극제를 과다 처방해도 괜찮을까? 미국에서 200만 명 넘는 어린이가 주의력결핍 과다행동 장애ADHD 약을 받고 있으며, 미취학 아동도 있다. 왜 이런 일이 벌어질까? 정신과 의사, 제약 회사, 보험 회사 모두 책임이 있다. 미국에서 제약 회사는 소비자에게 직접 광고를 할 수 있으며, 치료를 통한 보상보다 약을 통한 보상이 크고 용이해 더 쉽게 선택되는 경향이 있다. 그리고 정신과 의사들은 심리 치료를 하는 것보다(아마도 하기는 할 것이다) 약을 처방해야 돈을 훨씬 많이 번다. 우리가 이 패턴을 바꾸고 싶다면, 재정적 인센티브를 주는 구조를 바꿀 필요가 있다.

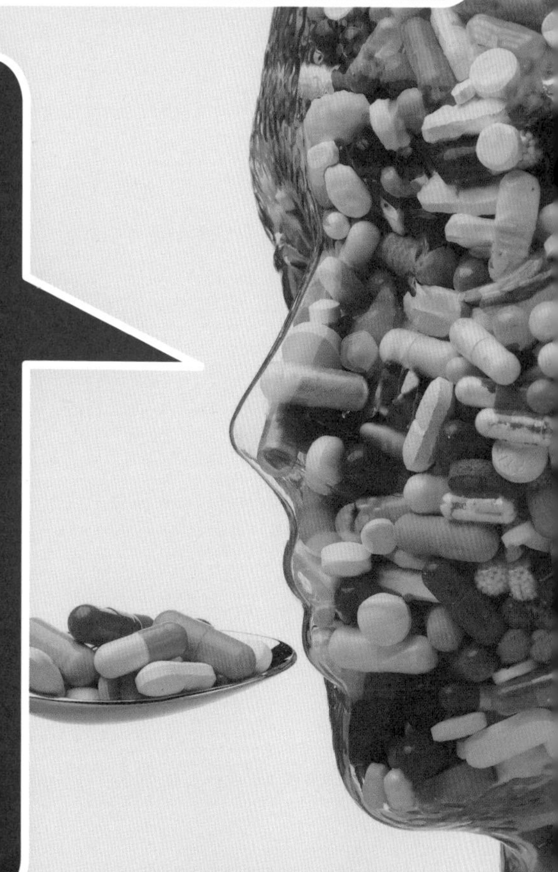

PART TWO

중뇌

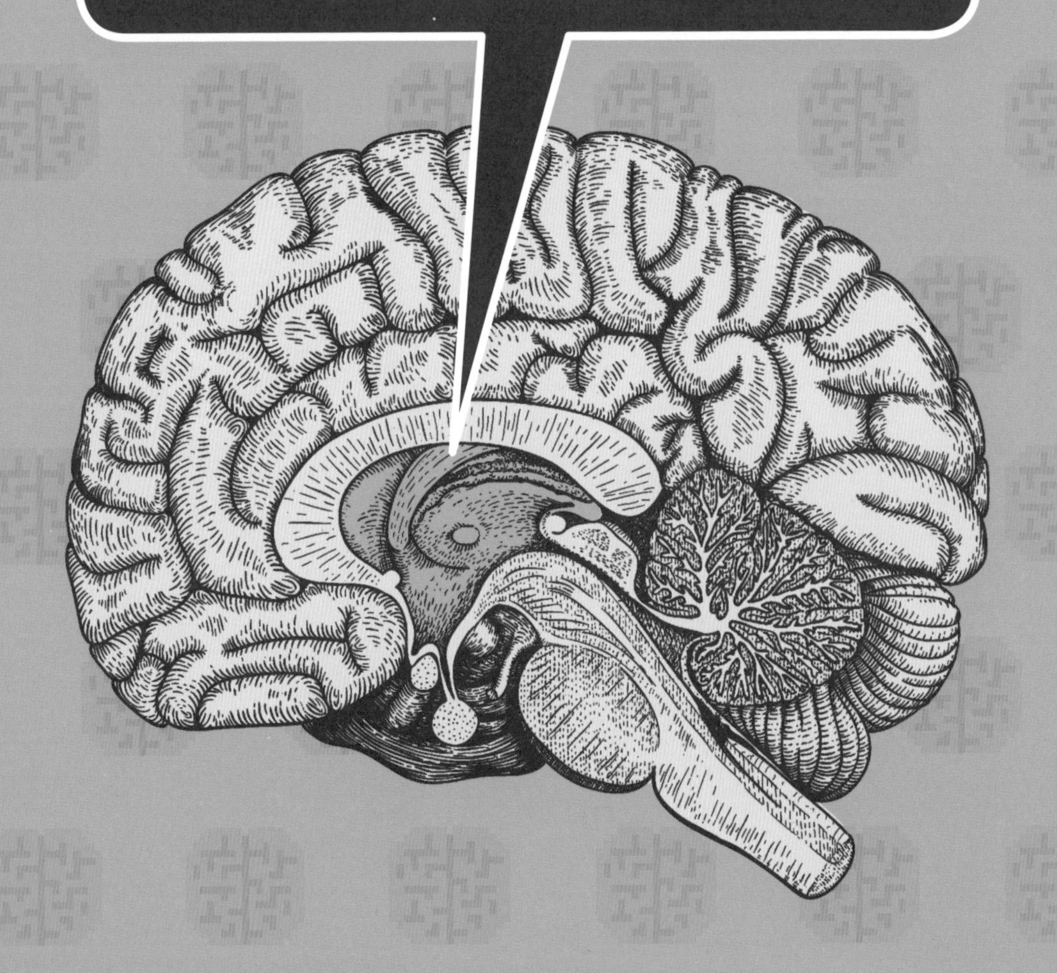

만약 귀와 귀 사이에 자리한 크고 아름다운 뇌를 직접 볼 수 있다면, 중뇌는 뇌간 맨 위에 있을 것이다. 이곳은 보기와 듣기, 수면, 운동 조절, 체온 조절 같은 여러 중요한 신체 기능을 감독하는 역할을 한다.

이 책에서는 중간에 있는 이 뇌를 '중뇌'라고 할 것이다. 이제 과거에서 한 발짝 벗어나, 당신의 뇌에 대해 알려진 지식에 초점을 맞출 것이다. 그리고 과학자들이 뇌의 작동 방식에 대해 알고 있는 것을 살필 예정이다.

이어지는 장들에서는 사람의 다섯 가지 감각을 탐구해 '감각 경험'에 대해 알아볼 것이다. 그 과정에서 우리가 몰랐던 한두 가지 감각을 추가로 알게 될지도 모른다. 우리의 뇌는 어떻게 빛을 색깔과 얼굴 생김새로 변환하고, 가끔은 존재하지 않는 얼굴이나 패턴을 인식할까? 감각 경험은 언어적 사고와 어떤 관계가 있을까? 인간의 후각은 여러 동물이 가진 후각과 어떻게 다를까?

또한 우리는 몇 가지 더 깊은 주제(때때로 말 그대로 뇌 깊은 곳에 자리한 구조들)에 대해 이야기하는 과정에서 물컹대고 커다란 두뇌를 가진 우리가 인간이 된다는 것이 어떤 의미인지 생각해볼 것이다. 과학자들은 기억이 어디에 어떻게 저장되는지 얼마나 알고 있으며 어떻게 그 지식을 얻었을까? 우리는 왜 인생의 3분의 1을 자면서 보내고, 잠을 자지 못하면 죽을까? 사랑이란 무엇일까?(그리고 왜 우리는 때때로 기꺼이 상처받으려 할까?)

이 질문들 가운데 어떤 것도 대답하기 쉽지 않지만, 과학자들은 꽤 잘 해냈고, 그 과정에서 몇 가지 흥미로운 답을 찾았다. 그리고 우리의 뇌가 어떻게 작동하는지 알아내기 위해 거칠고 이상한 방식으로 뇌를 이용했다는 점에 대해서는 너무 깊이 생각하지 마라. 그저 지금까지 알아낸 것에만 집중하자.

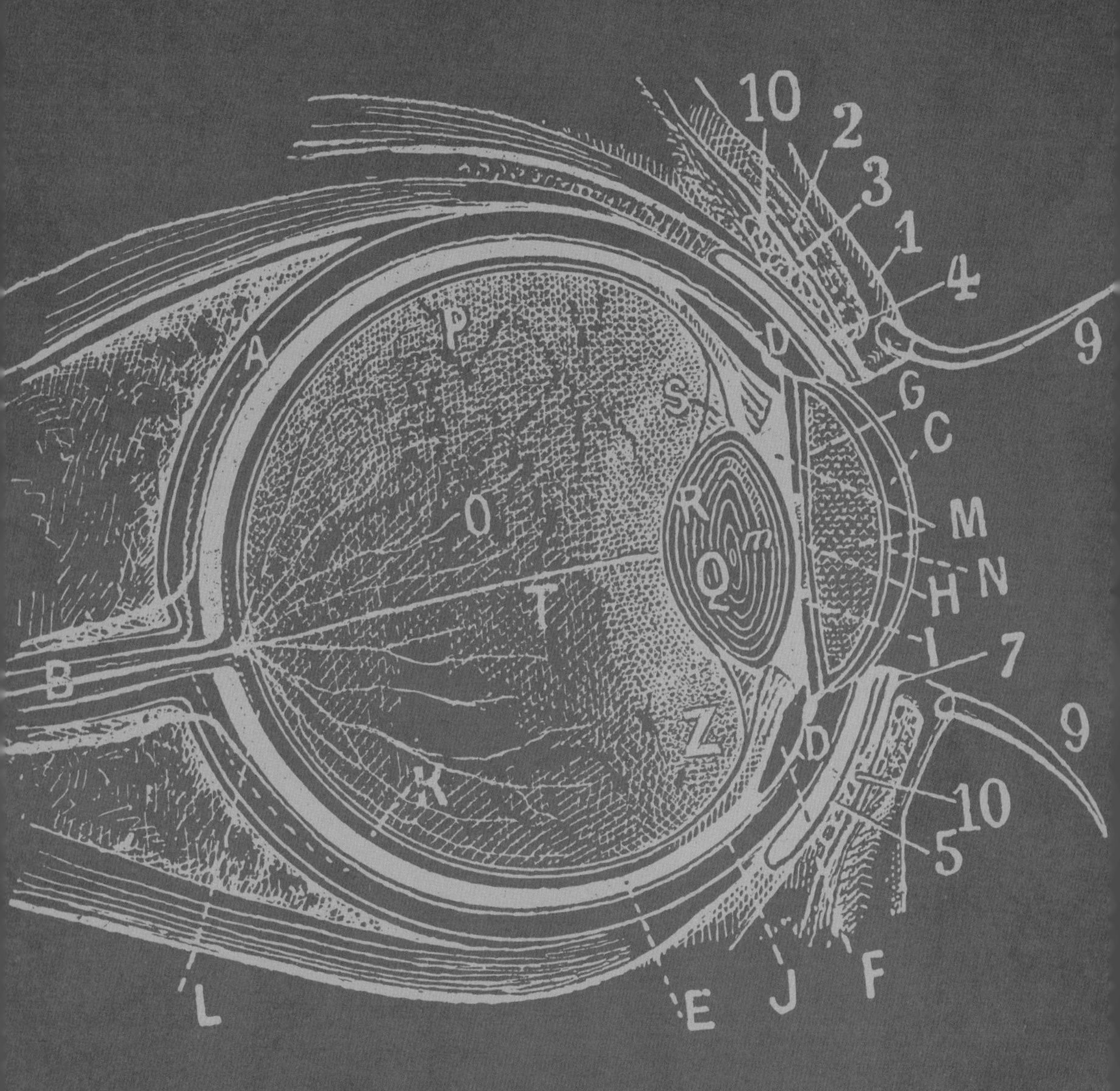
10
2
3
1
4
9
A
P
D
S
G
C
R
M
O
Q
N
H
T
B
I
7
9
Z
D
K
10
5
L
E
J
F

CHAPTER 8

이제 똑똑히 보여요! (아닐 수도 있지만)

시각은 보는 사람의 눈에 따라 다르다. 모든 생물 종이 시각을 가진 것은 아니며, 심지어 같은 종 안에서도 상당한 변이가 존재한다. (색맹에 대해 들어본 적 있는가? 안면실인증에 대해서는 들어보았는가?) 그래도 시각은 인간이 지닌 감각 가운데 가장 고도로 발달하고 우리가 가장 잘 알고 있는 감각이다.

시각은 너무나 놀라운 감각이다. 찰스 다윈Charles Darwin조차 눈의 진화를 자연선택에 의해 설명하는 게 거의 불가능하다고 여겼다. 하지만 시각이 진화하면서 단순한 빛 감지 기관에서 머릿속에 들어 있는 복잡하고 아름다운 눈이 탄생했다.

빛이 눈에 들어오면 수정체를 통과해 눈의 뒤쪽에 부딪히는데, 여기서 빛은 망막의 뉴런을 통해 시신경을 거쳐 뇌 뒤쪽까지 연쇄적 신호를 발생시켜 처리한다. 뇌는 시각적 입력 신호를 색상, 선, 움직임 같은 구성 요소로 분해한 다음, 우리의 기억과 경험을 활용해 의미 있는 것으로 재구성한다.

시각은 우리가 세상과 상호작용하고 그것에 대한 정보를 수집하는 주요 방법 가운데 하나다. 우리는 눈을 사용해 차를 운전하고, 책을 읽고, 아기와 까꿍 놀이를 한다.

하지만 시각은 우리의 유일한 감각이 아니다. 그리고 아주 놀라운 적응으로 이어지는 완벽한 시스템도 아니다!

한눈에 알아보자!

시각은 보는 사람의 눈에서 시작해, 머릿속을 여행하면서 다음 단계의 처리를 거친다.
다음은 뇌가 빛의 광자를 정신적 이미지로 바꾸는 경로다.

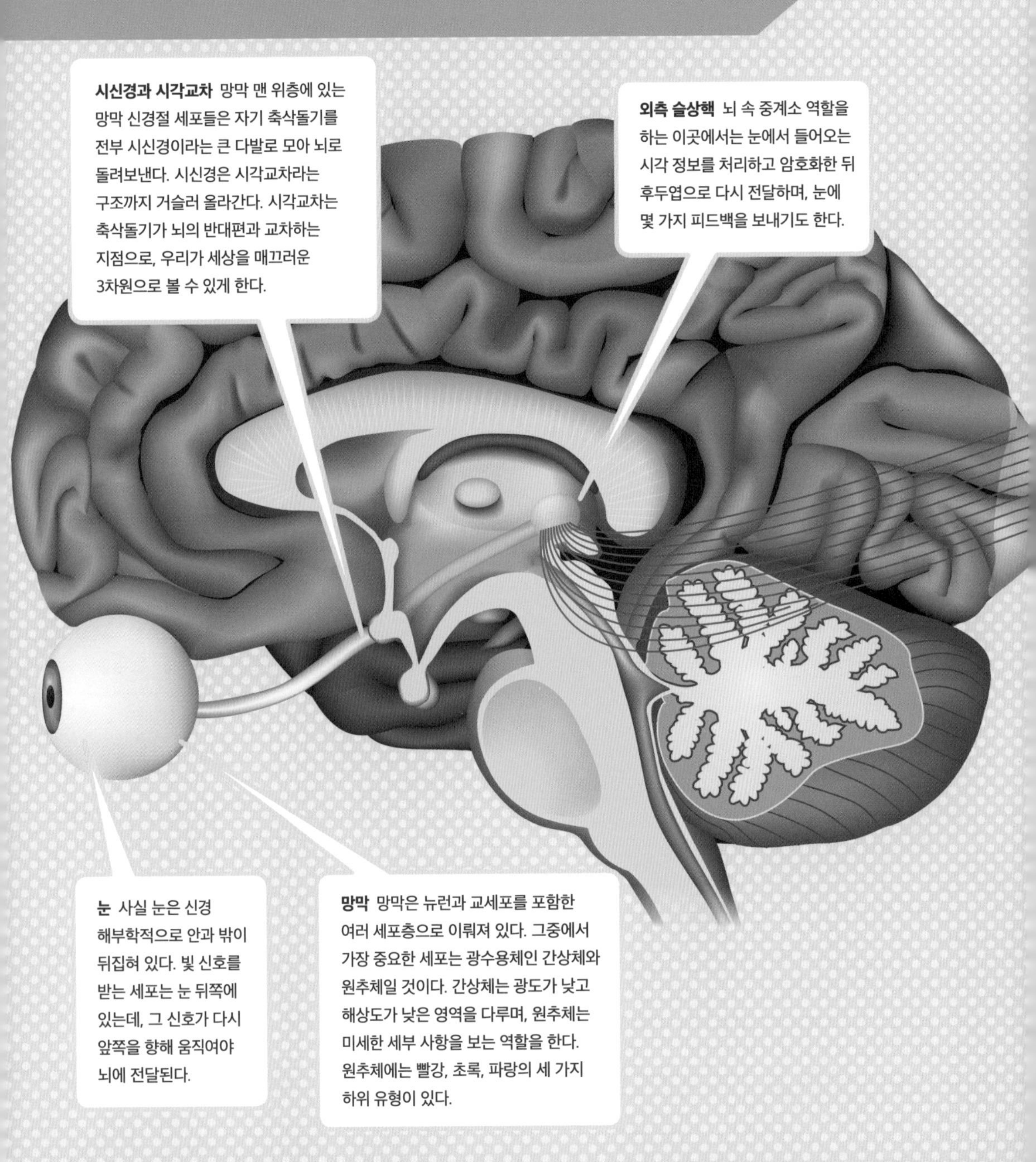

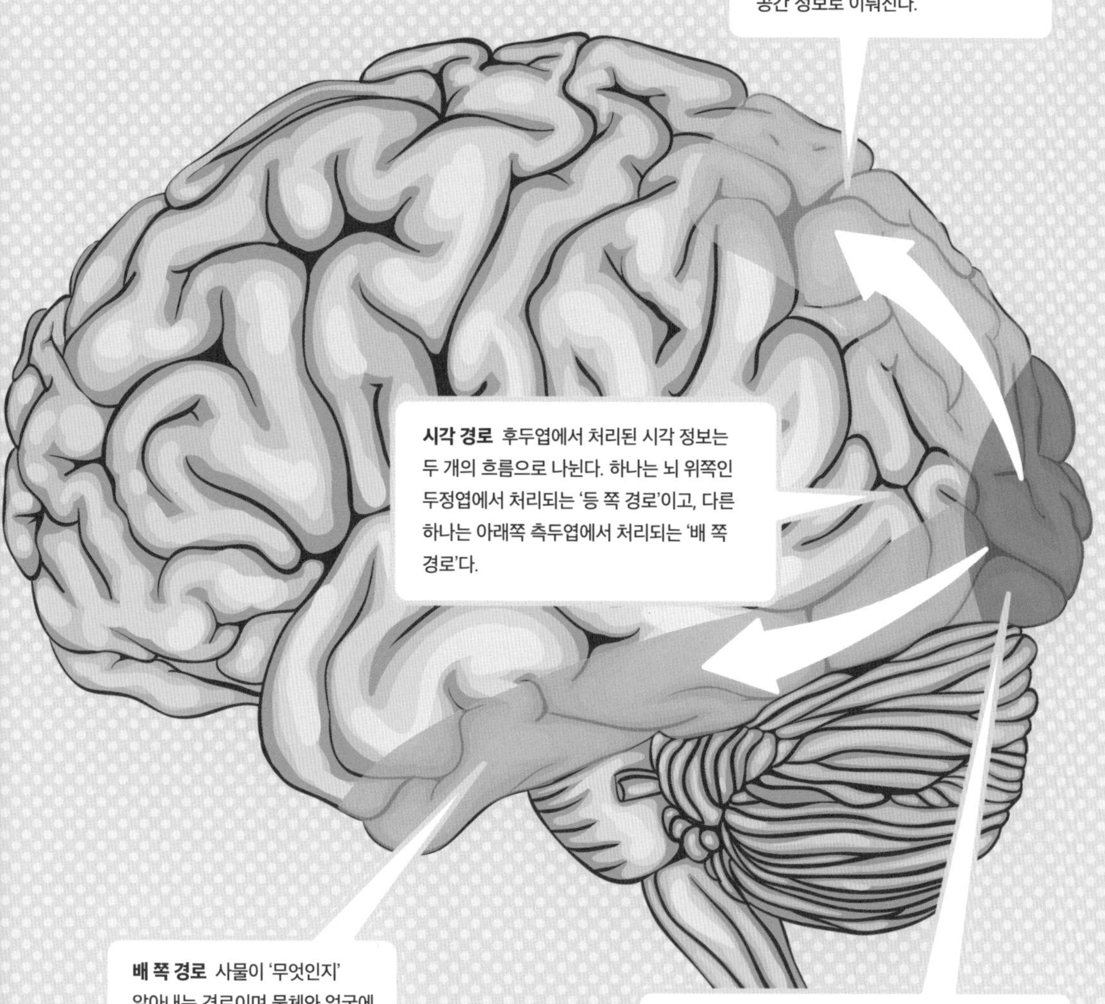
등 쪽 경로 무엇이 '어디에 있는지' 알아내는 경로이며 뇌가 공간에 있는 사물을 처리하는 영역이다. 이 경로는 사물의 움직임을 보는 데 도움이 되며, 대부분 무의식적으로 암호화된 재빠른 공간 정보로 이뤄진다.
시각 경로 후두엽에서 처리된 시각 정보는 두 개의 흐름으로 나뉜다. 하나는 뇌 위쪽인 두정엽에서 처리되는 '등 쪽 경로'이고, 다른 하나는 아래쪽 측두엽에서 처리되는 '배 쪽 경로'다.
배 쪽 경로 사물이 '무엇인지' 알아내는 경로이며 물체와 얼굴에 대한 인식을 담당한다. 이곳에서 이뤄지는 처리는 보다 느리고 신중하며, 기억 체계와 밀접하게 연결되어 있다.
후두엽(V1이라고도 함) 시각적 공간 지도가 각인되어 있는 V1(Visual One)에서는 주관적 시각 공간의 한 점과 뇌의 한 위치 사이에 정확한 대응 관계를 이룬다. 이곳 세포들은 방향이나 색깔 같은 특정한 시각적 특성에 반응하도록 암호화되어 있다.

색깔로 세상을 보다

그녀는 무지갯빛

색에 대한 지각은 꽤 놀랍다. 우리는 눈에 있는 세 가지 종류의 세포, 즉 빨강, 초록, 파랑의 원추세포 덕분에 가시광선 스펙트럼의 모든 색을 볼 수 있다. 어쩌면 이 세 가지 유형만 갖고 있기 때문에 '눈에 보이는' 스펙트럼만 감지할 수 있다는 것이 더 정확한 표현일 것이다. 다른 종들은 우리가 볼 수 있는 범위를 넘어서는 온갖 만화경 속 색깔에 대한 모든 종류의 광수용체를 갖고 있기 때문이다.

광수용체에 관한 한, 우리의 뉴런은 본질적으로 가시광선을 신경 전달 물질로 사용한다. 우리의 광수용체는 옵신opsin이라는, 빛에 민감한 단백질을 포함하고 있으며 옵신이 빛의 광자를 흡수할 때 원추세포 내에서는 뉴런에서 신호가 촉발되도록 하는 일련의 사건을 일으킨다. 원추세포 중에서 약 60퍼센트는 560나노미터의 파장에서 빛에 반응하는 적색 원추세포이고, 나머지 30퍼센트는 530나노미터의 파장에서 반응하는 녹색 원추세포다. 그리고 원추세포 가운데 10퍼센트 정도가 약 430나노미터의 파장에서 가장 높은 반응을 보이는 청색 원추세포다. 간상세포와 함께, 망막의 뉴런은 약 400나노미터에서 700나노미터 사이 빛에 반응해 우리의 시각 스펙트럼을 만든다.

빛을 볼 수 없다면…

하지만 이 모든 색을 볼 수 없다면 어떻게 될까? 특정 유전자 변이가 생긴 몇몇 사람은 이러한 원추세포 가운데 하나 이상을 잃거나 원추세포가 제대로 작동하지 않는다. 그러면 특정한 파장의 빛이 눈에서 정확하게 감지되지 않으며 정보를 뇌로 보내지 못하기 때문에 본질적으로 이들의 시야에 틈이 생긴다.

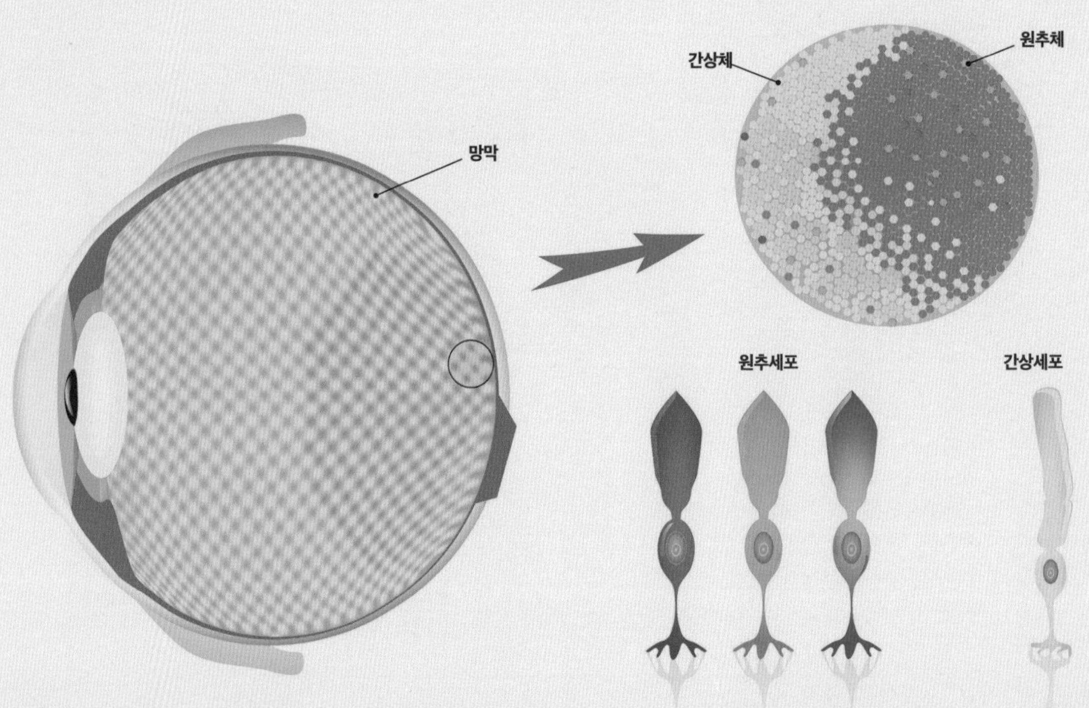

완전히 색맹인 사람은 매우 드물다. 즉, 제대로 기능하는 원추세포가 없어서 색을 전혀 볼 수 없는 사람은 거의 없다. 그보다는 '적록색맹'이 가장 흔하다. 하지만 이 색맹을 가진 사람들이 빨간색이나 초록색을 전혀 볼 수 없다는 뜻은 아니다. 단지 두 색을 구별하기가 훨씬 어렵다는 것이다. 그래서 대부분 사람은 사과가 빨간색인지 초록색인지 쉽게 구별할 수 있지만 색맹인 사람은 먼저 한 입 베어 물어야만 그 색을 구별할 수 있다.

더욱 향상된 시각

이제 색맹의 반대 방향으로 가보자. 생물은 더 많은 색을 볼 수 있을까? 가능한 듯하다. 갯가재는 광수용체가 16개나 된다. 광수용체가 이렇게 많으니 색을 구별하는 능력이 뛰어나야 할 것 같지만, 사실은 조금 다르다. 갯가재는 실제로 인간이 볼 수 없는 빛의 다른 특성들을 볼 수 있다. 예컨대 자외선을 볼 수 있다. 어쩌면 갯가재에게는 매일이 광란의 파티와 같을 것이다. 동시에 갯가재는 편광된 빛도 볼 수 있다. 당신은 가로로 진동하는 빛의 파장을 차단해 도로 같은 표면의 눈부심을 줄이는 편광 선글라스에 대해 알 것이다. 과학자들은 갯가재가 빛의 편광을 추적해 주변 환경에서 방향을 찾고 제 갈 길을 계속 유지한다고 생각한다.

색맹 선글라스는 어떻게 작동하는가?

크고 화려하며 어두운 선글라스를 받은 사람들이 그것을 착용하자마자 즉시 울음을 터뜨리는 영상을 봤을지 모르겠다. 이 선글라스는 색맹인 사람들이 빨간색과 초록색을 더 잘 구별하기 위해 일부 파장의 빛을 걸러내는 역할을 한다고 선전하고 있다. 정말 그런 효과가 있을까? 어느 정도는 그렇다. 이 선글라스는 원래 색맹이 있는 사람이 빨간색과 초록색을 더 쉽게 구별할 수 있도록 두 색 사이에 대비를 높이는 방식으로 작동한다. 하지만 실제로 제 기능을 하지 못해 색맹을 일으키는 원추세포를 완전히 복구할 수 없으며 필터 때문에 광파에서 다른 색들에 대한 정보를 제거한다. 그리고 색맹의 경우 원인이 모두 같은 것은 아니다. 그래서 한 사람에 맞게 색 사이의 대비를 증가시키면 다른 사람은 색을 구별하기가 더 어려울 수도 있다. 색맹을 가진 사람이 화려하고 비싼 선글라스를 끼고 보는 광경은 색맹이 아닌 사람들이 보는 광경과 다르다. 하지만 선글라스를 착용한 영상을 보면 여전히 우리의 시각에 꽤 큰 영향을 미치는 것은 분명하다!

시각을 잃으면

눈에서 멀어지다!

시력을 잃으면 어떤 일이 일어날까? 우리는 시각적 동물이므로, 보통 보는 능력에 상당히 의존한다. 하지만 그렇다고 시각 없는 삶에 적응할 수 없다는 뜻은 아니다. 사람은 온갖 종류의 원인으로 시각 장애인이 될 수 있다. 눈알이나 시각 시스템의 선천적 문제를 타고날 수도 있고, 질병이나 부상으로 시력을 잃을 수도 있다. 하지만 실명이 단지 눈에 문제가 생겨서 나타나는 것만은 아니다. 후두엽에 손상을 입으면, 눈이 멀쩡한데도 시력의 일부를 잃을 수 있다.

하지만 우리의 두뇌는 멋지고 매우 강력하다. 마블 히어로 영화 속 '데어데블'처럼 시각을 제외한 다른 감각이 더 발달할 수 있다. 우리의 뇌는 가소성을 가져, 새로운 뉴런을 자라게 할 수는 없지만 시력을 잃은 상황에 적응할 수 있고, 결과적으로 다른 감각의 일부를 더 강화시킬 수 있다.

그래서 어떻게 된다는 거야?

예컨대 어려서부터 시각 장애인이었던 사람은 청각적 변별력이 뛰어나다고 알려져 있다. 이들은 시력을 가진 사람에 비해 비슷한 소리의 차이를 훨씬 더 쉽게 들을 수 있다. 또한 이 사고성은 당신의 뇌가 때때로 시각 피질을 다른 목적으로 전용할 수 있다는 것을 의미한다. 한 연구에 따르면 앞이 안 보이는 사람은 언어와 청각 정보에 반응해 후두엽이 활동을 한다. 이들의 청각이 시각 피질을 차지하기 위해 몰래 끼어드는 것이다. 말이 되는 것 같다. 시각이 없는 상태에서 후두엽 피질은 뇌가 사용하고자 하는 주요 부동산이 된다. 그리고 우리의 뇌는 기존 시스템을 재사용하는 데 능숙해 이 주요 시각 피질을 바로 이용하는 데 문제가 없다.

여기에 메아리가 있나요?

앞서 말한 데어데블 이야기는 결코 농담이 아니다. 시각 장애인 중 일부는 말 그대로 반향 정위를 활용해 주변을 탐색한다. 소리는 빛과 같아 표면에서 튕겨나가 공간에 대한 정보를 제공할 수 있다. 예컨대 주변에 높은 천장이 있는지, 가장자리 근처에 있는지 등을 알 수 있다.
그리고 어떤 시각 장애인은 실제로 딱딱거리는 클릭음 내는 법을 스스로 익힌다. 이 원리를
자신에게 유리하도록 이용하기 위해서다.
이 장애인들은 이렇게 얻은 감각이 시각과 비슷하다고 묘사한다. 주변에 무엇이 있는지 실제 공간 정보를 제공하기 때문이다.

뇌의 반향 정위 활동을 관찰한 연구에 따르면 이것은 신경학적 차원에서도 정확하다. 시각 장애인들은 반향 정위 능력을 사용할 때, 청각 뇌 영역에 비해 시각 뇌 영역에서 많은 활동을 한다. 이것은 이들이 실제로 시각적 기전을 활용해 물리적 공간을 탐색한다는 사실을 말해준다.

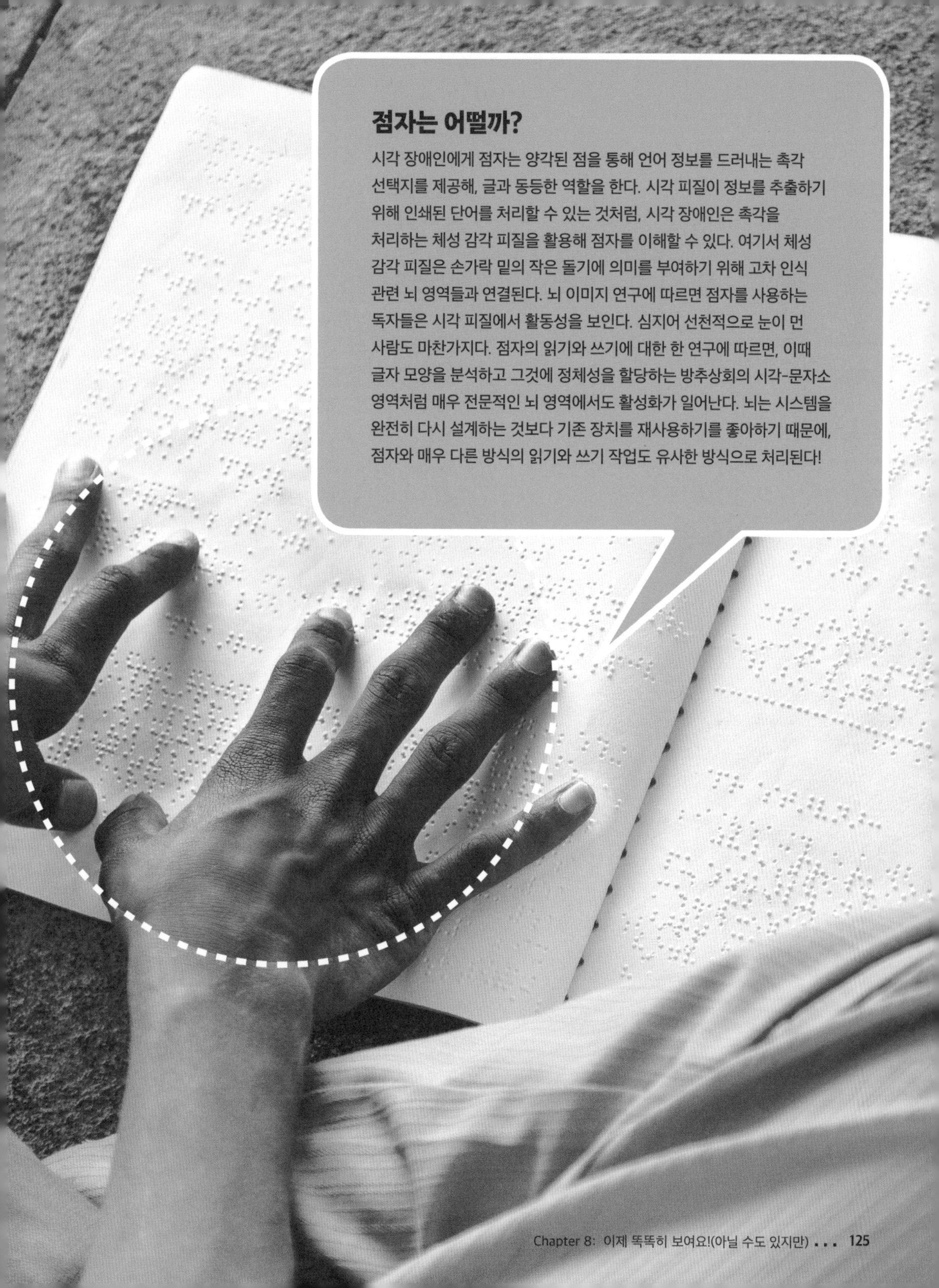

점자는 어떨까?

시각 장애인에게 점자는 양각된 점을 통해 언어 정보를 드러내는 촉각 선택지를 제공해, 글과 동등한 역할을 한다. 시각 피질이 정보를 추출하기 위해 인쇄된 단어를 처리할 수 있는 것처럼, 시각 장애인은 촉각을 처리하는 체성 감각 피질을 활용해 점자를 이해할 수 있다. 여기서 체성 감각 피질은 손가락 밑의 작은 돌기에 의미를 부여하기 위해 고차 인식 관련 뇌 영역들과 연결된다. 뇌 이미지 연구에 따르면 점자를 사용하는 독자들은 시각 피질에서 활동성을 보인다. 심지어 선천적으로 눈이 먼 사람도 마찬가지다. 점자의 읽기와 쓰기에 대한 한 연구에 따르면, 이때 글자 모양을 분석하고 그것에 정체성을 할당하는 방추상회의 시각-문자소 영역처럼 매우 전문적인 뇌 영역에서도 활성화가 일어난다. 뇌는 시스템을 완전히 다시 설계하는 것보다 기존 장치를 재사용하기를 좋아하기 때문에, 점자와 매우 다른 방식의 읽기와 쓰기 작업도 유사한 방식으로 처리된다!

환각에 대해 알아보자!

내가 보고 있는 것을 보고 있나요?

환각은 청각, 촉각, 미각을 비롯한 거의 모든 감각에서 일어날 수 있다. 하지만 우리가 미디어에서 가장 자주 접하는 환각은 대개 정신 활성 물질을 섭취해서 나타나는 시각적 환각일 것이다. 그러나 약물만 시각적 환각을 일으키는 것은 아니다. 그리고 이 기묘한 현상들은 아주 흥미로운 신경생물학적 기초 원리를 토대로 한다.

어떤 시각적 착각과 지각은 '내시 현상' 같은 환각으로 오인되곤 한다. 기본적으로 조명 조건이 갖춰지면 때로 눈 속 물체들을 볼 수 있다. 그러나 지금 무슨 일이 일어나고 있는지 깨닫지 못하면, 뭔가 이상한 환각을 보고 있다고 여길지도 모른다. 안구 안에서 움직이는 단백질 덩어리나 적혈구 때문에 부유물이 발생하는 경우는 흔하며, 눈 혈관에서 움직이는 울퉁불퉁한 백혈구 때문에 밝은 점이 보이는 '블루필드 내시 현상 blue field entoptic phenomenon'도 나타난다.

달 표면의 사람

파레이돌리아(변상증)는 환각과 유사한 시각적 현상이다. 이것은 우리가 무생물에서 형태나 패턴, 얼굴을 보는 경향을 말한다. 예컨대 토끼 모양 구름이나 달 표면에서 사람 형상을 보는 것, 또는 한때 유명했던 '화성의 사람 얼굴'처럼 잠시 음모론에 먹이를 던져준 무해한 현상들이 그렇다. 이런 현상이 일어나는 이유는 아마도 우리의 뇌가 지름길로 가는 것을 좋아하기 때문일 것이다.

우리 뇌는 시스템에 들어오는 새로운 시각 정보들을 모두 완전히 처리하고 분석해야 한다. 따라서 우리가 보는 모든 것에 패턴이나 얼굴처럼 쉽게 알아볼 수 있는 것을 적용해 정보를 빠르게 추적하는 경향이 있다. 사회적 종인 인간의 뇌는 얼굴과 감정 상태를 빠르게 인식하도록 진화했기 때문에, 대상을 볼 때 거의 무의식적으로 천체에서 얼굴을 보게 된다. 이런 능력은 꽤 중요하지만, 때로 행성의 암반층을 보고 겁을 집어먹을 수도 있다.

진정한 환각이란 무엇인가?

'진정한' 시각적 환각이란 자극이 없을 때 어떤 시각적 정보를 인지하는 사람이 얻는 결과를 말한다. 기본적으로 뇌는 원단으로 무언가를 만들어낸다. 이런 현상은 LSD 같은(바로 옆에서 더 자세히 살필 수 있다) 환각 물질을 사용할 때 일어날 수 있다. 하지만 그것이 유일한 원인은 아니다. 가끔은 뇌 스스로 환각을 일으키기도 한다!

루이소체 치매LSD로 인한 신경쇠약 같은 뇌 손상이나 조현병 같은 특정한 신경학적 질환도 시각적 환각을 일으킬 수 있다. 수면 부족이나 감각 박탈 같은 보다 일반적인 상황도 환각을 일으킨다. 심지어 시각 장애가 있는 사람도 때때로 찰스 보닛 증후군Charles Bonnet syndrome이라고 알려진 시각적 환각을 경험한다.

시각적 환각은 빛, 색, 기하학적 모양이 포함된 단순한 것일 수도 있고, 사람이나 동물, 심지어 완전한 어떤 장면이 포함된 복잡한 것일 수도 있다. 치매 환자를 연구한 결과 환각은 뇌에서 도파민 신호 전달과 관련이 있는 듯하다. 어쩌면 세로토닌 신호 전달과 관련 있을 수도 있다. 세로토닌 수치나 수용체에 작용해 환각을 유도하는 여러 약물이 있기 때문이다.

어쩌면 당신은 환각이 일어나는 것을 뇌가 지나치게 활동적이라는 의미로 여길지도 모른다. 마치 시각 피질의 뉴런이 너무 많은 신호를 보내 잘못된 시각 정보를 만드는 것처럼 말이다. 하지만 환각제를 사용한 연구에 따르면, 시각 시스템이 제대로 작동하지 않고 활동이 약화되었을 때 뇌는 환각을 일으킬 수 있다. 잃어버린 정보를 채우려 하기 때문이다. 뇌는 정보를 잃어버리면 막 지루해져서 계속 바빠지기 위해 무언가를 만들기 시작하는 것이다!

LSD에 빠진 당신의 뇌

정체: '애시드'라고도 하는 리세르그산 디에틸아미드lysergic acid diethylamide, LSD.
비슷한 약물로 2C 계열의 약들, '마법 버섯', 메스칼린mescaline, 아야와스카ayahuasca 등이 있다.

약물의 종류: 환각제.

기능: 환각제는 감각을 크게 바꾸고 환각이나 심오한 영적, 종교적 경험을 유도할 수 있는 약물이다. LSD를 낮은 용량으로 복용하면 가벼운 행복감과 시각적 지각 변화를 일으킨다. 용량을 높이면 완전한 시각적 환각으로 이어질 수 있으며, 극도로 높은 용량에서는 시간 왜곡, 유체 이탈, 자아 감각 붕괴 등이 일어날 수 있다.

원리: LSD의 활성 성분은 화학 구조적으로 우리 뇌에 자연적으로 존재하는 전달 물질, 세로토닌과 유사하다. 이 약물은 뇌의 세로토닌 수용체에 결합한 다음 그 부위에 달라붙어 대부분 사람이 경험하는 '긴 여행(최대 12시간에 이르는)'을 이끈다고 여겨진다. 이 약물은 일종의 과도한 세로토닌 반응을 유도하고, 도파민을 포함한 다른 신경 전달 물질에 연쇄적으로 영향을 미친다.

위험성: LSD는 조현병을 비롯해 다른 심각한 정신 질환을 동반한 가족력이 있는 사람의 경우 급성 정신 질환을 일으킬 수 있다. 초기 연구 결과에 따르면 LSD를 1회분 복용하면 알코올 중독 환자의 알코올 소비를 줄이는 데 효과적이며, 불안과 우울증을 비롯한 기타 중독을 치료하는 잠재력이 있다.

CURTIS
ON
DOGS
EARS

CHAPTER 9

내 말 좀 들어봐요!

뭐라고? 지금 뭐라고 했죠? 말이 뒨다고? 아, 말 좀 들어보라고? 한쪽 귀에서 다른 쪽 귀까지, 우리의 청각 시스템은 소리의 물리적 진동을 우리가 이해할 수 있는 정보로 바꾸는 꽤 놀라운 일을 한다. 여기에는 우리가 사람 노릇을 하는 데 필요한 중요한 요소인 '말'이 포함된다!

우리의 뇌는 어떻게 공기 중에 있는 분자의 물리적 진동을 받아들여 그것을 뇌의 전기 신호로 바꿀까? 음, 원리는 의외로 간단하다.

소리는 귀에 도달하기 전 주변 공기 중에 있는 분자를 진동시키는 파동에서 시작해 청각 피질에서 처리하는 신경 신호로 변환된다. 소리는 머리 위를 날아다니는 비행기부터 탁탁거리는 키보드 소리, 무릎 위에 웅크리고 앉은 친근한 고양이의 울음소리에 이르기까지 주위 어디에나 존재한다. 소리는 세상에 대한 정보를 주고, 바로 눈앞에서 볼 수 없는 것들에 대해서도 알려준다.

하지만 소리는 주변 환경뿐만 아니라 타인에게서도 온다. 바로 언어다. 아마도 소리가 우리 삶에서 가장 큰 역할을 담당하는 것은 바로 언어일 것이다. 인간의 긴밀한 사회 공동체에서는 의사소통이 핵심이다. 몇몇 과학자는 언어가 주변 사람들과 더 깊이 연결되도록 해줘 우리가 하나의 종으로서 번창하는 데 필수적이었다고 믿는다. 몹시 추상적이고 거대한 주장처럼 들리지만, 지금도 당신과 연결되기 위해 언어를 사용하고 있지 않은가?

청각 처리 과정

어떻게 해서 소리는 하나의 파동에서 신체적 생동으로 전달될까? 진동은 복잡한 일련의 막, 액체, 뼈를 통해 전달되고 증폭되어 몇몇 뉴런에 도달한다. 청각 피질에 이르기까지 먼 길을 지나야 한다!

귀 귀 바깥쪽의 재미있게 생긴 연골 주름을 귓바퀴라고 한다. 귓바퀴는 음파를 잡아낸 뒤 이 파동을 증폭시키는 외이도로 보낸다.

귀뼈 망치뼈, 모루뼈, 등자뼈라는 세 개의 귀뼈가 서로 연결되어 있으며, 귀를 통해 소리 진동을 증폭시키는 지렛대 역할을 한다.

달팽이관 귀뼈를 지난 소리 진동은 달팽이관의 난원창이라 불리는 막으로 전달된다. 달팽이관을 뜻하는 영어 단어 cochlea는 라틴어로 '달팽이 껍데기'를 뜻한다. 이 작은 달팽이 모양의 구조물은 액체로 가득 차 있다. 소리가 등자뼈에 닿으면 이 뼈가 진동해 난원창을 밀어내며, 소리는 유체 속에서 이리저리 흔들리는 잔물결로 변해 전달된다.

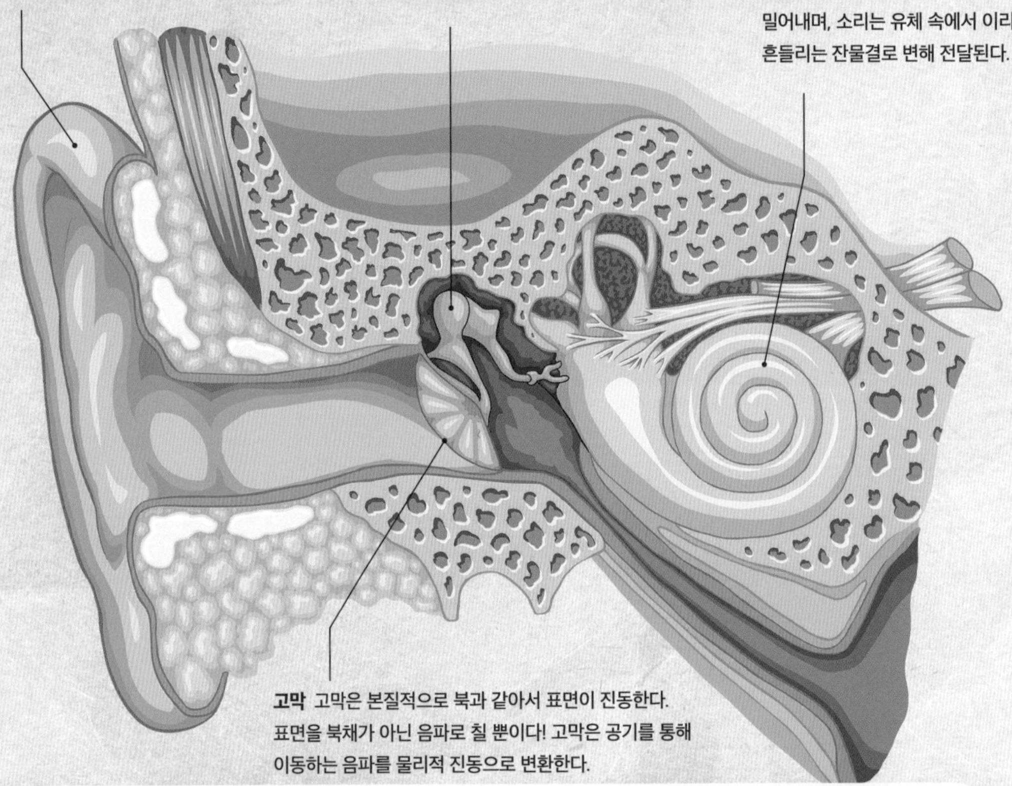

고막 고막은 본질적으로 북과 같아서 표면이 진동한다. 표면을 북채가 아닌 음파로 칠 뿐이다! 고막은 공기를 통해 이동하는 음파를 물리적 진동으로 변환한다.

벨이 울릴 때마다

부모님에게서 시끄러운 음악을 들으면 귀에 나쁜 영향을 준다는 말을 들어본 적이 있는가? 그건 결코 농담이 아니다. 큰 소음을 들으면 부동섬모가 손상되는데, 이것이 청력 손실로 이어진다. 만약 소음이 지나치게 크면 유모세포를 너무 세게 밀어내 부동섬모가 '홱 뒤집혀' 더 이상 기능을 하지 못한다. 그러면 나이가 들면서 청력 손실과 이명으로 이어질 수 있다. 하지만 이것이 이명을 일으키는 유일한 원인은 아니다. 귀에서 윙윙거리는 소리가 난다면 손상 또는 염증 때문이거나 외이도 또는 뇌 사이 어딘가가 막혔기 때문일 수도 있다. 이 책의 편집자 중 한 명은 동맥이 청각 신경을 압박하는 바람에 참을 수 없는 이명이 생겨 뇌수술을 받아야만 했다! 입을 벌리고 턱을 조여도 일시적으로 이명 비슷한 현상이 생길 수 있다.

털이 많은 세포들

유모세포는 움직임을 '활동 전위'로 바꾼다. 어떻게 하는 것일까? 모두 진화에 따른 영리한 공학적 원리에 의해 일어난다. 코르티 기관 안에 있는 액체가 유모세포 위로 흘러내리면, 털처럼 보이는 뾰족한 부동섬모를 물리적으로 밀어낸다. 용수철이 달린 문을 상상해보라. 모든 유모세포가 줄지어 있으면 문이 닫힌다. 하지만 유모세포를 밀면 부동섬모를 떼어내고, 그에 따라 문에 붙어 있는 용수철이 잡아당겨진다. 그러면 문이 열려 그 사이로 이온이 통과한다!

유모세포 달팽이관 안에는 유모세포들이 줄지어 있는 코르티 기관이 있다. 유모세포는 위가 납작한 우스꽝스러운 머리 모양을 닮아 그런 이름이 붙었다. 이 세포들은 액체가 지나갈 때 밀려서 신경 전달 물질을 방출시키며, 그에 따라 근처 청각 뉴런에 발화 신호를 보낸다.

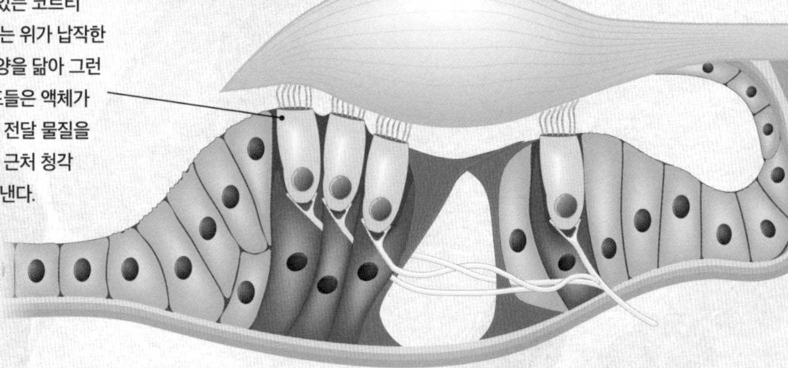

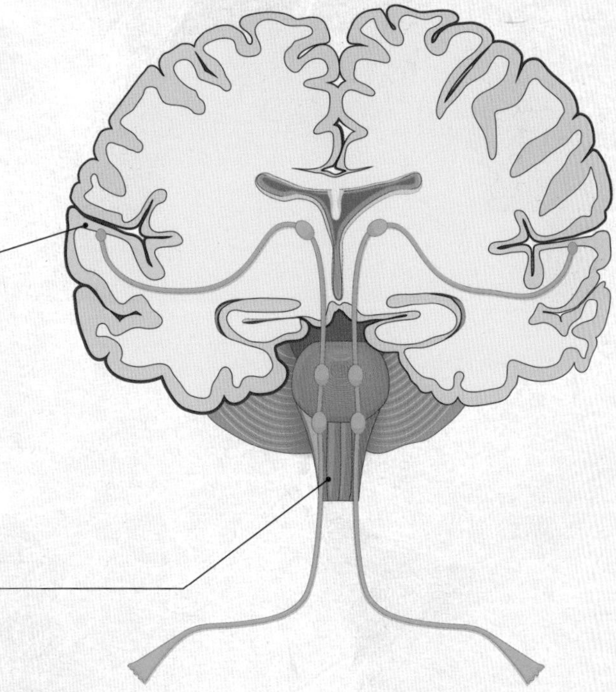

청각 피질 이곳에서 포장이 풀린 모든 정보가 처리되기 시작한다. 청각 정보는 전두엽을 포함한 뇌의 다른 곳으로 전달돼 소리의 다양한 구성 요소를 모두 종합해 이해할 수 있도록 한다.

달팽이관 핵 복합체 청각 신경은 뇌의 달팽이관 핵으로 전달되며, 이후 축삭돌기를 여러 다른 구조로 보낸다. 이런 여러 구조에서는 청각 정보의 포장이 풀리고 분류되며, 뇌에서 소리의 주파수, 음높이, 위치를 파악하도록 돕는다. 그러면 청각 정보는 또 다른 뇌의 구조를 통해 청각 피질로 전달된다.

복잡한 언어 사용하기

언어는 인간이 살아가는 데 매우 중요한 도구다. 우리는 사회적 동물이어서, 언어를 사용해 다른 사람과 소통하고 연결한다. 놀랍게도, 아기들은 단지 언어에 노출되기만 해도 모국어를 배울 수 있다. 모국어를 습득하기 위한 특별한 교육이 필요하지 않다. 그리고 공식적인 수화 없이 자란 청각 장애인 아이들은 가족이나 친구들과 의사소통하기 위해 자기만의 수화를 만든다.

재잘대는 두뇌들

언어는 매우 복잡한 행동 체계를 갖추고 있다. 따라서 정확히 뇌의 어느 부분과 관련되어 있는지 알아내기란 쉽지 않다. 정교한 뇌 수술 대신 환자의 코를 얼음송곳으로 찌르곤 했던 과거에는 언어에

대한 신경과학 지식에 거의 도달하지 못했다. 브로카나 '환자 탠'을 통해 알게 되었듯이, 뇌의 언어 처리에 대한 초기 일부 지식은 언어를 생산하는 데 중요한 뇌 영역에 손상을 입은 환자들의 사례 연구에서 비롯되었다.

나중에, 경동맥을 통해 바르비투르산염을 환자에게 주입해 뇌의 반을 채운 '와다 테스트Wada test'에 따르면 언어는 개인이 주로 사용하는 지배적 반구에 의해 처리되는 경향이 있었다. 보통 오른손잡이 사람은 좌반구로 언어를 처리하곤 했다.

두 개의 흐름

인간은 대부분 의사소통하기 위해 말을 사용하기 때문에 언어는 대부분 청각 능력과 관련된다. 그런데 우리가 소리를 듣기 위해 사용하는 여러 뇌 부위는 말을 해석하는 데도 사용된다는 사실이 밝혀졌다. 보다 최근의 신경 영상 연구에 따르면 언어 정보는 '이중 흐름 모형'에 따라 두 흐름으로 나뉜다. 어떤 언어 정보는 뇌에서 등 쪽을 따라 위로 올라가고, 어떤 정보는 배 쪽을 따라 아래로 내려간다.

그리고 뇌의 등 쪽에는 운동 피질 같은 영역이 포함되어 있기 때문에, 이 등 쪽 흐름은 언어 시스템의 '말하기' 부분을 통제하며 입이나 입술, 혀가 소리를 조음하는 복잡한 운동을 조정하는 역할을 한다. 반면 배 쪽 흐름은 뇌의 지배적 반구를 따라 정보만 전달하며, 말을 식별하고 단어가 무엇을 의미하는지 이해할 수 있게 한다.

언어를 처리하는 뇌를 찾아라

언어를 연구하는 것이 어려운 또 다른 이유는 동물 모델에서 '순수한 인간에 해당하는' 특성을 알아내기가 힘들기 때문이다. 한 가지 해결법은 언어의 일부를 지닌 종을 찾아 대신 연구하는 것이다. 예컨대 여러 조류 종은 의사소통을 위해 독특한 노래를 사용하며 복잡한 어휘와 문법 처리를 대신할 수 있는 모델로 연구된다. 비록 공룡이 지구를 걷기 전에 우리의 진화적 가지가 갈라지는 바람에 인간과 조류가 매우 다른 뇌를 가지게 되었지만 말이다.

아이들은 왜 이중언어를 구사하기가 더 쉬울까?

어릴 때 제2외국어를 배우는 것은 어른이 되어 처음 배우는 것에 비해 굉장한 이점이 있다. 이것은 부분적으로 뇌의 가소성에 기인한다. 막 태어났을 때는 새로운 정보를 쉽게 배울 수 있는 여분의 신경 연결을 보유하고 있다. 하지만 자라는 과정에서 이러한 연결이 사라지고 뉴런의 가소성이 줄어들어 새로운 신경 연결을 형성하기가 더 어려워진다. 그래서 열 살이 되면

외국어를 유창하게 말하기가 훨씬 더 어려워진다. 생활방식의 변화나 실수로 인한 두려움 등 환경적 요소도 우리를 이중언어로부터 멀어지게 한다. 하지만 늦지 않았다! 비록 나이가 들었다 해도 외국어를 능숙하게 말하지 못할 이유는 없다. 사실 매일 두 개 이상의 언어를 사용하면 두뇌에 좋으며, 심지어 알츠하이머병 같은 노화에 따른 인지 문제를 피하는 데도 도움이 된다.

파란색 설명하기

언어는 인간이 인간다울 수 있는 매우 중요한 요소 중 하나다. 따라서 많은 연구자는 우리가 말하는 언어가 세상에 대한 인식에 실제로 극적인 영향을 끼친다고 생각한다. 이 이론은 '사피어-워프 가설Sapir-Whorf hypothesis'로 알려져 있다. 예컨대 몽골어 같은 몇몇 언어는 '밝은 파란색'과 '어두운 파란색'을 구별하는 단어를 갖고 있는 반면, 중국 방언 중 하나인 만다린어를 비롯한 다른 언어들은 그것을 전부 '파란색'으로 퉁쳐 부른다. 물론 시각 장애인들도 가시광선 스펙트럼을 볼 수 있는 기관을 갖추고 있어, 우리의 인식이 언어에 전적으로 영향을 받는 것은 아님을 알 수 있다. 하지만 색깔의 미묘한 차이를 언어로 표현하면 그 색깔에 대한 인식이 날카로워진다는 몇 가지 증거가 있다. 예를 들어 몽골어와 만다린어를 비교한 연구에서, 몽골인 참가자들은 만다린어 사용자에 비해 짙은 푸른색 배경에 놓인 밝은 푸른색 물체를 보다 빠르게 찾아냈다. 이것은 몽골인들이 두 색의 차이를 조금 더 쉽게 구별할 수 있다는 의미다.

내 귀에 들리는 음악

우리의 인생은 음악에 의해 형성되었다고 해도 과언이 아니다. 아기 때는 자장가를 들으며 잠들고, 노래를 들으면 오싹한 느낌이 들거나 눈물이 흐르기도 한다. 음악적 취향이 성격을 말해주기도 한다. 음악이 살아가는 데 꼭 필요하지는 않지만, 사람들은 보편적으로 음악을 사랑한다. 모든 문화권에서 음악을 귀하게 여기고 음악에서 즐거움을 얻는다. 그 이유는 무엇일까?

즐겁기 때문이지!

순환논리로 들릴 수도 있지만, 우리는 기분이 좋아지기 때문에 음악을 듣는다. 인간은 본능적으로 쾌락을 추구한다. 설탕, 섹스, 마약에 빠져드는 이유도 마찬가지다. 그러나 이런 즐거운 경험을 행복을 해치는 지경에 이를 때까지 몰두하면 '중독'이라고 부른다. 비록 '음악 중독'이라는 공식적인 진단명은 없지만, 섹스, 마약, 음악은 모두 뇌의 같은 부분을 자극한다.

변연계로 직행하라

음악은 매우 복잡하다. 어떤 곡이든 멜로디와 하모니, 리듬, 템포, 다이내믹스, 음색은 물론이고 종종 가사를 갖고 있다. 또한 노래는 특정한 감정이나 생각을 불러일으킨다. 이 모든 정보를 등록해야 하기 때문에, 노래를 들으며 뇌의 여러 부위를 사용한다는 것은 결코 놀랄 일이 아니다. 특히 변연계와 관련이 깊다. 1장에서 이 부위가 감정, 동기, 기억력을 담당하는 구조의 집합체라고 말했다. 이 계통 안에는 뇌의 '보상 경로'가 있는데, 과학적으로 말하면 복측 피개 영역과 측중격핵, 안와 전두 피질을 연결하는 경로다. 노래를 들으면 음악이 이 경로를 활성화시켜 복측 피개 영역에서 도파민을 한 움큼 내보내 행복감을 준다. 그 경험이 매우 강렬하면 소름이 돋을 수도 있다. 음악이 변연계는 물론이고 뇌의 더 많은 부분을 활성화시키기 때문에, 음악을 들으며 살아 있다고 느끼는 것도 놀라운 일이 아니다!

진화를 원한다고 하셨죠

음악이 뇌에 미치는 여러 영향은 알지만, 어떻게 음악이 처음으로 우리에게 즐거움을 주었는지는 아직 확실하지 않다. 어떤 사람들은 음악이 짝을 유혹하는 방법이었을지도 모른다고 하고, 어떤 사람들은 고대인들이 자기편이 몇 명인지 감추기 위해 다 같이 리듬에 맞춰 걸었다고 주장한다. 음악이 포식자들을 쫓기 위해 사용되었다는 이론도 있다. 하지만 우리가 가장 즐겁게 생각하는(정확성과는 관련 없지만) 가설은 음악이 공동체를 하나로 묶어 더욱 강한 유대감을 형성하게 했다는 것이다. 음악은 인류 역사에 걸쳐 거의 항상 주변 사람을 축하하고, 춤을 추거나 이야기를 나누고, 감정적 경험을 공유하는 데 활용되어왔다.

야수를 달래는 음악

동물들이 음악을 만들 수 있는가 하는 문제는 아직도 논쟁 중이어서 확실히 말하기 어렵다. 그렇지만 동물이 인간의 음악을 감상할 수 있는가에 대해서는 더 잘 안다. 예컨대 몇몇 사람은 직장에 출근하면서 애완동물을 위해 라디오를 켜둔다. 결국 인간이 베토벤의 음악을 좋아한다면, 고양이가 못할 건 뭔가? 하지만 사실 휴식기의 심박수와 음역의 차이 때문에 인간의 음악이 다른 동물들에게 적합하지 않다는 사실이 밝혀졌다. 그래도 과학자들은 고양이에게 맞는 음악(원숭이 같은 다른 동물을 위한 음악도)을 만드는 데 많은 시간과 자원을 투자한 결과 고양이들이 좋아한다는 사실을 발견했다!

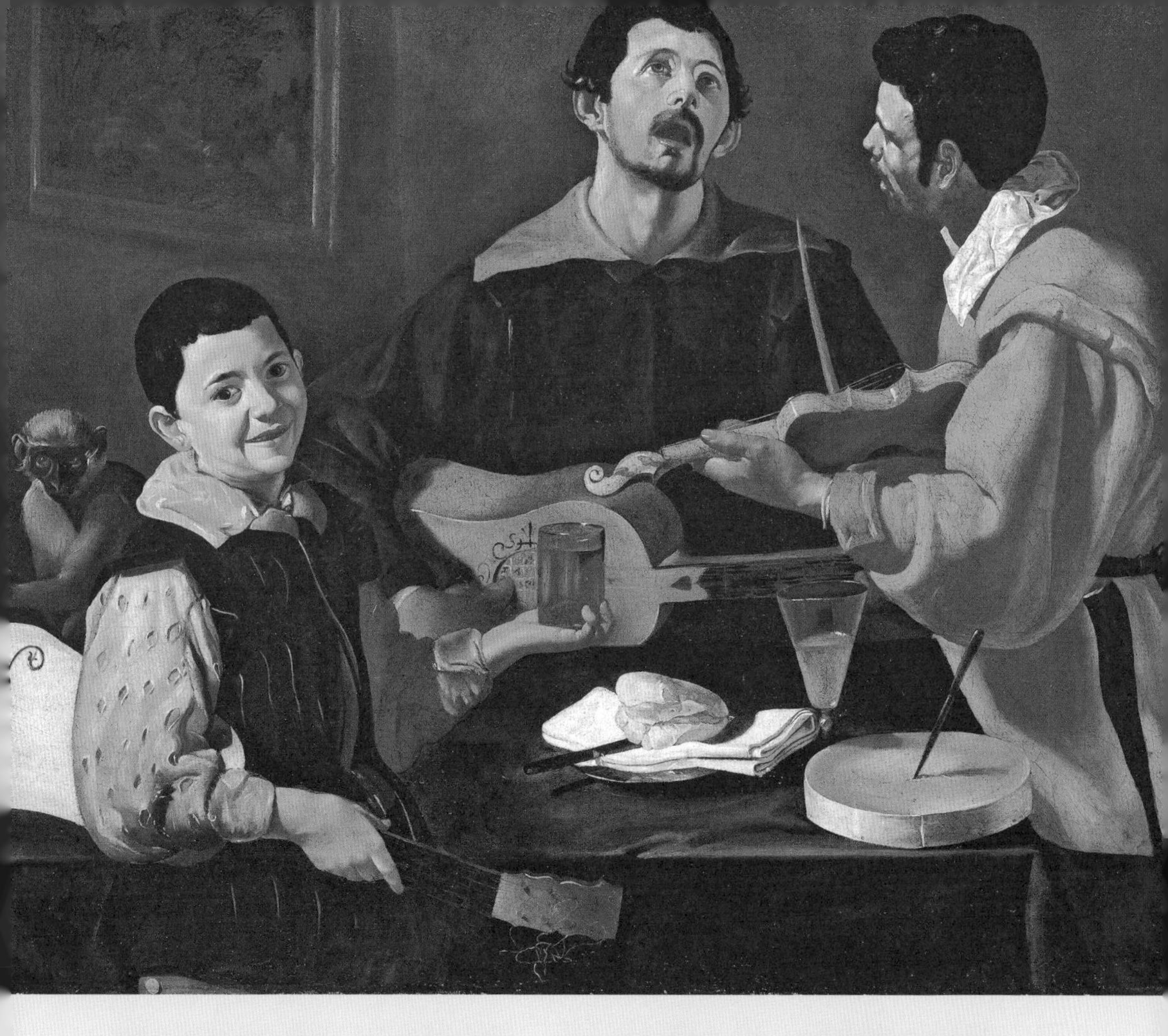

음악으로 사람을 치료할 수 있을까?

치료할 때는 말보다 더 많은 것이 필요하다. 가끔은 노래로(뮤지컬 조로) 표현할 필요가 있다! 음악 치료는 전쟁에 참가한 후유증으로 나타나는 '전쟁 신경증'을 비롯한 정신 건강 문제로 고통받는 군인들을 위해 제1차 세계 대전 시기에 처음 시작되었다. 부상당한 퇴역 군인들을 위해 음악가들이 연주를 시작하자, 의사들은 음악을 들은 군인들이 보다 빨리 회복된다는 사실을 깨달았다. 군인들이 음악으로 '힐링'하고 있었다! 당신도 스스로 긴장을 풀거나 기분이 나아지기 위해 음악을 '처방'한 경험이 있을지 모르겠다. 아마도 그 처방은 효과가 있었을 것이다. 오늘날 음악 치료는 다루기 힘든 감정에 접근하거나, 자기 표현에 관여하거나, 스트레스에 대처하는 방법으로 음악을 연주하거나 듣는 방법을 훈련받은 전문가들이 수행한다. 이것은 '증거에 기반한 요법'이다. 이 치료법은 불안, 우울증, PTSD, ADHD, 조현병, 자폐증 등의 증상을 치료하는 데 매우 효과적이다. 그리고 무엇보다 중요한 사실은, 음악 치료는 신경 장애와 외상성 뇌 손상을 겪는 사람의 회복을 빠르게 한다는 점이다.

그 소리가 들리지 않아

내가 들은 그대로 들었나요?

이런저런 이유로, 모든 사람이 소리를 잘 들을 수 있는 것은 아니다. 선천적으로 청각 장애를 안고 태어나거나 질병, 부상, 노화로 인해 후천적으로 완전히, 또는 거의 들리지 않는 장애를 갖기도 한다. 또 다양한 정도로 소리가 들리지 않는 난청 환자들도 있다.

선천성 난청은 환경적 요인(예컨대 아기가 태아 때 특정 종류의 감염증이나 질병에 노출되는 등)으로 발생할 수도 있지만 유전적인 경우도 있다. 때로 이러한 유전적 변이는 청각 장애, 실명, 균형 감각의 어려움을 초래하는 어셔 증후군Usher syndrome을 비롯해 감각 시스템이나 행동에 영향을 미친다. 하지만 유전성 난청은 종종 '비증후군성'이다. 이런 사람은 청각 장애 외에는 다른 증상을 보이지 않는다.

때로 난청이나 청각 장애는 진동을 신호로 변환하는 물리적 장치의 문제로 발생하기도 한다. 예를 들어 귀에 감염이 자주 일어나면 체액이 축적되어 막과 귀뼈가 진동하기 어려워지기 때문에 청력 상실을 일으킨다. 헤드폰 볼륨을 너무 크게 하거나 주변 환경에서 시끄러운 소음에 과다하게 노출되면 유모세포가 고꾸라져 달팽이관에서 더 이상 움직일 수 없다. 그로 인해 신경 전달 물질을 방출하지 못해 청력 손실이 생길 수 있다.

또한 다른 여러 종류의 약물이나 화학물질에 노출되어도 청력 장애가 나타날 수 있다. 이런 물질들은 내이신경독성(이독성) 물질로 간주된다. 납이나 특정 종류의 용매는 명백한 내이신경독성 물질이지만 이부프로펜이나 아세트아미노펜처럼 무해한 약물이 장기간 사용될 때도 청력 손실을 일으킬 수 있다는 증거가 존재한다.

소음으로 인한 난청은 이명 같은 불쾌한 증상들과 함께 나타날 수 있다. 그리고 나이와 관련된 난청은 사람들과 어울리기 어렵게 만들어 노인들을 더 외롭게 할 수 있다. 하지만 그렇다고 귀먹음이 언제나 나쁜 것만은 아니다.

청각 장애인 공동체

귀머거리를 뜻하는 영어 단어 deaf의 앞 글자를 소문자 d로 표기하기도 하지만 대문자 D로 표기하는 경우도 있다. 둘은 무엇이 다를까? 현대 영어에서

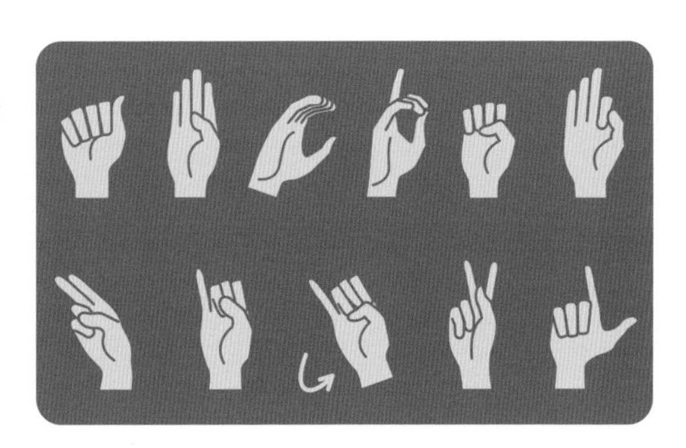

소문자 d 귀머거리는 청력 상태와 관련이 있다. 하지만 대문자 D 귀머거리는 그 이상을 나타낸다. 바로 수화를 주된 언어로 사용하는 사람들의 문화 공동체를 가리킨다. 일반적으로 이런 사람들은 구어를 사용하는 사람들에 비해 의사소통 과정에서 손짓을 포함한 시각 정보와 단서에 훨씬 더 많이 의존한다.

청각 장애인 공동체는 소리로 소통하는 일반인들의 세상에서 청각 장애에 대한 이해를 증진시키고, 청각 능력 부족이 꼭 장애나 손실일 필요는 없다는 점을 강조하기 위해 애쓴다. 이들은 접근 가능한 자원이 있으면 귀가 어둡거나 들리지 않는다 해도 장애가 아니라는 사실을 사람들이 이해해주기를 바란다. 단지 세상을 살아가는 방식이 다르고, 조금 다르게 보일 뿐이다.

당신이 알고 있다고 생각한 지식

조현병

<밥에게 무슨 일이 생겼나What About Bob?>(1991)라는 영화에는 질 나쁜 농담이 나온다. "장미는 빨간색이고, 제비꽃은 파란색이고, 나는 조현병 환자예요. 그래서 이래요." 조현병 환자에 대한 일반적인 오해는 그들이 다중인격을 갖고 있다는 것이다. 현실에서 조현병은 청력 장애를 수반하곤 하는 정신 질환이 특징이며, 무엇이 진짜인지 아닌지 구분할 수 없게 만드는 심각한 심리적 장애다. 조현병의 원인은 아직 잘 알려지지 않았지만, 환청 증상 자체는 청각 피질이 자리한 상측두회의 회백질 부피 감소와 관련이 있는 것으로 보인다. 알 수 없는 목소리를 듣는 것은 무척 무서운 경험이다. 조현병 환자에게는 한 사람이나 여러 사람의 목소리가 들리고, 지인이나 낯선 사람이 명령을 내리거나 모욕하는 목소리가 들리기도 한다. 하지만 흥미롭게도 이러한 환청의 심각성은 주변 환경에 따라 달라질 수 있다. 평균적으로 영국과 미국 사람들은 그 목소리를 폭력적이고 혐오스럽게 인식하며 자신이 '병들었다'는 증거라고 여긴다. 하지만 인도나 아프리카 사람들은 이런 목소리에 대해 긍정적 경험을 할 가능성이 더 높으며 환청이 들린다고 고민하는 것처럼 보이지 않는다. 이것은 정신 장애에 대한 오명과 지역 사회의 수용력 부족이 임상적 관점에 어떤 영향을 미쳐 득보다 실이 더 많은 결과로 이어지게 하는지 잘 보여준다.

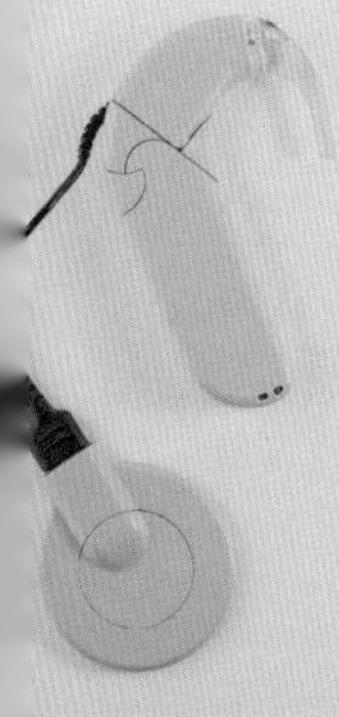

청력을 높이는 인공와우

귀여운 아기들에게 감성적인 음악을 틀어주고 아기들이 감동해서 울게 만드는 유튜브 영상을 본 적이 있는가? 이런 영상은 사람의 인공와우가 처음 동작하는 순간을 보여준다. 이 소형 전자기기는 소리를 모아서 보내는 외부 마이크, 음성 프로세서, 송신기와 피부 밑에 이식된 수신기로 구성되어 있다. 수신기가 신호를 달팽이관 안에 배열된 전극으로 보내면 청각 신경과 뇌에 메시지가 전달된다. 하지만 이 장치들은 자연적 소리를 완벽하게 재현하지 못해 청각 장애인 커뮤니티에서 다소 논란이 되고 있다. 인공와우를 통해서만 귀머거리를 '치유'할 수 있다는 논리는 청각 없이 사는 것도 만족스럽고 편안하다고 느끼는 많은 사람에게 모욕이다. 난청이 고쳐야 할 문제라고 암시하기 때문이다.

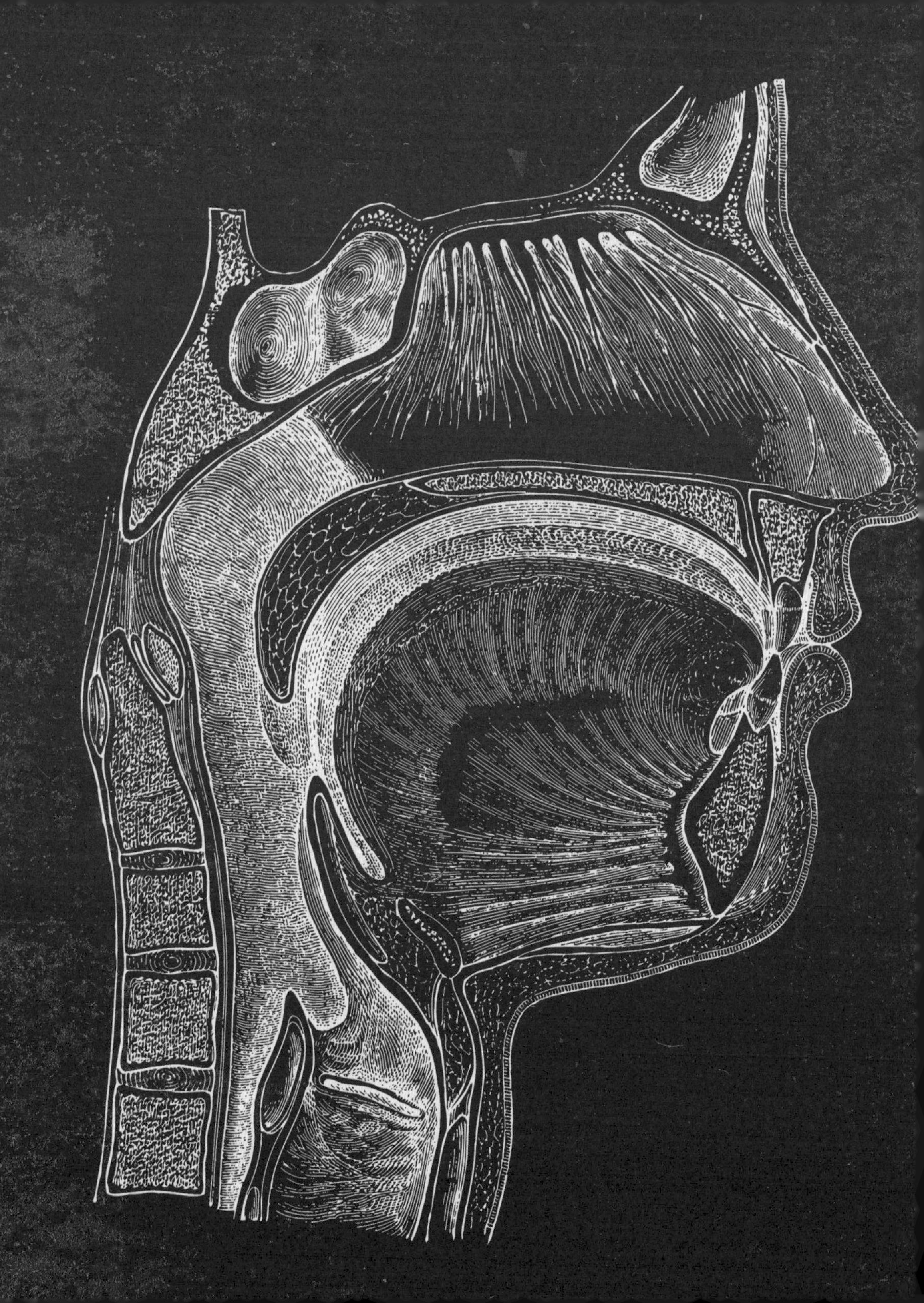

CHAPTER 10

완벽한 미각을 갖춘 뇌 (그리고 후각도!)

왜 미각과 후각을 하나의 장으로 묶었을까? 기본적으로 냄새와 맛을 감지하는 별도의 감각 체계를 갖고 있지만, 미각과 후각은 같은 것을 감지한다. 바로 화학물질이다. 그리고 음식을 먹을 때는 후각과 미각의 모든 정보가 수렴되어 음식의 맛을 느낀다. 그렇다면 어떻게 두뇌에서 다른 의견을 낼 수 있을까?

의심할 여지 없이 미각과 후각은 자연계에서 가장 오래된 감각 시스템이다. 둘 다 주변 환경에서 화학물질을 감지하는 능력에 의존한다. 어떤 것이 혀와 접촉해 맛을 느낄 때는 '후각 자극제'라는 공기 중 작은 분자들이 코의 수용체에 결합해서 냄새를 맡는다.

두 경우 모두 다양하고 독특한 분자들이 여러 수용체에 의해 감지되어 서로 다른 뇌 영역을 통해 연쇄반응을 일으킨다. 그 결과 주변 세계를 냄새 맡고 맛볼 수 있다.

분자를 감지하는 능력이 특별한 것은 아니다. 세균도 그런 능력이 있다. 아마도 지구에 생명체가 처음 생겨난 이후 계속 이런 작업을 해왔을 것이다. 환경에서 화학 신호를 감지하는 것은 초기 생명체가 살아남는 데 매우 중요한 역할을 했다. 작은 단세포 생물들이 먹이를 찾고 목숨을 위협하는 서식지를 피하도록 도움을 주었기 때문이다. 우리는 시각, 청각, 촉각 같은 감각을 진화시키기 전에 일단 이런 화학 감지 능력을 발달시켜야 했다.

하지만 인간에게 화학 감지 능력은 생존 본능 이상의 것으로 발전했다. 독특한 맛과 그것을 제공하는 음식들은 우리에게 즐거움을 주거나 고통을 준다. 또한 맛은 문화적이거나 역사적으로 중요한 사건들과 불가분의 관계에 있다. 냄새는 우리가 그 냄새를 묘사할 수 없는 경우에도 기억과 깊은 관련이 있다. 비록 나는 증조할머니의 목소리는 쉽게 기억할 수 없지만, 할머니 집에서 어떤 냄새가 났는지는 기억한다. 그렇다면 이 모든 것은 어떻게 작동할까? 그리고 이 감각들은 왜 그렇게 중요할까?

한 번 핥으니 냄새가 훅

우리는 대부분 초콜릿이나 바베큐 같은 화려한 음식으로 미각을 자극하거나, 매운 치토스 과자를 잔뜩 먹어 미각을 폭발시킨다. 하지만 식료품점에 가서 300가지 종류의 설탕이 든 시리얼을 고를 기회를 갖기 전에, 우리 조상들은 맛있는 음식과 치명적인 독소를 구별하기 위해 미각을 활용했다. 잘 단련된 미각은 생존을 위해 중요했을 것이다. 오늘날에는 인기 있는 파티 음식을 마련하는 데 중요하지만.

후각 신경구 코 안쪽 윗부분에는 작은 후각 수용체 세포가 비강으로 돌출되어 있고, 각각의 세포는 한 가지 종류의 후각 수용체를 나타낸다. 여기에 후각 자극제가 결합하면 눈 뒤에 자리한 후각 신경구라는 뇌의 작은 부분에 이르기까지 발화를 계속 이어가는 연쇄적 신호 전달이 시작된다. 이곳에서 같은 후각 수용체 무리를 함께 발현하는 여러 세포가 승모세포에 연결되어 1차 후각 피질로 신호를 전달한다.

미각 피질 좋은 맛에 대한 미각 신호는 대부분의 감각 정보와 마찬가지로 시상을 통과한 뒤, 뇌섬엽과 전두엽 사이 안쪽으로 접힌 곳에 자리한 미각 피질에 도달한다. 이 뇌 영역에서는 뉴런이 단맛, 쓴맛, 신맛, 감칠맛 등 다양한 맛에 반응한다.

설인신경 혀의 끝부분 3분의 1 지점에는 설인신경이 발달해 있다. 이 신경은 삼키는 동작을 조절하는 데도 도움을 준다.

미주신경 10개의 뇌신경 중 하나인 미주신경은 뇌간에서 경동맥을 지나 소장을 거쳐 대장까지 내려간다. 이 신경은 내장에 대해 얻는 대부분의 감각 정보를 전달하는 역할도 한다. 또한 이 신경의 한 갈래는 입 뒤쪽과 식도에 있는 미뢰에서 신호를 받는 상부 후두 신경이다.

미뢰 각각의 미뢰에는 50개에서 100개의 미뢰 세포가 있다. 각각의 미뢰에는 미세융모라는 꿈틀거리는 작은 돌기가 있는데, 융모는 돌출된 곳에 미각 구멍이 있어 이곳에서 맛있는 음식 조각과 접촉한다.

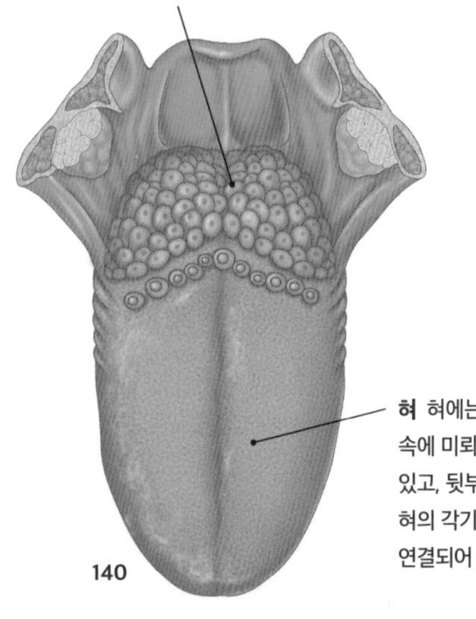

고립로핵 혀에서 오는 모든 신경은 뇌간 속 연수에 자리한 뉴런 덩어리인 고립로핵과 연결된다. 이 뇌 구조는 입과 귀, 내장에서 오는 감각 정보를 전달하는 중계소 역할을 할 뿐 아니라 구토나 기침 같은 중요한 반사 운동을 통제한다.

안면신경 혀의 약 3분의 2는 뇌신경의 또 다른 종류인 안면신경에 의해 내부로 들어간다. 또한 이 신경은 얼굴 표정과 침 및 눈물 생성을 조절한다. 수도 사업부에 신호를 보내!

혀 혀에는 유두라는 세 가지 종류의 물컹거리는 구조 속에 미뢰가 있다. 혀 앞부분에는 버섯 모양의 유두가 있고, 뒷부분에는 엽상 유두와 성곽 유두가 가까이 있다. 혀의 각기 다른 부위에 자리한 미뢰는 각각 다른 신경과 연결되어 뇌에 신호를 보낸다.

미뢰

초보 신경과학자였을 때 막 새로 발견된 맛 수용체에 대해 배운 기억이 지금도 새록새록하다. 그 수용체는 감칠맛을 감지했다. 그때까지 우리는 맛의 종류가 다섯 가지가 아니라 네 가지뿐이라고 배웠다. 맛 수용체가 혀에 세밀하게 배열되어 있어 앞쪽에서는 단맛이, 뒤쪽에서는 쓴맛이, 옆쪽에서는 신맛과 짠맛이 난다고 공부했다.

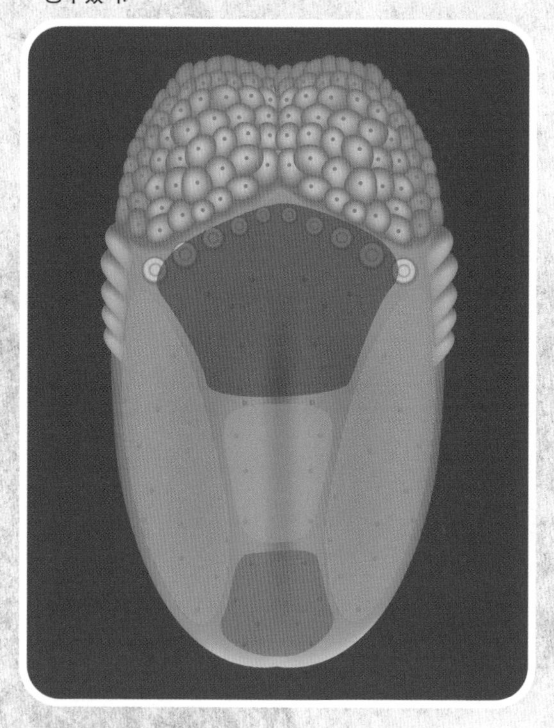

오해

어린이들은 어린 시절부터 '혀의 맛 지도'에 대해 배우지만, 사실 미뢰는 이런 식으로 분포하고 작동하지 않는 것으로 밝혀졌다.

왜 우리는 그렇게 생각했을까?

이 모든 것은 1901년에 출간된 독일의 한 연구 논문에 대한 약간의 오해에 바탕을 두고 있다. 논문의 저자인 다비트 P. 헤니히David P. Hänig는 혀의 여러 부위가 맛을 인식하고 등록하려면 맛이 얼마나 강해야 할지 연구하고 있었다. 예컨대 혀끝에서 소금의 맛을 인식하려면 얼마나 많은 소금이 필요할까? 헤니히가 얻은 결과는, 혀의 여러 영역이 맛을 인식하는 데 필요한 역치가 조금씩 다르다는 사실을 보여주었다. 하지만 이 결과가 혀의 특정 영역이 특정한 맛을 감지하는 역할을 한다는 사실을 보여주지는 않았다!

실제로 밝혀진 사실

우리가 혀의 여러 구역에서 무언가를 맛본다 해도 그 맛이 진짜는 아니다. 우리가 가진 미각 수용체의 종류는 제한되어 있기 때문이다. 그리고 그 미뢰는 혀에 전체적으로 분포한다. 미뢰가 어디 있든 간에 우리는

네 가지 맛이 아닌 다섯 가지 기본 맛을 느낀다. 짠맛, 단맛, 신맛, 쓴맛, 그리고 감칠맛이다. 각각의 맛이 다르게 나타나는 이유는 그것을 일으키는 화학물질이 다르기 때문이다. 소금은 나트륨이나 칼륨 이온에 의해 만들어지고, 신맛은 산에 의해 나타나며, 단맛은 설탕에서 비롯되고, 감칠맛은 글루탐산에서 나오며, 쓴맛은 여러 화학물질에서 나온다. 이 맛은 꽤 중요하다. 왜냐하면 화가 난 전 애인이 5년 뒤에도 계속 문자를 보내 불평할 만큼 쓴맛은 꽤 나쁜 결과를 불러일으키기 때문이다!

후각은 어떻게 작용할까

윌리엄 셰익스피어William Shakespeare는 "장미는 다른 이름을 가졌더라도 향기로운 냄새가 날 것이다"라고 말한 적이 있다. 이때 셰익스피어는 뭔가 중요한 사실을 알아차렸다. 장미의 아름다운 향기는 그 이름에서 오는 것이 아니라, 장미가 방출하는 화학물질과 우리의 뇌가 그 화학물질을 감지하는 방식과 관련된다. 그리고 장미의 냄새도 사실 그리 간단하지 않다. 우리 코에는 수백 개의 후각 수용체가 있는데, 이 수용체들이 1조 개에 이르는 독특한 냄새를 감지할 수 있다! 하지만 인간의 코가 딱히 특별하지는 않다. 다른 동물의 코와 어떻게 다른지 살펴보자!

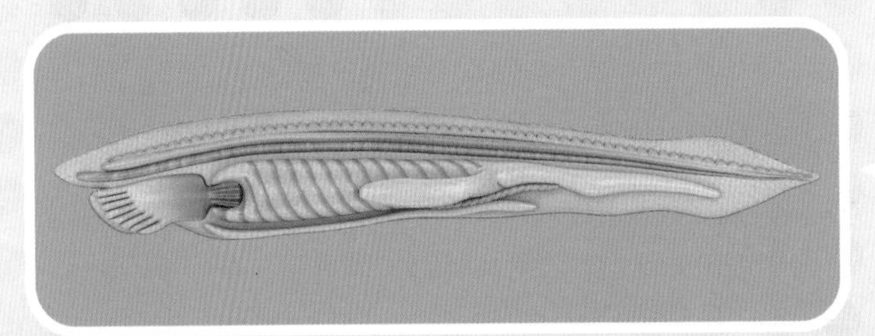

어떤 동물의 후각 수용체는 수백만 년 전으로 거슬러 올라간다. 인간은 7억 년 전에 우리와 진화적 혈통이 갈라진 작은 물고기를 닮은 **창고기**lancelet와 몇 가지 후각 수용체를 공유한다. 다만 창고기는 코가 없어, 대신에 피부로 냄새를 감지한다.

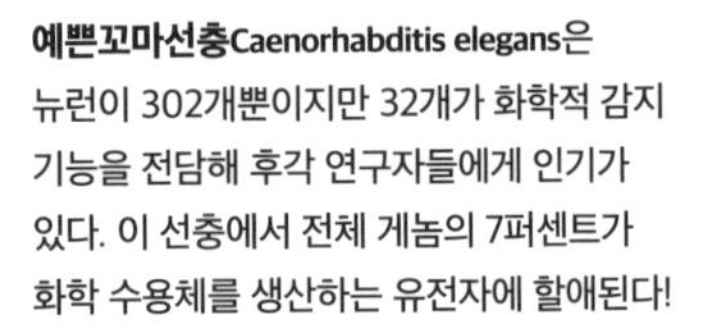

예쁜꼬마선충Caenorhabditis elegans은 뉴런이 302개뿐이지만 32개가 화학적 감지 기능을 전담해 후각 연구자들에게 인기가 있다. 이 선충에서 전체 게놈의 7퍼센트가 화학 수용체를 생산하는 유전자에 할애된다!

터키 콘도르turkey vulture는 후각이 예민하다. 사실 이 콘도르는 천연가스가 누출되는 파이프 주변에 모이는 것으로 알려져 있다. 냄새가 나지 않는 가스를 좋아해서가 아니라, 일부러 냄새를 더하는 첨가물 에틸메르캅탄ethyl mercaptan 때문이다. 에틸메르캅탄은 파이프에서 가스가 누출되는지 알려주는 역할을 하는데, 콘도르가 좋아하는 썩은 고기 냄새가 난다.

연어salmon는 바다에 있다가 알을 낳아 새끼 연어를 키우기 위해 매년 자기가 태어난 개울로 돌아온다. 그렇다면 연어들은 어떻게 자기 고향을 알아낼까? 바로 냄새다! 연어들은 새끼일 때 개울 특유의 냄새를 각인하듯 잘 기억한다.

고양이들이 가끔 충격을 받은 듯한 바보 같은 표정으로 입을 벌린 채 당신을 바라본 적이 있는가? 고양이들은 당신의 겉모습이 아니라 냄새에 놀란 것이다. 바로 플레멘 반응flehmen response이다. 이렇듯 특정한 표정을 짓는 고양이들은 인간도 갖고 있지만 사용하지 않는 별도의 냄새 감지 장치인 서골비 기관으로 후각 정보를 보낸다. 이 기관은 페로몬을 감지하는 데 자주 사용되며, 공격적이거나 성적인 행동을 지시하는 뇌 영역과 관련이 있다.

우리는 종종 **인간**은 후각이 상대적으로 덜 발달되었으며 개를 비롯한 다른 동물들은 냄새를 엄청나게 잘 맡는다고 여긴다. 하지만 실제로는 인간도 냄새를 꽤 잘 맡는 것으로 밝혀졌다. 이것은 사람들이 좋아하는 인종차별주의자 외과 의사인 폴 브로카의 또 다른 잘못된 주장과 연관된다. 브로카는 후각이 '동물적'이라고 주장하며, 인간은 1만 개의 냄새만 감지할 수 있다고 여겼다. 하지만 나중에 밝혀진 바에 따르면 인간이 가진 모든 후각 수용체를 조합하면 1조 개에 달하는 독특한 냄새를 감지한다.

어떤 동물이 냄새를 가장 잘 맡을까? 당신은 아마 이 목록의 끄트머리에서 개나 돼지가 등장하기를 기대할 것이다. 하지만 이 문제에서는 코가 긴 동물이 유리하다는 사실이 밝혀졌다. 동물계에서 냄새를 가장 잘 맡는 동물은 아프리카코끼리다. 이 코끼리는 후각 수용체만을 생산하는 유전자를 가장 많이 지니는데, 이런 유전자 수가 총 2,000여 개로 개보다 2배, 인간보다 5배나 더 많다! **코끼리**는 아마도 먹이를 찾고 짝짓기 파트너를 찾는 것과 같은 여러 가지 일을 하기 위해 엄청난 후각을 활용할 것이다. 하지만 코끼리가 인간보다 더 많은 냄새를 감지할 수 있다고 해서 인간이 감지하는 냄새를 전부 맡을 수 있는 것은 아니다. 진화적 분석에 따르면 코끼리는 새로운 후각 수용체 유전자를 많이 얻었지만, 그 과정에서 인간이 갖고 있는 유전자의 일부를 잃었다. 다시 말해, 코끼리는 짝짓기 파트너의 냄새는 맡을 수 있어도 장미 향기는 맡을 수 없을지 모른다.

아, 그 방귀 냄새를 맡으니 기억나

후각은 타임머신 역할을 할 수 있다. 오븐에서 초콜릿 칩 쿠키 냄새를 맡으면 문득 어린 시절 집으로 소환된다. 막 깎은 풀 향기를 들이마시며 잔디 깎는 기계를 밀던 여름 나절을 떠올려보라. 또 호텔 로비에서 화학물질 염소 냄새를 맡으면 수영장에서 보낸 더운 여름날로 되돌아가는 자신을 발견할 수 있다. 냄새가 이처럼 감정을 자극하며 때로는 오랫동안 잊었던 기억을 되살릴 수 있다는 점은 정말 신기하다.

그렇다면 이것은 어떤 원리 때문일까? 우리가 냄새를 맡을 때 실제로 감지하는 것은 작은 화학 입자들이다. 이 후각 자극제는 코로 흘러들어와 얼굴 뒤쪽에 자리한 후각 수용체 세포들과 결합한다. 그런 다음 후각 신경구로 신호가 전달되고, 이 신호가 처리되어 두 개의 매우 중요한 뇌 부위로 보내진다. 바로 해마와 편도체다. 해마는 주로 장기 기억을 처리하고 편도체는 감정 기억을 처리하는 역할을 한다. 우리의 다른 감각들은 후각과 달리 뇌의 기억 중추로 가는 직접적 경로를 갖고 있지 않다. 그래서 후각이 우리를 삶의 강력한 기억들로 순간이동할 수 있게 하는 것은 놀라운 일이 아니다. 사실 대부분 정보는 해마로 보내지기 전에 편도체에서 먼저 처리되기 때문에, 우리는 실제 기억을 떠올리기 전에 종종 냄새에서 감정이 환기되는 경험을 한다.

임상 환경에서 치료사들은 수 세기 동안 관행이었던 아로마테라피aromatherapy를 사용해 치료에서 이 기억 경로를 활용한다. 아로마테라피가 불안이나 우울증 증상을 줄이고 불면증으로 고생하는 사람들을 도우며, 만성 통증을 가진 사람들의 삶의 질을 향상시킬 수 있다는 증거가 있다. 특정 냄새에 대한 강한 감정적 기억은 기분과 각성 수준에 영향을 미칠 수 있으며 정신 건강을 더욱 잘 통제할 수 있다고 느끼게 하는 손쉬운 도구다. 그러니 스트레스를 받으면 좋은 냄새를 맡아라!

냄새도 안 나고 우울한 코로나

코로나19COVID-19 팬데믹은 세계를 혼란에 빠뜨렸다. 많은 사람이 병에 걸렸고, 사업체는 문을 닫았으며, 모두가 집에 틀어박혀 지냈다. 하지만 이 바이러스에 대해 거의 아는 바가 없었다. 코로나바이러스가 일으키는 가장 잘 알려진 증상 중 하나는 미각과 후각 손실이다. 어떤 사람들은 이러한 감각이 일시적으로 둔해졌다가 회복되는 반면, 어떤 사람들은 영구적 후각 장애의 희생양이 된다. 또한 연구에 따르면 후각 손실은 코로나19 환자가 우울증을 보일 가장 강력한 예측 인자다. 슬픈 일이지만, 결코 놀랍지 않다. 후각 장애가 삶의 질에 중대한 영향을 준다는 점은 잘 알려져 있다. 즉, 음식 맛이 좋게 느껴지지 않고 식욕을 잃으면, 냄새를 행복한 기억과 연결시킬 수도 없고, 심지어 인간관계에서 문제를 경험할 수도 있다. 환자들이 우울감을 느끼는 것도 당연하다. 하지만 우울증이 후각을 억제할 수 있다는 증거도 있다. 왜냐하면 편도체, 해마, 뇌섬엽, 전대상 피질, 안와 전두 피질 등 우울증과 후각 모두에 관여하는 공통의 뇌 영역이 존재하기 때문이다. 그렇다면 무엇이 먼저일까? 글쎄, 닭이 먼저냐 달걀이 먼저냐 하는 상황이 가끔 현실에서도 펼쳐진다.

냄새에 민감하지 않은 사람들

어떤 사람들은 특정한 냄새를 느끼지 못하는 것처럼 보인다. 고양이를 10마리 넘게 키우는 사람은 자기 집에서 고양이 오줌 냄새가 난다는 사실을 느끼지 못하고, 흡연자들은 자기 집에서 담배 냄새를 느끼지 못한다. 이런 현상을 후각적 적응 또는 후각 피로라고 한다. 어떤 냄새에 장시간 노출되면서 후각이 익숙해져 실제로 냄새를 감지하기가 훨씬 더 어려워지는 완전히 정상적인 현상이다. 이것은 후각 수용체의 뉴런을 실제로 지치게 하기 때문에 일어난다. 일단 어떤 냄새를 맡으면 이온 채널 활성화를 억제하는 피드백 고리가 시작되고, 후각 수용체의 반응이 더 어려워진다. 그래서 후각 수용체는 냄새를 무시하는 것이 아니라, 말 그대로 냄새를 맡을 수 없게 된다.

맛에 관한 감질나게 흥미로운 사실들

유전자가 중요하다

우리는 같은 종류의 맛을 느낄 수 있지만, 그런 맛을 인식하는 방법이 모두 같지는 않다. 연구에 따르면 쓴맛 수용체의 다양한 변이가 일어날 경우 개인이 쓴맛을 얼마나 잘 인지하는지에 영향을 미칠 수 있다. 예컨대 타고난 유전자에 따라 미맹 검사에 사용하는 화학물질인 PTC 용액에서 아무런 맛이 느껴지지 않을 수도 있고, 엄청나게 쓴맛이 날 수도 있다. 또 고수에서 왜 비누 맛이 난다고 생각하는지도 유전자가 설명해준다. 연구 결과 이 비누 맛을 맛보는 것과 관련 있는 몇 가지 특정한 유전자 변이가 밝혀졌기 때문이다.

맛에 엄청 예민한 사람들

이 책의 저자 앨리는 케첩은커녕 아무런 양념도 없이 잘 구워진 패티만 들어 있는 햄버거를 먹는 남자와 데이트한 적이 있다. 앨리는 남자가 지루하다고 여겼지만, 그는 어쩌면 '슈퍼 테이스터'였을지도 모른다.

맛에 엄청나게 민감한 '슈퍼 테이스터'들은 전체 인구의 약 25퍼센트를 차지하며, 보통 사람보다 혀에 버섯 모양의 유도가 더 많아 미뢰의 수도 많다. 슈퍼 테이스터들은 쓴맛에 특히 민감하지만, 동시에 짠맛과 달콤한 맛, 감칠맛에도 일반인보다 강하게 반응하는 것처럼 보인다. 그러니 만약 브로콜리를 싫어한다면 당신이 편식쟁이여서가 아니라 맛을 느끼는 능력이 대단하기 때문일지도 모른다.

기적의 열매

'기적의 열매miracle fruit'라 불리는 베리류는 사실 신세팔룸 둘시피쿰Synsepalum dulcificum의 열매다. 이 열매에는 미라쿨린miraculin이라는 화합물이 들어 있는데, 이 열매를 먹으면 미라쿨린이 혀의 달콤한 맛 수용체에 결합해 그것이 신맛에 반응하도록 한다. 과학자들은 이 화합물을 활용해 설탕 함량이 낮지만 단맛이 나는 식품을 생산하고자 노력하고 있다.

질병의 냄새

어떤 개가 암이나 코로나19의 냄새를 맡았다는 주장처럼, 동물이 질병과 죽음을 후각으로 감지한다는 이야기를 들어봤을 것이다. 이것은 실제로 존재하는 현상이다. 그렇다면 어떻게 작동할까? 인간은 냄새를 꽤 잘 맡는 편지만, 대부분의 다른 동물과 매우 다른 방식으로 후각을 활용한다. 예컨대 우리는 같은 종의 구성원들에게 메시지를 남기기 위해 어딘가에 오줌을 싸지는 않는다(사람들이 눈밭에 자기 이름을 남기려고 할 때를 제외하면). 그러나 개의 후각은 특정한 냄새에 보다 민감한 것처럼 보인다. 그래서 사람의 숨결 냄새를 맡고 그가 저혈당인지 감지하는 작업에 뛰어나다. 또한 지난 수천 년 동안 명령을 수행하도록 개를 훈련시키는 과정에서 우리는 개가 냄새를 구별하도록 하는 데 꽤 능숙해졌다. 그에 따라 개는 체성분과 신진대사의 작은 변화에도 상당히 민감하며, 무슨 일이 일어났는지 인간 주인에게 알리고 반응하는 훈련을 받을 수 있다.

내 냄새는 어때? 진심이야

모든 사람에게선 냄새가 난다. 그건 아무런 문제가 없다! 우리 몸은 어느 정도 체취를 내는 여러 종류의 분비물을 만들어낸다. 사람들은 대부분 자신의 냄새에 대해 전혀 알지 못한다. 하지만 반대로 자신이 아주 냄새가 심하다고 진심으로 확신하는 사람들도 있다. 강박 장애나 신체 변형 장애와 비슷한 '신체 악취 공포증'이라고 알려진 드문 정신 질환을 겪는 환자들이다. 이들은 자기 냄새를 맡고, 샤워를 하고, 옷을 갈아입고 세탁하는 데 매일 몇 시간을 소비한다. 이 공포증을 앓는 사람들은 환각과 강박 장애가 너무 강해 사회적으로 고립되는 경우가 많다. 따라서 얼마나 많은 인구가 이 질환을 앓는지 정확히 알려지지 않았다. 이 질환의 원인은 불분명하지만, 인지 행동 치료나 때때로 항우울제, 항정신성 약물 등으로 도움을 받을 수 있다.

모두가 좋아하거나 싫어하는 것

우리는 뭔가 먹다가 위험에 빠질 수도 있다. 비록 살아남기 위해서 먹지만, 우리가 먹는 많은 음식에는 심각한 해를 입힐 수 있는 세균, 기생충, 화학물질이 들어 있다. 다행히 썩은 고기는 역겨운 냄새가 나고 독이 있는 식물은 쓴맛이 난다. 하지만 반대 경우도 있다. 우리는 배고픈 만화 캐릭터처럼 기름지고 설탕이 든 과자의 좋은 냄새를 따라 헤맨다. 진화 생물학자들에 따르면 우리는 먹었을 때 해로울 수 있는 것들(똥 같은)을 싫어하도록, 그리고 고칼로리 음식은 좋아하도록(베이컨 같은) 미각과 후각을 진화시켰다. 하지만 인간의 미각은 상당히 다양하다. 모든 사람의 뇌는 맛과 냄새를 각기 다르게 인지한다. 개인적 경험이나 나이, 문화, 사회경제적 지위, 심지어 친구들의 의견이 당신의 감각적 경험을 조작할 수도 있다. 그렇기에 당신이 피시소스 냄새나 고수 맛을 싫어한다고 해서 나쁜 것은 아니다. 당신이 향쑥 맛이 나는 술을 좋아한다고 해서 우리 모두 그걸 즐길 필요는 없는 것처럼!

당신에게선 매력적인 냄새가 나요

당신은 어떤 사람의 향기에 그야말로 도취될 수 있다. 그 강력한 냄새와 그것이 자아낼 수 있는 충동을 생각하면, 사람을 섹스에 열광하는 야수로 만드는 페로몬이 떠오른다. 하지만 그런 동물적 본능은 페로몬보다 더 일반적인 냄새와 관련이 깊다.

동물의 본능

페로몬pheromones은 동물의 몸에서 기본적으로 분비되는 호르몬으로, 다른 종의 개체에 의해 감지될 수 있다. 하지만 대부분의 다른 냄새처럼 처리되지는 않는다. 포유류에서 페로몬은 서골비 기관에 의해 감지되며, 그 정보는 보통 뇌의 일반적인 후각 신경구 뒤에 있는 보조 후각 신경구로 전달된다. 많은 종에서 남성 호르몬과 여성 호르몬은 성적 상태와 교미 수용성에 대한 중요한 정보를 제공한다.

사람의 페로몬

인간이 서골비 기관vomeronasal organ을 갖고 있는 것은 확실하지만, 그것은 거의 플러그가 뽑힌 채 사용되지 않는다. 우리의 서골비 기관은 다른 어떤 것과도 연결되어 있지 않은 듯하다. 그리고 태아에게는 보조 후각 신경구가 있다는 증거가 있지만, 성인이 되면 상당 부분 사라진다. 게다가 포유류에서 페로몬을 발견하는 것과 관련된 대부분 유전자가 인간에게서는 제대로 기능을 하지 않는다. 그렇기에 현재 페로몬이 인간의 짝짓기에 어떤 역할을 한다는 증거는 별로 많지 않다.

하지만 그렇다고 인간에게 페로몬이 아예 없다는 뜻은 아니다! 우리는 보통의 후각 시스템으로 페로몬을 감지할 수 있다. 그리고 체취나 호르몬의 차이가 타인이 당신을 얼마나 매력적으로 느끼는지에 영향을 미칠 수 있음을 암시하는 몇 가지 증거가 있다. 예컨대 이성애자 여성들이 이성애자 남성들의 더러운 티셔츠 냄새를 맡았을 때, 자기 유전자와 결합해 강한 면역 체계를 가진 아기를 낳을 가능성이 가장 높은 남성의 땀 냄새를 선호했다는 연구가 있다.

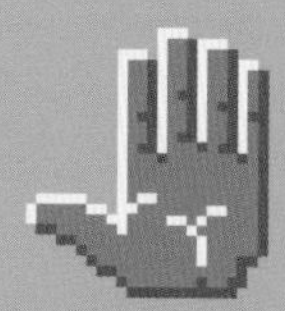

CHAPTER 11

촉각에 관한 사실들

체성 감각은 주변 세상을 느끼게 해주는 감각의 한 형태다. 이 감각은 표면의 질감, 우리 몸의 움직임, 표면의 온도 등에 대해 말해준다. 앞에서 다룬 다른 감각들로는 절대 낙하산의 재질인 파라슈트 팬츠의 질감을 느끼지 못할 것이다.

체성 감각somatosensation은 가장 다양한 감각을 갖춘, 우리 몸에서 가장 큰 감각 시스템일 것이다. 기본적으로 우리 몸이 환경과 상호작용하는 방식에 대해 뇌에서 무언가 알려주는 모든 감각을 포함한다. 몸 내부에 대한 감각도 예외가 아니다. 많은 사람이 촉각을 여러 감각으로 나눠야 한다고 주장하곤 한다. 촉각은 질감, 진동, 무게, 온도, 고통을 비롯한 여러 뚜렷한 특성에 대한 정보를 주기 때문이다.

이러한 크고 복잡한 감각 시스템은 다음과 같이 작동한다. 어떤 종류의 자극에 반응해 피부나 근육, 관절, 그리고 내장에 있는 센서가 활성화된다. 부드러운 고양이의 배를 쓰다듬는 것처럼 말이다. 다양한 종류의 수용체에 의해 암호화된 여러 정보는 말초 신경세포 같은 이런 센서들을 통해 이동해 척수의 새로운 뉴런과 연결된다.

척수 뉴런은 뇌의 반대편으로 교차해 시상의 중계소를 통해 연결되고, 그 후 1차 체성 감각 피질로 향한다. 여기에는 말 그대로 들어오는 모든 데이터를 감지하고 처리하는 신체 지도가 포함되어 있다. 크고 아름다운 뇌가 어떻게 그 모든 정보를 분석해 우리가 이해할 수 있는 형태로 만드는지 알아보려면, 이 책을 계속 읽어보라.

손을 내밀어 만지세요

체성 감각은 사실 진동과 질감에서부터 압력과 온도에 이르는 모든 것에 반응하는 다양한 종류의 감각을 말한다. 우리 몸이 뭐가 뭔지 어떻게 아는지 궁금한가? 그것은 모두 센서 덕분이다.

기계적 수용기mechanoreceptors는 아마도 가장 고전적인 종류의 촉각 수용체일 것이다. 이 수용체는 우리 피부의 압력과 왜곡에 반응하며, 표피의 다른 층에 있는 수용체들은 또 다른 반응을 보인다.

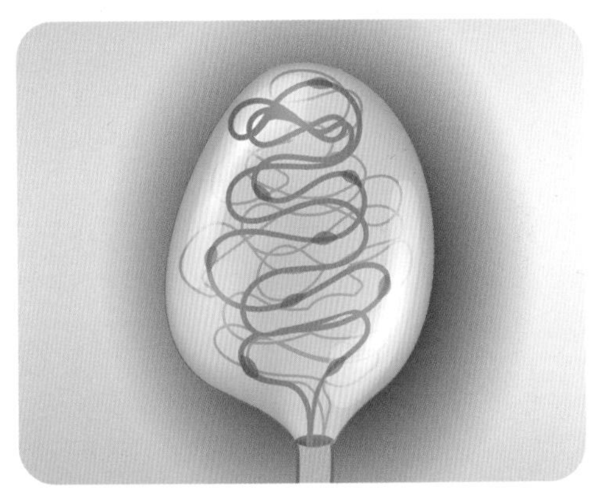

마이스너 소체 Meissner's corpuscles 또는 촉각 소체는 가벼운 접촉이나 진동에 반응한다. 이 소체 자체는 사실 뉴런의 일부가 아니다. 뉴런은 신호를 받을 준비가 되어 있는 이 소체로 둘러싸여 있다. 무척 예민한 수용체여서 미세한 접촉도 분별할 수 있다.

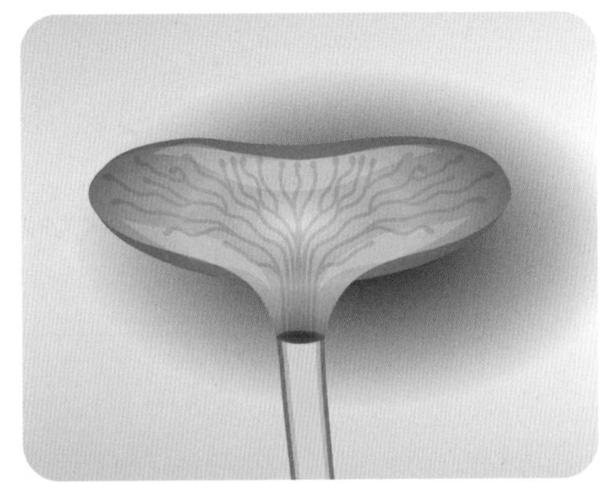

루피니 종말 Ruffini endings 또는 구근 소체는 긴 방주 모양의 신경 말단으로, 피부와 신체 결합 조직의 깊은 곳에 자리하며, 피부의 늘어남과 관절 각도 변화에 반응한다.

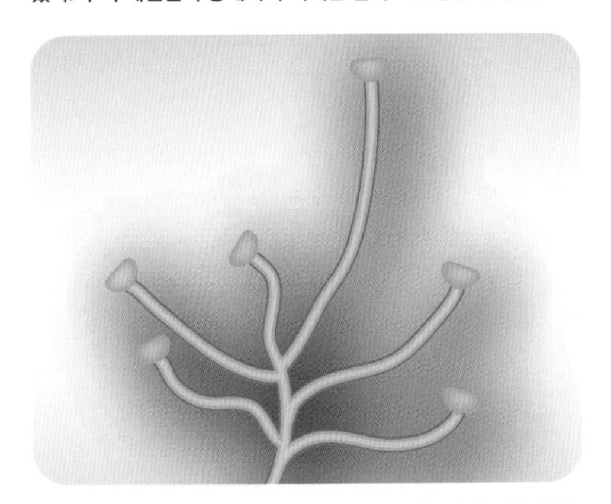

메르켈 신경 종말 Merkel nerve endings 또는 메르켈 원반은 축삭 말단에 싸인 피부 세포다. 메르켈 신경 종말은 압력을 받으면 세로토닌을 뱉어내고, 이 세로토닌은 주변의 뉴런을 활성화하며 손을 잡는 것처럼 지속적인 압력을 감지하도록 돕는다.

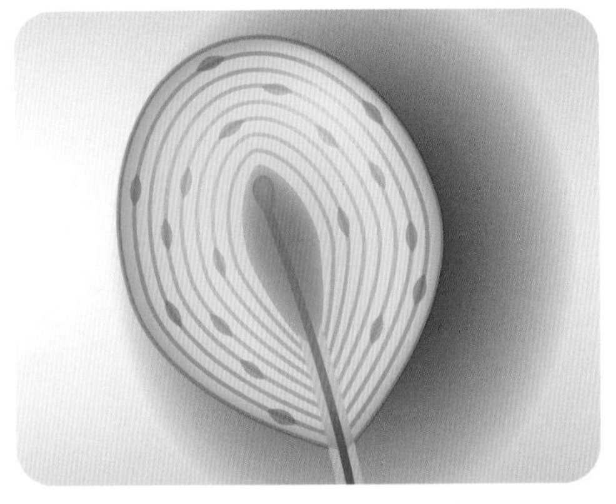

층판 소체lamellar corpuscles 또는 파치니 소체는 감각 축삭돌기 끝에서 발견되는 층층이 덮인 양파 같은 모양의 센서다. 고양이의 가르릉 소리 같은 진동에 매우 민감하지만 지속적인 압력 같은 저주파 자극은 걸러낸다.

온도 수용기thermoreceptors는 뜨거움과 차가움을 감지한다. 그리고 흥미롭게도, 우리가 민트 맛을 '시원하다'고 느끼고 할라페뇨 맛을 '열이 난다'고 느끼는 것도 이 수용기 때문이다. 온도를 감지하는 정확한 메커니즘은 여전히 이해할 수 없는 부분이 존재하지만, 그 핵심에는 일시적 수용기 전위TRP 채널이라는 센서들의 계열이 있다. 이러한 특수 이온 채널은 특정 화학물질과 온도 변화에 의해 활성화된다.

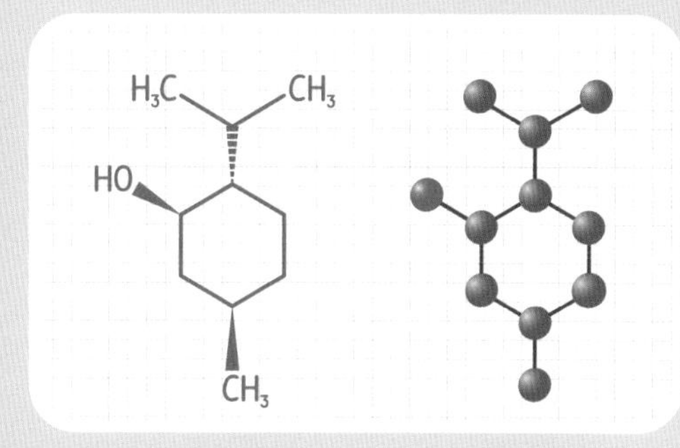

TRPM8은 포유류가 차가운 온도를 느끼는 1차적 센서로, 섭씨 20도 미만의 온도에 반응해서 활성화된다. 그뿐만 아니라 자연적 진통제로 작용하는 페퍼민트 속 화학물질 멘톨에도 반응한다. 왜 민트가 '시원한' 감각을 만들어내는지 알 수 있다!

TRPV1은 섭씨 40도 이상의 온도에 반응해 동작하면서 물체가 불편함을 느낄 만큼 뜨거워지는 때를 알려준다. 또한 할라페뇨를 맵게 하는 화학물질 캡사이신과 와사비를 맵게 하는 알릴이소티오시아네이트에도 반응한다. 그에 따라 우리가 높은 열기와 매우 매운 음식들에 연관 짓는 고통스럽고 타는 듯한 느낌이 발생한다.

고유 감각기proprioceptors는 우리 몸이 공간 속에서 어디에 있는지 알려줘 주변 세계와 상호작용하도록 돕는다. 이런 고유 감각은 일종의 육감이다. 대부분의 사람이 눈을 감고도 어렵지 않게 코를 찾아 만질 수 있는 이유이기도 하다. 몸의 방향과 균형에 대한 정보를 제공하는 내이와 전정계 외에도, 우리는 몸에 무슨 일이 일어나고 있는지 알려주는 특별한 수용체를 가지고 있다.

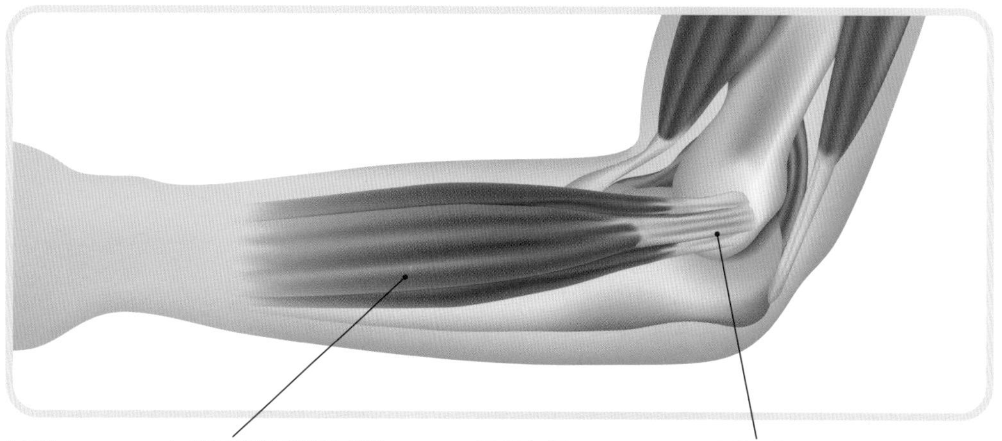

근방추muscle spindles는 근육 전체에 내장된 특별한 신경 말단이다. 이것은 팔다리의 위치와 그것의 움직임에 대한 정보를 뇌에 제공하며, 근육의 길이나 그 길이가 바뀌는 속도의 변화에 반응한다.

골지 건 기관golgi tendon organs은 힘줄에(세상에!) 자리한다. 근육이 수축할 때는 힘줄이 늘어나는데, 골지 건 기관은 근육이 가장 활동적일 때 반응한다. 이 기관은 근육의 긴장도에 대한 세부 정보를 전달하며, 이 정보는 힘을 얼마나 썼는지에 대한 감각으로 해석된다.

만질 수 없어 ▶ 뇌 속의 호문쿨루스

체성 감각

일단 몸이 세상에서 무슨 일이 벌어지고 있는지 알려주기 위해 모든 신호를 뇌로 보내면, 그 정보는 촉각, 고통, 진동을 비롯해 대부분의 기계적 감각이 처리되는 뇌 꼭대기의 두꺼운 띠인 체성 감각 피질에 이른다. 어떤 정보가 어떤 신체 부위에서 오는지 이해하기 위해, 우리의 뇌는 체성 감각 피질을 가로질러 몸의 실제 지도를 그리도록 진화했다. 물론 신체 가운데 일부는 다른 부위보다 기계적 감각에 더 민감하다. 예컨대 손은 정교하게 민감하고 매우 미세한 촉각 분별이 가능하지만, 발은 별로 그렇지 못하다. 그래서 뇌는 그 귀중한 주름진 공간을 미세 조정된 촉감이 필요한 신체 부위에 더 많이 할애하고, 그렇지 않은 부위에는 덜 할애한다.

호문쿨루스가 뭐지?

그 결과 과학자들이 몸에 대한 이 '지도'를 설명할 때 상황이 약간 왜곡된다. 와일더 펜필드Wilder Penfield와 에드윈 볼드리Edwin Boldrey, 시어도어 라스무센Theodore Rasmussen이 개발한 일종의 시각 보조 장치인 '감각 호문쿨루스'를 살펴보자. 뇌전증 수술을 받다가 마취에서 깬 실제 환자에 대한 연구를 바탕으로, 의사들은 감각 피질의 일부를 자극해 그것이 대략적으로 어떤 신체 부위에 해당하는지 알아낼 수 있었다. 그리고 그 정보를 사용해 라틴어로 '작은 사람'을 뜻하는 호문쿨루스를 실제 크기로 만들었다. 2차원 그림을 보면 약간 이상하지만 자세히 뜯어보면 손가락, 입술, 입에 피질의 더 넓은 영역이 할애되며, 몸통과 다리, 발에는 더 좁은 영역이 할애된다는 사실을 알 수 있다. 하지만 예술가 샤론 프라이스제임스Sharon Price-James가 디자인한 이 3차원 호문쿨루스는 약간 소름 끼치는 모습을 하고 있다. 물론 신체의 상대적 신경 분포에 대한 정보를 전달하는 용도로는 아주 좋지만, 어두운 골목에서 만나고 싶지는 않을 것 같다.

발은 왜 섹시한가?

페티시 중 가장 흔한 것은 발 페티시일 것이다. 엘비스 프레슬리Elvis Presley, 테드 번디Ted Bundy, 쿠엔틴 타란티노Quentin Tarantino를 포함한 수많은 사람이 발에서 성적 흥분을 느꼈다. 이 점은 다소 이상해 보인다. 발은 신체 부위 중 가장 역겹고 관리가 덜 된 곳 중 하나다. 그리고 이 현상을 설명하는 의심스러운 몇 가지 가설이 있다. 프로이트는 발이 성적인 이유는 음경을 닮았기 때문이라고 생각했다(물론 그렇겠지). 어떤 사람은 발이 유아가 갖고 노는 첫 번째 신체 부위인 경우가 많기 때문이라고 여겼다. 맨발이 매력적인 상황과 연관되기 때문이라고 말하는 사람도 있다. 하지만 발 페티시에 대한 가장 개연성 높은 이론은 신경학적 연관성에 대한 것이다. 발과 생식기는 뇌의 체성 감각 피질에서 인접한 부분을 차지한다. 과학자들은 이 부위에서 교차 배선이 일어나면 발에서 성적 흥분을 일으킨다고 여긴다! 실제로 환상통을 경험하는 다리 절단 환자의 일부는 잃어버린 발에서 성적 쾌감이나 더 나아가 오르가슴을 느낀다는 보고가 있다. 다음에 누가 발 마사지를 해준다고 하면 다른 의미일 수도 있겠다.

아, 간지러워!

혹시 간지럼이 얼마나 이상한지 생각해본 적 있는가? 예컨대 우리 몸은 왜 누군가 가볍게 목을 만질 때마다 걷잡을 수 없이 웃도록 진화했을까?

간지럼에는 두 가지 종류가 있다. '가벼운 간지럼'과 '웃음을 유발하는 간지럼'이다. 가벼운 간지럼은 누군가 깃털로 몸을 쓸었을 때 느끼는 것과 같은 감각이다. 실제로 웃음이 나지는 않지만 근질거린다. 마치 벌레가 몸 위를 기어다니며 손으로 털어버리도록 부추기는 것처럼 느껴진다. 사실 과학자들은 여기서 이런 감각이 진화했을 거라고 생각한다.

웃음을 유발하는 간지럼은 친구가 "간질간질!"이라고 외치며 겨드랑이에 손가락을 넣고 계속 파고드는 바람에 웃음이 터지는 종류의 감각이다. 이런 식으로 간지럼 태우기 지원자들의 뇌 활동을 관찰한 연구자들은 투쟁-도피 반응 같은 반사적 반응을 담당하는 뇌 영역인 시상하부를 비롯해 얼굴 움직임이나 감정 반응을 조절하는 중심후방 판개의 활동이 강화되는 현상을 발견했다. 한편 우리가 자신을 간지럽힐 수 없는 이유는 뇌가 이미 무엇을 기대해야 하는지 알고 있어 반사 반응을 억제할 수 있기 때문이다.

침팬지는 물론이고 심지어 쥐를 포함한 다른 동물들도 간지럼을 탈 수 있다. 과학자들은 이것이 일종의 순종을 일으키는 반응으로 진화했거나, 새끼들이 실제로 고통을 주지 않으면서 공격자들을 물리치는 방법을 배우는 데 도움이 되었을 거라고 생각한다.

고통의 세계

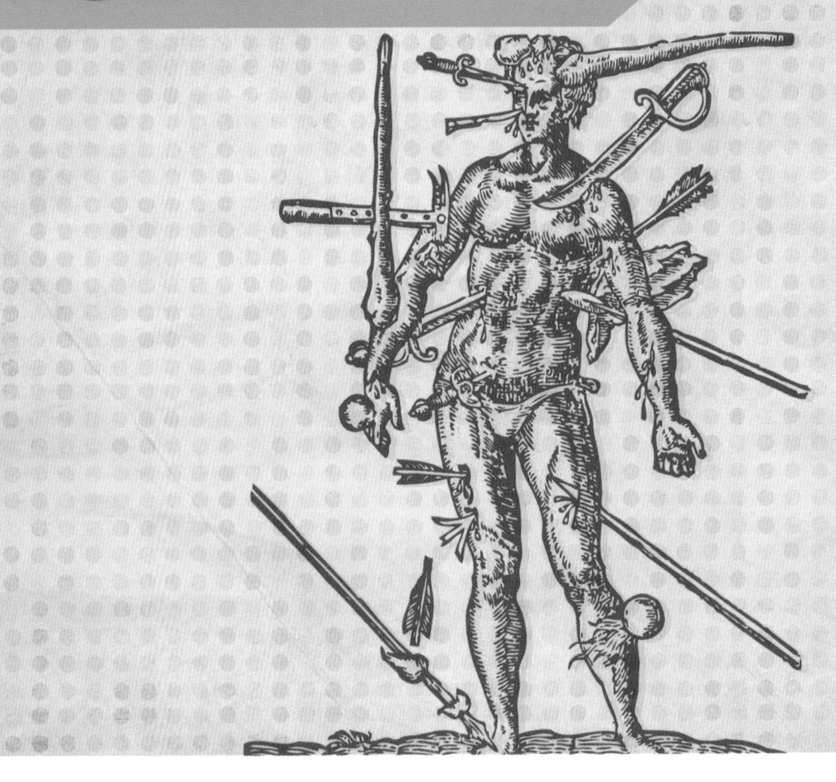

엉덩이에 느껴지는 통증은 진짜다. 목이나 등에서 느껴지는 통증도. 물론 통증은 진화적으로 중요하다. 통증이 없다면, 뜨거운 난로에 손 대면 안 된다는 걸 어떻게 배우겠는가? 가끔은 시스템이 엉망이 되어 잠을 제대로 못 자는 것과 같은 사소한 일로 몇 주 동안 고통을 겪기도 하지만 말이다. 우리 말을 믿어라. 우린 서른 살이 넘었으니 몸이 아프다는 게 뭔지 잘 안다.

날 해치지 마

다른 감각들처럼, 고통은 어떤 감각이 우리에게 불편하고 위험한 순간을 알려주는 특별한 수용체에 의존한다. 피부, 관절, 그리고 일부 내장에서 발견되는 이 '고통 수용기noiceptors'라는 세포들은 온도, 압력, 화학적 자극을 활용해 무언가가 고통을 주는지 알아챈다. 그리고 실제로 고통스러운 자극을 감지하는 부위는 기본적으로 식물의 뿌리처럼 우리 몸속 조직에 내장된 신경 말단이다. 살갗이 종이에 베였을 경우, 세 가지 종류의 통증 감각이 발생한다.

아야!

첫째, 당신은 의식적인 생각 없이 즉각적 반응으로 손가락을 움츠린다. 이것은 감각 뉴런이 고통스러운 자극을 등록해 척수로 전달하는 반사궁 덕분이다. 이 반사 반응이 일어날 때는 정보가 뇌에서 처리되지 않고 움직임을 제어하는 운동 뉴런을 통해 척수 바깥으로 바로 전달되어 손을 재빨리 움츠리게 한다.

막에서 일어나는 통증

그다음에는 처음으로 '날카로운' 아픔을 의식적으로 느낀다. 이것은 Aδ('에이 델타') 섬유라는 빠른 신호 전달 신경이 반응해 척수 속 뉴런과 함께 시냅스로 신호를 전달하기 때문이다. 이 신호는 체성 감각 피질로 전달되어, 의식적으로 통증이 나타나는 위치를 정확히 찾아내게 해준다(으악! 내 손가락!). 하지만 이 섬유들은 기계적 자극과 온도 자극에만 반응할 뿐 화학적 자극에는 반응하지 않는다. 베인 상처에서 레몬즙의 따가움을 바로 느끼지 못하는 이유이기도 하다. 작은 축복이랄까.

천천히, 꾸준히 달리면 고통의 경주에서 우승한다고?

C 섬유라고 하는 다른 신경 섬유들은 더 깊고 '쑤시는' 고통을 따라 더 천천히 반응한다. 이 정보는 척수로도 이어지지만, 조금 다른 척수 뉴런과도 시냅스로 연결되어 뇌간과 시상에 이르고 감각 피질에까지 전달된다. 레몬즙의 따가움에 반응해 오랫동안 타는 듯한 아픔을 느끼게 하는 것도 이 세포들이다.

교차된 배선

이러한 고통 수용기 중 일부는 우리 몸속 내장에서 발견될 수 있다. 하지만 뇌가 그 고통이 어디에서 오는지 언제나 정확하게 집어내는 것은 아니다. 그 이유에 대해서는 정확히 알 수 없지만, 과학자들에 따르면 그것은 감각 정보가 척수나 시상의 뉴런에 수렴되는 방식과 관련 있을지도 모른다. 그리고 내부 장기에서 나오는 어떤 정보는 다른 신체 부위의 고통으로 해석될 수 있다. 심장 마비 증상 중 하나가 왼팔의 통증이고, 여성의 경우 턱이나 등에 통증이 생기는 이유가 바로 이것으로 추정된다.

한 번만 더 때려줘, 베이비

약간의 고통은 때때로 좋을 수도 있다. 그리고 어떤 사람들은 큰 고통을 아주 좋은 것으로 여기기도 한다. 고통에서 즐거움을 얻는 것은 꽤 오랫동안 정신 질환의 징후로 여겨졌지만, 이제는 비교적 평범하게 받아들여진다. 얼마나 많은 사람이 『그레이의 50가지 그림자』를 보고 흥분해서 끙끙대는지 한번 보라.

현실 속에서는 고통과 쾌락이 함께하는 경우가 많다. 당신은 매운 음식을 즐기지 않는가? 아니면 힘든 운동 뒤에 생기는 기분 좋은 쑤심은 어떤가? 생쥐와 인간을 대상으로 한 연구에 따르면, 우리의 뇌는 즐거운 동시에 고통스러운 경험에 반응해 도파민과 엔도르핀을 만든다. 그에 따라 두 종류의 경험에서 각자의 방식으로 보람을 찾는다. 어떤 사람들은 이런 원리가 할라페뇨 먹기를 넘어 엉덩이 맞기로까지 확장된다.

심리학적 관점에서 보면, 사람들 사이의 동의도 큰 역할을 한다. 사람들은 안전하게 이미 규정된 환경에서 고통을 주고받는 것을 즐기며, 상당수 사람은 BDSM 경험을 통해 사회적 규범과 가치에 얽매이지 않고 누군가에게 굴복해 자신의 성적 욕망을 경험할 기회를 준다는 보고도 있다.

어떤 고통은 정신적이다

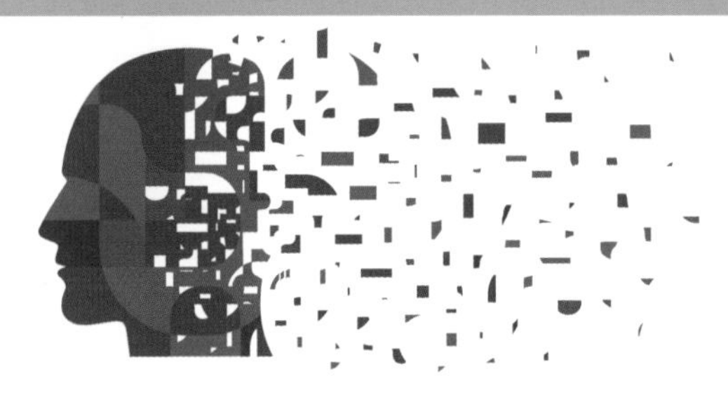

통증이 반드시 부비동염이나 뜨거운 난로에 손을 대는 방식으로만 오는 것은 아니다. 때로는 고통이 마음에서도 온다. 어떤 사람이 심리적 또는 특별한 신체적 원인 없이 신체적 증상을 경험할 때 이것을 정신신체증psychosomatic symptoms이라고 부른다. 누구나 정신신체증을 경험한다. 긴장해서 가슴이 조마조마하거나 당황해서 얼굴이 빨개지는 것이 그런 예다. 본질적으로, 정서적이거나 정신적인 고통의 경험은 매우 실제적인 신체적 효과로 이어진다. 이것을 '신체화' 과정이라고 한다. 하지만 어떤 사람에게는 심리적 고통의 신체적 증상이 지속적인 불편함으로 이어진다. 그것이 어떻게 나타나는지와 상관없이, 이런 통증이 사라지지 않을 때 그것을 심신증psychosomatic illness(또는 기능성 신체화 증후군functional somatic syndromes)이라고 부른다. 이 포괄적 용어는 만성 피로 증후군, 섬유 근육통, 과민성 장 증후군, 긴장성 만성 두통 같은 질환을 아우른다.

그 용어들은 어떤 뜻일까?

이 증후군들이 함께 묶이는 이유는 위장 장애와 통증, 피로감, 인지 효과, 수면 곤란 등의 증상이 자주 겹쳐 나타나 무언가 공통점이 있다고 판단되기 때문이다. 하지만 여기에 대한 우리의 이해는 모호하기 그지없다. 기능성 신체화 증후군은 상당히 흔하지만, 이것은 의학적 미스터리로 남아 있다. 증상에서 뚜렷한 유기적 원인이 없기 때문에, 다른 모든 설명을 할 가능성이 배제된 상태에서만 심신증으로 진단하는 경우가 많다. 지금껏 우리는 이러한 질병들의 메커니즘을 완전히 밝혀내지 못했지만, 무엇이 심신증의 고통을 유발하는지에 대한 가설은 존재한다.

악순환

한 심리학 연구에 따르면, 심신증을 가진 사람들은 학대나 방치, 외상, 어린 시절의 폭력을 경험한 경우가 많았다. 이러한 경험이 있는 상당수 사람이 개인의 몸을 위협하며 극도로 심한 스트레스를 준다. 굉장한 불안을 일으키는 이런 사건을 겪으면, 개인은 미래의 신체적 위협을 피하기 위해 자기 몸이 어떻게 느끼는지에 대해 지나친 경계심을 품게 되어 다음과 같은 방식으로 작동한다. 만약 어떤 심신증에 매우 익숙해지면, 그 증상이 스트레스 반응을 이끌어낸다. 그러면 더 커다란 심신증을 만들어내고, 더 많은 스트레스가 뒤따르며, 다시 더 큰 심신증 증상이 나타난다. 이것은 끝없는 피드백 고리여서, 너무나 큰 고통을 준다!

악의 축

생물학적 측면에서 보면, 외상이나 극심한 스트레스를 경험한 뒤에는 시상하부-뇌하수체-부신HPA 축이 고장 난다는 가설이 있다. HPA 축은 스트레스에 어떻게 반응하는지 조절하고, 소화와 기분, 에너지 수준 같은 다양한 신체 과정을 통제한다. 극심한 심리적 고통을 빈번하게 겪는 사람들에게서, HPA 축은 신체에 불규칙하거나 낮은 수준의 코르티솔을 생성해 기능 장애를 일으킬 수 있다. 코르티솔의 이러한 변화가 우리가 관찰했던 여러 증상을 초래한다. 내장 문제, 피로, 불안, 기분 변화를 비롯한 여러 가지 증상이 그렇다. 설상가상으로, 연구자들에 따르면 섬유근육통을 비롯한 여러 만성 통증을 가진 사람들은 반복적인 신경 자극이 뇌의 통증 수용체에서 고통의 '기억'을 발달시켜 고통 신호에 더욱 민감하고 반응을 잘하게 된다. 정말 지독하다!

오피오이드에 빠진 당신의 뇌

정체: 강력한 진통제.

약물의 종류: 이 범주에는 아편, 모르핀, 헤로인, 펜타닐, 옥시콘틴, 바이코딘, 코데인을 비롯한 천연, 합성 약물이 전부 포함된다.

기능: 마약성 진통제인 오피오이드opioids는 몸을 이완시켜 중간 정도나 심각한 고통을 완화시킨다. 또한 기침과 설사를 치료할 수 있다. 하지만 여유롭고 행복함에 '취하게' 하기 때문에 남용되거나 오락적으로 사용되곤 한다.

원리: 오피오이드는 뇌, 척수, 몸 전체에 걸쳐 존재하는 세포에서 오피오이드 수용체를 활성화시킨다. 이 수용체들은 뇌에 고통 신호를 보내는 세포의 능력을 차단하고, 대신 다량의 도파민을 방출하라고 말한다.

위험성: 높은 농도의 오피오이드는 호흡을 조절하고 혈액 속 이산화탄소량을 모니터링하는 뇌 활동을 억제한다. 또한 오피오이드는 진정 효과가 있어 사람들을 매우 졸리게 하고 호흡을 느리게 만들어, 뇌를 비롯해 산소를 사용하는 기관을 굶주리게 하는 치명적 콤보 효과를 일으킨다. 매일 미국에서 128명이 오피오이드를 과다 복용해 사망한다. 처방된 오피오이드에 중독된 미국인의 숫자가 헤로인에 비해 3배 더 많다. 하지만 오피오이드를 조금 복용했다고 해서 반드시 중독자가 되는 것은 아니다. 다른 습관성 약물들처럼, 남용하지 않고 의학적 조언을 따르며 개인에게 미칠 위험성을 제대로 알 필요가 있을 뿐이다.

하지만 그 고통은 진짜일까?

널리 퍼진 오해에 따르면 심신증은 상상의 병이거나 '머릿속에서만 일어나는 무언가'로 여겨진다. 심신증이 정신적이거나 정서적 뿌리를 가졌을 수도 있지만, 그 고통은 매우 현실적이며 다른 질병들과 마찬가지로 치료가 필요하다. 이 증상은 환자 개인의 일상생활에 심각한 영향을 줄 정도로 쇠약하게 만들고 삶에 부정적 영향을 미친다. 하지만 불행히도 많은 심신증 환자가 가족이나 친구로부터 꾀병이라는 말을 듣는다. 그리고 몇몇 의사는 이러한 장애에 대해 잘 알지 못하거나, 어떻게 대처해야 할지 모르고, 심지어 환자를 믿지 못해 치료에 더 큰 장벽을 세울 수도 있다. 다행히 이 증상은 상담이나 물리 치료, 식습관 변화, 항우울제, 진통제를 비롯한 여러 약을 통해 관리할 수 있다. 전 세계 수백만 명의 환자가 기능성 신체화 증후군을 경험한다. 이들은 꾀병을 부리는 것이 결코 아니다. 잘 이해받지 못하는 보이지 않는 장애를 겪을 뿐이다.

당신의 육감 ▶ 고유 감각

우리는 모두 육감sixth sense을 가지고 있다. 그렇다고 죽은 사람을 본다는 의미는 아니다(정말 죽은 사람이 보이면 의사의 진단이 필요하다). 그것은 우리의 고유 감각 또는 운동 감각이다. 이것은 공간 속에서 우리 몸에 대한 자각을 말한다.

우리는 151쪽에서 이 감각과 관련된 수용체의 일부를 다뤘다. 근방추와 골지 건 기관이 그것이다. 이 특수한 수용체들은 근육과 힘줄에 내장되어 근육의 길이와 긴장감의 변화에 반응하며, 팔다리가 공간에서 어디에 있는지, 얼마나 빠르게 움직이는지, 그것에 얼마나 많은 힘을 주고 있는지 알려준다. 이러한 특별한 수용체들 외에도 우리는 멋진 내이를 갖고 있다. 그중에서 특히 전정기관vestibular system은 균형 감각과 공간적 방향 감각에 중요한 역할을 한다.

내이의 모든 것

달팽이관 옆에 있는 반원형 외이도에는 자체적인 유모세포가 들어 있다. 하지만 이 세포는 소리 정보를 전달하는 대신 우리의 머리가 위아래(고개를 끄덕이는 경우)나 앞뒤(머리를 흔드는 경우), 좌우로 움직일 때(귀를 어깨에 가까이 가져가는 경우) 신호를 발화해 움직임에 대한 정보를 전달한다. 그러면 우리의 회전 운동에 대한 정보가 뇌로 보내져 머리나 몸을 움직일 때 공간에서 방향을 잘 잡도록 도와준다.

균형 유지하기

또한 우리의 내이에는 가속도를 비롯해, 특히 중력을 감지하는 데 도움을 주는 이석이라는 특별한 탄산칼슘 구조물이 있다. 뇌는 이 기관의 입력 데이터와 눈의 시각 데이터를 결합해 우리가 고개를 돌리고 있는지, 아니면 방 전체가 돌고 있는지 등 훨씬 더 많은 정보를 제공한다. 그래야 우리 몸에 무슨 일이 일어나고 있는지 알 수 있다.

전정기관에서 얻은 정보는 척수와 시상을 비롯한 여러 곳으로 보내진다. 하지만 가장 큰 목표물 가운데 하나는 소뇌다. 소뇌는 스파게티 접시처럼 보이는 등 쪽의 뇌 부위로 동작 조절에 큰 역할을 하는데, 특히 정밀한 조정과 균형 잡기를 돕는다. 대부분의 뇌 부위가 그렇듯이 소뇌도 상당히 중요하다. 하지만 묘하게도, 소뇌가 완전히 없는 사람도 문제없이 잘 돌아다니는 사례가 있었다. 보통 사람보다 걸음걸이가 조금 더 흔들리긴 하지만. 정말 뇌의 가소성은 어려운 일을 많이 해낸다!

우리는 실제로 얼마나 많은 감각을 가졌을까?

우리는 어릴 때 사람에게는 다섯 가지 감각, 즉 오감이 있다고 배웠다. 아리스토텔레스 때부터 내려오는 설명이다. 그런데 왜 오감에 대해서만 이야기할까? 앞에서 하나의 추가적 감각에 대해 설명하지 않았는가? 고유 감각 말이다. 감각을 어떻게 나누는지는 감각을 어떻게 분류하는가 하는 문제와 이어진다. 감각은 감각적 양상에 걸쳐 있다. 예컨대 시각 시스템은 빛(광자)의 형태로 에너지를 감지하고, 청각과 체성 감각 시스템은 (공기의 진동이나 피부에 닿는 감각 같은) 기계적 자극을 감지하며, 미각과 후각은 화학 감각(화학물질 감지)에 의존한다. 하지만 만약 우리가 원한다면 체온 감각을 촉각, 온도, 고통 같은 여러 감각으로 나눌 수도 있고, 배고픔 같은 내부 감각을 하나의 고유한 감각으로 간주할 수도 있다. 그리고 우리가 가지고 있는 수용체 중 일부는 온도와 특정 화학물질에 반응하는 TRP 수용체처럼 하나 이상의 자극을 감지할 수 있다. 어쩌면 우리가 가진 감각은 수십 가지에 이를지도 모른다. 어쨌든 대부분의 사람들은 우리가 시각, 청각, 미각, 후각, 촉각, 고유 감각이라는 여섯 가지 감각을 지녔다는 데 동의할 것이다.

오늘 밤 사랑을 느낄 수 있나요?

촉각은 강력한 의사소통 수단이다. 촉각은 유아기에 배우는 첫 번째 언어이며, 자궁 안에서부터 발달하는 첫 번째 감각이다. 만약 엄마가 잠든 아이를 어루만지면 그것이 어떻게 말초 신경 섬유를 활성화하고 여러 가지로 이어지는지 기술할 수 있다. 하지만 사실 이 손길을 통해 그보다 더 많은 정보가 전달된다.

최초의 접촉

보통의 개별 촉각(만진다는 것을 감지하는 것)과 감정이 담긴 촉각(감정적 반응을 이끌어내는 것)은 차이가 있다. 사람은 그 여분의 정보를 유난히 잘 식별한다. 한 연구에서, 참가자들이 팔을 뻗을 만큼의 구멍을 제외하고 물리적 장벽에 의해 분리된 상태에서, 연구자들은 한 사람에게 팔뚝을 이용해 단 1초 동안 다른 사람에게 감정을 전달하라고 요청했다. 그러자 동정심, 감사, 분노, 사랑, 두려움 같은 감정이 대부분 정확하게 전달되고 해석되었다. 이것은 우리가 촉각이 전달하는 감각에 얼마나 익숙한지 잘 보여준다.

촉각이 사라진다면

그뿐 아니라 촉각은 심리적 효과를 일으킬 수도 있다. 사람은 촉각을 통해 서로 연결되어 있지만 때로 그 욕구가 충족되지 않는 경우가 생긴다. 이렇듯 촉각 부족 현상touch starvation(스킨십 갈망 또는 접촉 박탈)을 경험하면, 외로움과 우울증, 불안, 수면 장애, 관계에 대한 낮은 만족도를 포함해 심각하고 오래 지속되는 영향을 끼친다. 감정이 담긴 손길은 고통을 억제할 수 있다. 긁힌 팔꿈치에 치유의 의미로 입을 맞추면 금방 나은 듯한 기분이 든다. 물론 모든 사람이 접촉을 좋아하지는 않는다. 어떤 사람은 따뜻한 포옹이 극도로 불편하며 지나치게 자극적이라고 여긴다. 자폐증 환자처럼 '신경 다양성'을 가진 개인에게 이상적인 '촉각 풍경'은 안정감을 느끼는 데 필수적이다. 또 어떤 사람은 감정적 접촉을 하는 데 어려움을 겪어, 잘 알려진 고전적 증상을 보일 수도 있다. 하지만 만약 당신이 다른 사람과 스킨십을 나누기로 동의했다면 따뜻하게 포옹하며 사랑한다고 말하라.

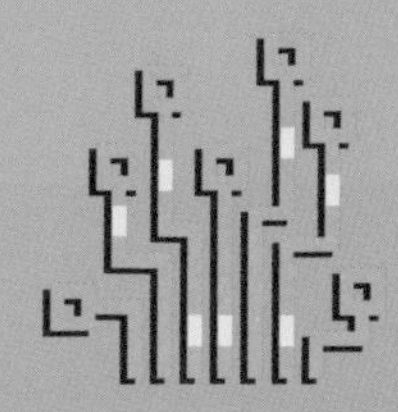

CHAPTER 12

그걸 보니 뭔가 기억나는군

아, 좋았던 옛 시절이 기억난다. 아니면, 혹시 내가 그렇게 기억한다는 이유만으로 좋아진 것일까? 기억은 우리를 지금 이 모습으로 만드는 과정에서 큰 부분을 차지한다. 그런 만큼 기억이 가장 신뢰할 만한 무언가라는 사실을 아는 순간 약간 불안해진다.

태어나서 죽을 때까지 세상을 떠돌면서 과거의 경험을 붙잡아, 그것을 토대로 우리가 생각하고 행동하는 방식을 형성한다. 기억을 통해 모든 정보를 저장하고 나중에 다시 꺼낼 수 있다. 때때로 우리는 기억을 당연히 주어진 것으로 여기지만, 사실은 서로 다른 뇌 부위에서 얽히고설킨 복잡한 과정이다. 또한 복잡한 생물학이 관여하는 과정이기도 하다. 신경과학과 심리학 분야에서는 단기 기억과 장기 기억으로 나눈다. 단기 기억은 단지 몇 분간 지속되는 짧은 기억이고 장기 기억은 며칠, 몇 달, 또는 평생에 걸쳐 저장되었다가 다시 찾아오는 기억을 말한다.

과학자들은 장기 기억을 서술 기억(명시적 기억)과 비서술 기억(암묵적 기억)이라는 두 개의 큰 범주로 나눈다. 서술 기억은 사실이나 사건을 기억하는 것이고, 비서술 기억은 습관을 형성하거나 기술을 습득하는 것이다.

이것은 단지 기억을 분류하는 한 가지 방식이 아니라, 생물학적으로 차이가 있는 것 같다. 해마는 명시적 기억을 유지하는 데 필요하지만 암묵적 기억에는 필요하지 않다. 그리고 기억은 종류에 따라 저장되는 장소가 다른 것으로 보인다. 예컨대 조건화된 감정 반응에는 편도체가 필요하고, 자기 신체에 대한 친숙한 기억은 소뇌에서 비롯되며, 사실과 사건에 대한 기억은 내측 측두엽과 시상, 시상하부에 의존한다.

하지만 기억이 어떻게 작동하는지 많이 알고 있다고 생각하지 마라. 다음 장을 읽다 보면 우리의 기억이 얼마나 흐릿하고 이상한지, 새로운 기억을 쌓게 될 것이다.

기억의 결점

기억은 때로 전혀 문제없이 정확한 것처럼 보인다. 마치 머릿속에 주변에서 일어나는 모든 일을 기록하는 카메라가 있고, 비록 저장된 기억들이 약간 퇴색되기는 해도 완벽하게 재생되어 회상할 수 있는 것처럼 말이다. 하지만 전혀 그렇지 않다. 사실 뇌는 기억하는 데 정말, 정말 서투르다. 어떤 일을 다른 일보다 더 잘 기억할 수는 있겠지만 말이다. 예컨대 한동안 미적분과 삼각법에 대해서는 잊어버릴 수 있지만, 헌법의 서문은 기억하기도 한다. 어떻게 이런 일이 가능할까?

앗, 깜박했어!

어째서 이것저것 잊어버리는지는 여러 가지로 설명할 수 있다. 때로는 정보를 검색하는 데 문제가 생긴다. 어떤 배우를 기억하려고 하는데 갑자기 머릿속에서 사라진다. 이런 현상은 본질적으로 '사용하지 않으면 잃게 된다'는 '망각 이론' 때문이다. 다시 말해, 시간이 지나 기억을 검색하고 다시 불러내지 않으면 기억은 빛이 바래고 사라진다. 하지만 이 이론은 기억이 거의 남지 않은 상태에서도 어떻게 몇 가지 오래된 장기 기억들이 믿을 수 없을 만큼 안정적으로 유지되는지에 대해서는 설명하지 못한다. 여기에 대해 몇몇 과학자는 기억이 서로 경쟁하고 간섭할 수 있다고 주장한다. 이것은 새로운 기억을 저장하기 힘들거나, 그것들이 몇몇 오래된 기억을 덮어쓸 수도 있다는 뜻이다.

물론 모든 것을 장기 기억에 저장하지는 않는다. 많은 세부 사항(예컨대 가게에서 사야 할 물건 목록)은 그대로 사라진다. 그 이유는 뇌가 그것을 필요 없다고 여기거나 장기 기억으로 변환하는 과정에서 간섭받기 때문이다. 우리의 뇌는 의도적으로 기억하는 데 따르는 고통을 줄이기 위해, 특히 정신적 충격이나 불온한 기억을 삭제하기도 한다. 그러니 뇌를 몰아붙이지 말고 자기 일을 하도록 시간을 줘라. 최선을 다하고 있으니 말이다.

모든 것이 데자뷔

데자뷔déjà vu(기시감)라는 현상에 대해 알아보자. 우리는 가끔 전에 어떤 것을 경험한 적이 있다는 기묘한 느낌을 받는다. "잠깐만, 내가 아까도 이렇게 말하지 않았어?" 하고 말이다. 데자뷔가 일어나는 이유에 대해 많은 설명이 있지만, 전생의 기억이라든지 '매트릭스' 세계의 결함 때문은 아니다. 그보다는 뇌 자체의 결함일 수 있다! 과학자들은 의도적으로 데자뷔를 유도한 결과 안쪽 측두엽 세포가 발화한다는 사실을 발견했다. 뇌의 이 부위는 사실과 사건에 대한 장기적 기억을 되살리는 데 도움을 준다. 몇몇 과학자는 측두엽에서 일어난 짧은 전기적 오작동이 기억 중추를 활성화해 잠시 '이것에 대한 예전 기억이 있다'고 생각하게 만든다고 주장한다. 실제로 측두엽에서 발작을 경험하는 뇌전증 환자들은 발작 직전에 데자뷔를 보이는 경우가 많다.

만델라 효과

2010년, 피오나 브룸Fiona Broome이라는 초자연 현상 전문가는 남아프리카 공화국의 인종 차별 반대 운동 지도자 넬슨 만델라Nelson Mandela가 1980년대 감옥에서 사망했다고 혼자 생각했다. 뉴스 보도라든지 심지어 만델라의 부인이 그의 죽음에 대해서 한 연설 내용까지 기억났다. 하지만 당시 만델라는 살아 있었고, 그의 나라에서 대통령직을 수행하고 있었다. 그저 잘못된 기억이고, 별것 아닌 실수였을까? 하지만 이상하게도 피오나는 친구 중 상당수가 비슷한 경험을 했다는 사실을 알게 되었다. 그리고 사실 수천 명의 사람이 넬슨 만델라의 장례식이 존재하지 않았음에도 자신이 목격했다고 굳게 믿고 있었다. 마치 이 모든 사람이 같은 허구적 이야기를 공유하는 것처럼 보였다! 어떻게 이런 일이 가능할까? '만델라 효과Mandela effect'로 알려진 이 현상은 우리가 잘못된 기억을 수집하기가 얼마나 쉬운지 보여준다. 이런 잘못된 믿음이 생겨나는 이유는 우리가 잘못 해석되고 그런 내용을 퍼뜨리는 미디어에 노출되거나, 우리의 뇌가 그다음 논리적 단계로 보이는 정보를 향해 '틈새를 메우려고' 애쓰기 때문일 거라고 추측된다. 이 효과는 세상에서 잘못된 정보가 얼마나 강력할 수 있는지 잘 보여준다! 만델라 효과의 몇 가지 예를 들어보자.

평판에 오점 남기기 사실 이 사랑스러운 곰들의 이름은 베렌스타인Berenstein이 아니라 베렌스테인Berenstain이다.

호기심 많은 꼬리 옆 그림에는 사실 원숭이에게 꼬리가 달려 있지 않다. 정말 신기하죠?

영화와 관련된 오해 많은 사람이 코미디언 신바드가 〈샤잠Shazaam〉이라는 1990년대 영화에서 지니로 출연했다고 생각한다. 하지만 그건 만우절 뉴스가 잘못 퍼진 것이다.(2019년에 나온 〈샤잠〉과는 다른 작품-편집자)

로고에 대한 오해 프룻오브더룸사Fruit of the Loom 로고에는 과일만 있다. 사람들은 뒤에 '풍요의 뿔'이 있다고 생각하지만 틀렸다!

그건 사실이 아냐, 불가능해! 사람들은 영화 〈스타워즈: 제국의 역습〉 하이라이트에서 다스 베이더가 "루크, 나는 네 아버지다"라고 말했다고 생각한다. 하지만 사실은 '루크'라고 말한 적이 없다.

거짓 증인이 등장하다

제가 다 봤어요, 경찰관님!

당신이 범죄나 사고 현장을 목격하면 경찰 당국에서 상황을 파악하기 위해 찾아올 수 있다. 이때 당신의 증언으로 수집된 정보가 보험 청구나 소송, 양형의 결정적 요인이 되기도 한다. 형사 사법 제도는 범죄로 기소된 사람에게 유죄를 선고하기 위해 목격자 증언을 포함한 증거에 의존한다. 하지만 이런 목격자 증언은 믿을 수 없는 것으로 밝혀졌다. 사람의 기억에 영향을 끼치는 외부 요소가 너무나 많기 때문이다.

아, 무슨 말인지 알았어

중대하고 심각한 사건은 보통 스트레스를 준다. 스트레스는 경각심과 주의력을 유지하는 데 무척 도움이 되기도 한다. 하지만 스트레스 수준이 너무 높아지면, 사실 세부 사항을 기억하는 데 방해가 될 수 있다. 앞서 언급했지만, 기억은 비디오카메라처럼 작동하지 않는다. 어떤 기억을 떠올릴 때는 녹화된 영상을 그대로 재생하는 게 아니다. 만약 당신의 뇌가 삶의 모든 순간마다 계속해서 쏟아지는 정보를 꼼꼼하게 기록하려고 한다면 폭발하고 말 것이다. 그래서 뇌는 대부분 정보를 무시하고 당신과 관련된 것만 기억하려고 애쓴다.

목격자 진술은 완전하지 않다

여기서 문제가 발생한다. 강도 사건에 대해 다시 말해보라는 질문을 받으면, 당신은 중요한 세부 정보 중 일부만 기억할 것이고, 그런 다음 당신의 뇌는 자신에게 가장 합리적으로 여겨지는 정보로 틈새를 채우려고 최선을 다할 것이다. 게다가 당신이 그 기억을 떠올리도록 요청받을 때마다 그 기억은 조금씩 바뀔 것이다. 마치 두뇌를 통해 말 전하기 게임을 하는 것과 비슷하다! 때로 구경꾼들은 무슨 일이 발생했는지 기본적인 사실조차 기억하지 못한다. 범인이 무기를 가지고 있는 범죄 현장 목격자들은 무기에 너무 집중한 나머지 무기를 들고 있는 사람이 어떻게 생겼는지와 같은 중요한 세부 사항을 기억하지 못한다. 따라서 만약 당신이 목격자 단 한 명의 증언뿐인 사건에 배심원단으로 참여한다면, 더 많은 증거를 요구해야 한다.

거짓말쟁이, 당황했구나!

어떤 사람들은 진실과 거짓의 경계가 너무 흐릿해 진짜와 가짜의 구별이 거의 불가능하다. 이런 병적인 거짓말쟁이들은 영웅이나 피해자 연기를 하면서 자신을 호의적으로 묘사하는 경향이 있다. 하지만 뚜렷한 동기는 없다. 이들은 심지어 자신의 거짓말에 스스로 납득되기까지 한다. 자신의 피해를 막기 위해 방어적으로 거짓말하는 것은 정상이다. 하지만 개인적으로 얻을 것도 없는데 이야기를 굳이 만들어내는 사람은 혼란스러운 가정환경과 관련 있을 것으로 추측된다. 이 '병리학적 거짓말'은 하나의 진단명이 아니라 반사회적, 연극적, 자기애적 인격 장애 같은 여러 인격 장애에서 보이는 증상의 일부다.

사진 찍은 듯 완벽한 기억

뇌로 사진을 찍어 기억한다는 초능력자 같은 사람들을 상상해보라. 이들은 온갖 시험을 통과하고 모든 전화번호를 기억하며 절대 길을 잃지 않을 것이다. '사진적 기억eidetic memory'은 '사진 기억'과 혼동되곤 하는데, 조금 다르다. 사진적 기억은 특정 기억의 구체적인 한 장면을 기억하는 능력인 반면, 사진 기억은 보통 텍스트의 여러 페이지나 숫자의 열을 기억하는 능력을 말한다. 하지만 이런 초능력은 정말 존재할까, 아니면 꾸며낸 이야기일까?

실제 이야기

정답은 아주 어린 아이들에게서만 발견되는데, 어느 정도는 진짜 현상처럼 보인다. 이런 기억력을 가진 아이들은 마치 지금도 어떤 것을 똑바로 보고 있는 것처럼 세밀하고 명료하게 시각적 기억을 떠올릴 수 있다. 많은 경우 이런 기억들은 단지 시각적일 뿐만 아니라 그 장면에서 어떤 소리가 났고 어떻게 느꼈는지와 같은 다른 감각적 양식들을 포함한다.

하지만 방금 말한 것처럼 이 현상은 아주 어린 아이들에게만 드물게 일어나고, 심지어 그런 경우에도 완벽하지는 않다. 이런 기억은 다른 종류의 기억들처럼 왜곡과 오류의 영향을 받는다. 단지 더 생생해 보일 뿐이다.

저를 기억해주실 건가요?

책 한 페이지나 숫자열을 한 번 보고 즉시 기억하는 능력은 어떤가? 이런 능력에 대한 과장된 관념은 1970년대 찰스 스트로마이어Charles Stromeyer와 나중에 아내가 된 제자 엘리자베스Elizabeth에게서 비롯되었다. 엘리자베스는 임의의 점 패턴을 암기한 다음 나중에 결합해 머릿속에서 3차원 이미지를 형성할 수 있었다(마치 머릿속 매직아이처럼). 하지만 그녀는 다른 연구자들과 반복해서 같은 실험을 하지 않겠다고 거부했다. 비슷한 기술에 대한 연구에 따르면 무척 한정적인 정보만 기억하는 데 뛰어난 서번트 증후군을 보이는 사람(천재 백치)이 한두 명 있었을 뿐이다.

기억의 궁전

그렇다고 그런 뛰어난 기억력을 가진 사람이 전혀 존재하지 않는다는 의미는 아니다. 기억을 돕기 위한 장치나 인지적 전략을 사용할 수 있어 인간의 기억력은 가끔 터무니없이 강력하다. 이런 도구들은 기억하려는 정보에 암호화 층을 더해 뇌가 흩어진 정보를 연결시켜 보다 쉽게 기억하도록 돕는다. 이것이 '수금지화목토천해명' 같은 구절이 무엇을 뜻하는지 정확하게 기억할 수 있는 이유일 것이다. 명왕성이 퇴출되었으니 과거형이지만 말이다.

기억이 저장되는 곳

우리는 특정한 뇌 영역이 서로 다른 종류의 기억을 유지하는 데 중요하다는 사실을 알고 있다. 하지만 그 기억들이 어떻게 저장되는지는 그보다 덜 분명하다. 지금까지 가장 많은 지지를 받고 있는 시냅스 이론은 우리가 무언가 배울 때 계속 같은 시냅스 집합을 다시 활성화해 뉴런 간 연결을 강화한다고 가정한다. 이것은 기억이 본질적으로 뇌에 연결된 뉴런 네트워크 형태로 저장된다는 뜻이다. 이 이론을 지지하는 증거가 점점 많아지고 있다! 2016년 MIT 과학자들은 쥐들이 새로운 환경에 대해 배우는 동안 활성화된 해마의 뉴런에 태그 표시를 한 뒤 나중에 표시했던 뉴런을 활성화했다. 그러자 쥐들은 이전과 다른 환경에서도 똑같은 행동을 일으켰다.

꿀잠이 필요해

큰 시험을 치르기 전에 푹 자라는 선생님의 말을 들어본 적이 있는 사람이라면, 수면이 우리의 기억을 탄탄히 다지는 데 중요하다는 사실을 잘 알 것이다. 하지만 생물학자들은 약 100년 전까지만 해도 수면이 기억을 저장하는 데 중요한 역할을 한다는 사실을 몰랐다. 사실 수면이 기억에 어떻게 기여하는지는 여전히 불분명하다.

안녕히 주무세요!

우리는 수면이 부족하면 주변에 주의를 기울이기 어렵고, 수업이나 과제에 집중하지 못하며, 애초에 정보를 흡수하기도 어려워진다는 사실을 잘 알고 있다. 단 하룻밤만 잠을 설쳐도 주의력과 의사 결정에 도움이 되는 단기 기억의 일종인 '작업 기억'에 영향을 미칠 수 있다. 그리고 얼마나 영향을 미쳤는지도 측정할 수 있다.

푹 자요!

1920년대 시작된 연구 덕분에 수면이 기억력 강화에 중요하다는 사실은 잘 알려져 있다. 당시 한 연구 팀이 피실험자들에게 그들이 현실 세계에서 결코 접하지 못했을 말도 안 되는 단어들의 목록을 주었다. 그들이 확실히 새로운 정보를 습득하도록 하기 위해서였다. 이때 하룻밤 푹 잔 사람은 잠을 제대로 자지 못한 사람에 비해 목록 내용을 기억하는 데 뛰어났고 시험 성적도 더 좋았다.

이 연구는 특정 종류의 기억, 특히 서술 기억을 유지하는 능력이 수면과 연관성이 높다는 사실을 발견하도록 여러 연구를 촉발했다. 그러니 시험을 치르기 전에 잠을 푹 자라고 충고하는 선생님의 말을 듣는 게 좋다. 사실이다. 특히 수치를 기억하는 데는 정말 중요하다.

나쁜 꿈을 꾸지 마세요!

과학자들은 이러한 서술 기억을 통합하기 위해서는 비렘수면이라는 특정 종류의 수면이 필요하다는 사실을 발견했다. 이것은 눈알이 빠르게 움직이지 않는 수면이다. 비록 수업 내용을 꿈에서 다시 경험하지는 않지만, 이 수면 시간에 뇌는 그 기억을 굳건히 하기 위해 꿈을 꾸지도 않는다. 이런 서파수면이 이뤄지는 동안 뇌 활동의 진동 패턴이 뉴런 사이 연결을 강화해 기억이 잘 달라붙어 유지되도록 한다.

나만의 작은 가상현실

이제 우리의 기억이 완벽하지 않다는 사실을 알았을 것이다. 우리는 모든 종류의 것을 사소하게 잘못 기억하는 경향이 있다. 그리고 잘못된 기억을 이식하는 일은 너무나 쉽다. 그렇다면 어째서 우리의 뇌는 슈퍼컴퓨터처럼 모든 것을 제대로 암호화하지 않을까?

기억 버리기

세상은 크고, 복잡하고, 지나치게 시끄럽다. 주변에서 벌어지는 모든 것을 한 번에 처리할 만큼 우리의 뇌는 충분히 크거나 빠르지 않아 선택과 집중 전략을 택한다. 정보를 제대로 흡수하려면 일부분에만 집중해야 한다. 또 뇌가 처리하는 모든 정보가 장기 기억으로 암호화되는 것은 아니다. 그중 일부는 책을 덮거나 대화를 중단하는 순간 바로 버려진다. 따라서 세세한 기억까지 선명하게 떠올리기보다 그것을 성취하는 데 필요한 핵심 정보만 골라서 기억하는 셈이다.

매트릭스 안에서 살아가기

만약 내가 당신이 진실이라고 아는 것의 실상이 무엇인지 말해준다면 어떨까? 농담이다, 당신이 진실이라고 아는 것은 아마 실제로 진실일 것이다. 당신의 뇌는 환경에서 얻은 정보를 취합해 필터링하고, 당신이 경험한 다른 모든 것과 비교해 지금 무슨 일이 벌어지고 있는지 정확하게 이해하도록 돕는다. 모든 새로운 경험은 개인적 기억과 현재 의식이라는 렌즈를 통해 면밀히 조사된다. 그리고 그 의식은 본질적으로 편향되어 있다. 우리의 뇌는 자아 개념을 보호하기 위해 감정과 행동을 정당화하는 일을 할 것이다. 이것은 우리가 과거의 상호작용이나 사건을 기억하는 방식에 영향을 줄 수 있다. 예컨대 만약 내가 동물을 사랑하는 사람이라고 스스로 생각한다면, 내가 쥐를 죽였다는 사실을 기억하지 못할지도 모른다.

그러니 본질적 의미에서 객관적 경험 같은 것은 없다. 왜냐하면 당신이 가지고 있는 모든 감각이나 생각, 감정이 당신만의 고유한 현실을 통해 필터링되기 때문이다. 입력 지연도 발생한다! 비록 우리의 뉴런이 발화하는 속도는 매우 빠르지만 순간적이지는 않다. 그러니 보고 듣는 모든 것은 이미 일어난 것이다. 모두가 약 80밀리초 과거를 살아간다! 여기까지 읽은 당신은 모두가 각자의 두뇌에 의해 만들어진 자신만의 가상현실에서 살고 있다고 주장할 수도 있을 것이다. (《매트릭스》에서 키아누 리브스의 목소리로) 우와, 대단하다!

Z Z Z

CHAPTER 13

좋은 꿈 꾸세요!

잠은 매일 우리 삶의 약 8시간을 잡아먹는다. 이것은 인생의 3분의 1을 똑바로 누워서 주변 세상을 전혀 의식하지 않은 채 어떻게든 눈을 붙이려고 애쓰면서 보낸다는 뜻이다. 이렇게 해서 얻는 이득이 뭘까? 어째서 진화는 우리가 이처럼 기묘한 방식으로 살아가게 했을까?

우리 부부의 여섯 살배기 아이는 좀 다른 방식이겠지만, 어쨌든 잠은 놀랍고도 꽤 이상한 현상이다. 대부분 동물이 그렇듯 모든 사람이 잠을 잔다. 잠은 깨어 있는 각성 상태와 다른 뚜렷한 하나의 과정이다. 이때 우리는 대부분의 외부 자극에 반응하지 않으며 꿈이라는 독특한 현상을 경험한다.

잠을 잘 때 우리는 두 가지 독특한 상태를 교대로 맞는다. 하나는 눈이 빠르게 움직이는 렘수면REM sleep이고, 다른 하나는 비렘수면non-REM sleep이다. 두 상태가 90분마다 교대하며 하룻밤 내내 반복된다. 각각의 상태는 서로 다른 뇌 활동을 한다. 비렘수면 동안 뇌는 신경 활동의 파동으로 파문을 일으키고 가끔 움직이기도 하지만 꿈은 드물게 꾼다. 반면 렘수면 과정은 비록 보내는 시간은 적지만 우리가 꿈을 꾸는 시간이다.

잠은 단지 꿈을 꾸게 하는 것 말고도 이점이 많다. 잠은 장기 기억을 제대로 암호화하는 데 필수적이며, 면역 체계를 강화하고, (아마도) 뇌세포 사이 찌꺼기를 제거해 다음 날을 위해 뽀득뽀득 깨끗하게 만드는 '설거지 모드'로 들어가도록 한다. 그러니 잠을 충분히 자는 게 좋다. 이만 실례하겠다, 낮잠을 좀 자야 해서…….

새들도 잠을 잔다
(기린과 돌고래도)

인간만 잠을 자는 것이 아니다. 사실 대부분 동물이 어떤 형태로든 잠을 자는 것처럼 보인다. 하지만 다른 동물에게 잠으로 간주되는 현상이 우리에게는 잘 인지되지 않을 수도 있다.

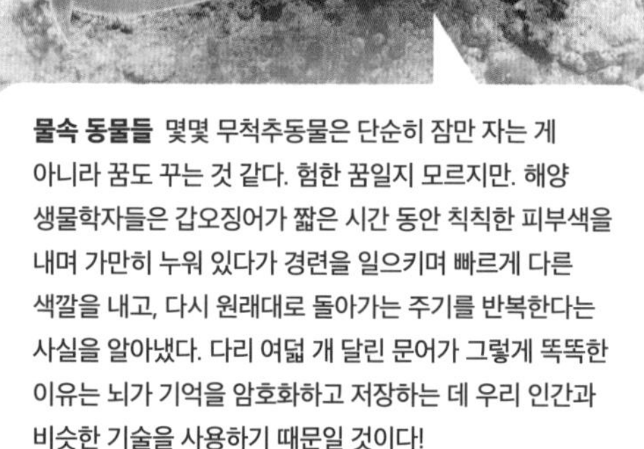

물속 동물들 몇몇 무척추동물은 단순히 잠만 자는 게 아니라 꿈도 꾸는 것 같다. 험한 꿈일지 모르지만. 해양 생물학자들은 갑오징어가 짧은 시간 동안 칙칙한 피부색을 내며 가만히 누워 있다가 경련을 일으키며 빠르게 다른 색깔을 내고, 다시 원래대로 돌아가는 주기를 반복한다는 사실을 알아냈다. 다리 여덟 개 달린 문어가 그렇게 똑똑한 이유는 뇌가 기억을 암호화하고 저장하는 데 우리 인간과 비슷한 기술을 사용하기 때문일 것이다!

물 반 공기 반 큰돌고래는 공기를 마셔야 하지만 물속에서 살기 때문에, 편하게 깊이 잠들지 못하고 쪽잠을 자야 한다. 이 돌고래의 해결책은 무엇일까? 한 번에 뇌의 절반만 잠드는 것이다. 큰돌고래는 뇌의 한쪽을 차단하고 나머지 절반은 의식을 약간 유지한 채 주변의 위험을 경계하며 숨을 쉬러 수면에 올라오기도 한다.

날아가면서 잠자기 우리에게 군함조 같은 능력이 있다면 얼마나 좋을까. 이 새는 몇 주 동안 멈추지 않고 날 수 있다. 과학자들이 군함조의 머리에 센서를 부착하고 뇌 활동을 관찰한 결과, 이 새는 비행하면서 잠을 잤다.

짧은 단잠 기린은 거의 잠을 자지 않는다. 어른 기린은 하루에 다섯 시간도 안 자고, 누워서 머리를 엉덩이에 대고 재빨리 깊은 잠을 자다가 일어난다. 정말 귀엽다!

양은 '메에' 우는 꿈을 꿀까?

고양이나 개를 기르는 사람은 이들이 자다가 꿈을 꾸는 듯한 모습을 보았을 것이다. 이 동물들은 잠을 자다가 낑낑거리거나 심지어 (재미있는 유튜브 영상에서처럼) 벽에 머리를 대고 자기도 한다. 동물들은 정말 꿈을 꿀까? 우리가 아는 바에 따르면 대답은 "그렇다"이다! 연구 결과에 따르면 많은 종이 인간이 꿈꾸는 단계인 렘수면을 경험한다. 잠든 쥐의 뇌 활동에 대한 연구 결과, 쥐들은 미로 탈출 작업을 수행하는 데 사용했던 뉴런을 자면서 어느 정도 다시 활성화했다. 이것에 대해 과학자들은 쥐들이 기억을 단단하게 다지는 것이라고 생각한다. 다시 말해, 이 쥐들은 꿈속에서 미로를 달리고 있었는지도 모른다!

일주기 리듬을 느껴봐

아침형 인간이든 저녁형 인간이든 상관없이, 당신은 잠들다가 깨는 규칙적인 주기를 갖고 있을 것이다. 우리는 보통 어두울 때 자고 밝을 때 깨어 있다. 이러한 주기는 지구의 24시간 자전과 일치하는 규칙적인 패턴을 따르는 경향이 있으며, 일반적으로 '일주기 리듬'이라고 알려진 신체 내부 과정을 통해 통제된다.

밤의 리듬

이러한 리듬은 왜 존재할까? 과학적 설명에 따르면 이러한 리듬이 우리가 주변 환경의 자연적 순환 주기를 예측하고 이용할 수 있게 해주기 때문이다. 즉, 우리 몸은 24시간 동안 특정 작업을 하는 데 최적화한다. 수면과 각성 주기, 소화, 호르몬 방출, 체온 조절을 포함한 여러 신체 기능이 일주기 리듬에 의해 영향을 받는다. 인간만 이런 패턴을 따르는 것은 아니다. 일주기 리듬은 거의 모든 동물에서 발견되며 심지어 박테리아에서도 발견된다!

기름칠이 잘된 기계

인간의 경우, 이 생체시계는 시상하부에서 발견되는 작은 뇌 영역인 시교차상핵SCN에 있는 페이스 메이커에 의해 조절된다. 시교차상핵은 여러 가지 면에서 오케스트라의 지휘자 같은 역할을 한다. 환경에서 신호를 받고, 특히 눈으로 들어오는 직접적인 입력을 통해 낮과 밤을 감지하며, 지금 무엇을 할 시간인지 몸에 알려준다. 예컨대 뭔가 먹을 시간이라든지, 잠잘 시간이라든지. 그에 따라 24시간 동안 다양한 단백질을 생성하고 분해시킴으로써, 하루를 주기로 신체 기능을 조절하는 피드백 고리를 생성한다.

청색광은 위험해

잠자기 전에 휴대전화로 트위터를 하면 좋지 않다는 사실을 알 것이다. 단지 중독되듯 스크롤을 내리는 행동이 정신 건강에 나쁘기 때문만은 아니다. 뇌는 주변 환경의 빛에서 신호를 받기 때문에, 밤늦게까지 휴대전화 화면을 응시하면 정상적인 일주기 리듬을 방해할 수 있다. 이것은 수면에 좋지 않다. 보통 밖이 어두워지기 시작하면 뇌는 우리를 졸리게 만드는 호르몬인 멜라토닌melatonin을 생산한다. 하지만 주로 태양에서 만들어지는 푸른색 빛을 저녁에 받으면 멜라토닌 생성이 억제된다. 그러면 잠을 자야 할 시간에 졸리지 않고 쉽게 잠들지 못한다.

이렇듯 중요한 일주기 리듬이 흐트러지면 배고픔이나 소화 같은 여러 신체 기능에 영향을 미치고 다른 건강 문제로 이어질 수도 있다. 만약 밤늦게까지 깨어 있는 편이라면, 어떻게 해야 할까? 일단 뇌에 대한 이 책을 다 읽고, 휴대전화에서 청색광을 차단하는 앱을 사용하거나 저녁에 청색광을 차단하는 안경을 써보는 게 좋겠다.

시차증 극복하기

여러 시간대를 넘나들며 비행할 때처럼 일주기 리듬이 심하게 방해받으면, 시차 적응이 필요하다. 그래서 유럽에 도착해 호스텔에서 새벽 3시까지 고통스럽게 깨어 있다가 현지인들이 저녁 먹기 전에 기절하듯 잠든다. 바깥의 일광이 변하더라도 일주기 리듬이 꽤 고착되어 있기 때문에, 몸은 새로운 일정에 즉각적으로 적응할 수 없다. 그래서 몸은 바깥 시간과 상관없이 여전히 익숙한 시간에 기상과 취침 신호를 보낸다. 이런 부작용을 피하고 시차 적응에 성공하려면 수면 스케줄을 미리 조절하거나 새로운 곳에 도착했을 때 적어도 밤 10시까지는 무조건 깨어 있는 식으로 관리해야 한다. 그러면 초저녁에 침대에서 코를 골며 시간을 낭비하는 대신 밖에서 저녁 시간을 즐겁게 보낼 수 있다.

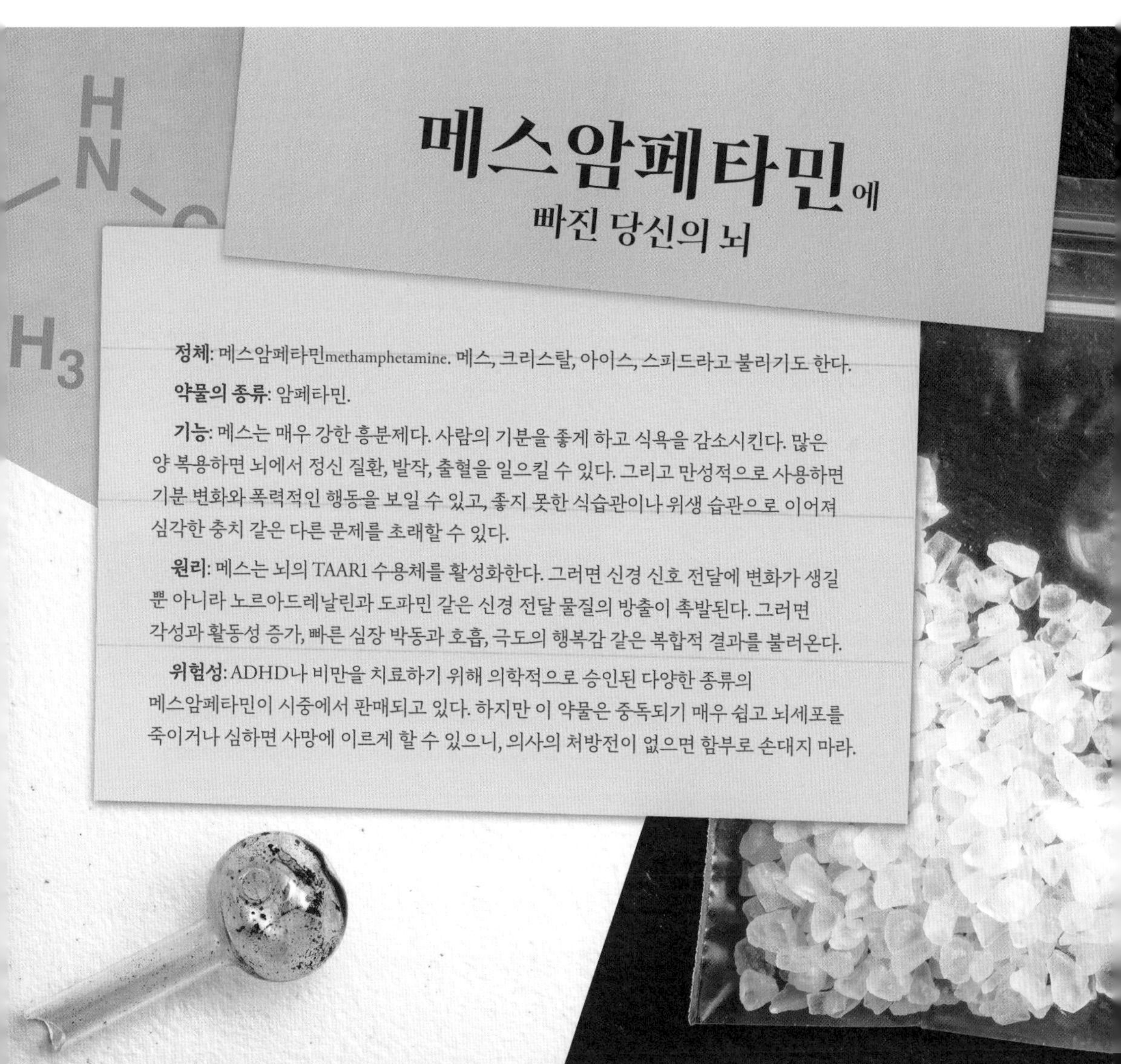

메스암페타민에 빠진 당신의 뇌

정체: 메스암페타민methamphetamine. 메스, 크리스탈, 아이스, 스피드라고 불리기도 한다.

약물의 종류: 암페타민.

기능: 메스는 매우 강한 흥분제다. 사람의 기분을 좋게 하고 식욕을 감소시킨다. 많은 양 복용하면 뇌에서 정신 질환, 발작, 출혈을 일으킬 수 있다. 그리고 만성적으로 사용하면 기분 변화와 폭력적인 행동을 보일 수 있고, 좋지 못한 식습관이나 위생 습관으로 이어져 심각한 충치 같은 다른 문제를 초래할 수 있다.

원리: 메스는 뇌의 TAAR1 수용체를 활성화한다. 그러면 신경 신호 전달에 변화가 생길 뿐 아니라 노르아드레날린과 도파민 같은 신경 전달 물질의 방출이 촉발된다. 그러면 각성과 활동성 증가, 빠른 심장 박동과 호흡, 극도의 행복감 같은 복합적 결과를 불러온다.

위험성: ADHD나 비만을 치료하기 위해 의학적으로 승인된 다양한 종류의 메스암페타민이 시중에서 판매되고 있다. 하지만 이 약물은 중독되기 매우 쉽고 뇌세포를 죽이거나 심하면 사망에 이르게 할 수 있으니, 의사의 처방전이 없으면 함부로 손대지 마라.

꿈은 무슨 의미를 담고 있을까?

꿈을 꾼다는 건 꽤 별난 경험이다. 눈을 감고 잠재의식 속으로 미끄러져 들어가, 마음속에서 펼쳐지는 이야기를 지켜본다. 이야기 중 일부는 직장에서 보내는 지루한 하루만큼 꽤 평범하다. 하지만 일부는 말도 안 되는 내용이다. 졸업 무도회의 킹에게 투표할 수 있도록 정장 차림의 개와 함께 용암 강을 따라 카누를 타고 나아가는 모습이 등장할 수도 있다. 그러니 우리 중 상당수가 잠에서 깨어나 '대체 왜 내가 그런 꿈을 꿨을까'라고 궁금해하는 것도 놀랄 일이 아니다.

소원을 들어주는 꿈

심리학은 언제나 꿈의 세계에 한 손가락을 담가왔다. 이런 흐름은 지그문트 프로이트에서 시작되었다. (이 사람이 또 등장할 걸 어느 정도 예상하지 않았는가?) 프로이트는 꿈이 무의식을 드러내므로 꿈을 공부하면 사람의 마음을 이해하는 데 도움이 된다고 믿었다. 실제로 그는 꿈이란 사람들이 억압된 욕망을 수행할 배출구를 제공할 뿐이라고 주장했다. 프로이트는 이것을 '소원 성취'라고 불렀다. 물론 이런 주장은 거짓으로 밝혀졌다. 프로이트 생전에 이미 그의 이론이 반복되는 악몽으로 고생하는 트라우마 환자들의 증상을 설명하는 데 실패했다는 사실이 드러났다.

상징적 제스처

프로이트의 후계자인 카를 융은 꿈이 무의식적 마음에서 오는 중요한 메시지이므로 세심한 주의가 필요하다고 믿었다. 그리고 융은 꿈에 대한 연구를 통해 반복적으로 드러나는 어떤 원형들을 확인했다. 이것이 집단 무의식의 일부인 관념에 대한 내재적이고 보편적인 상징이라고 설명했다. 이 이론은 꿈을 연구하고, 원형을 확인하고, 그 의미를 결정하고, 그 의미를 삶에 적용하는 것을 포함하는 '융식 꿈 분석'으로 이어졌다. 이 꿈 분석은 믿을 수 없을 만큼 인기를 끌었다. 이후 꿈의 상징을 분석하는 웹사이트가 생겨났을 정도다. 하지만 오늘날 이론에 따르면, 모든 꿈이 심각한 의미를 지녔다는 융의 생각은 틀렸다.

그렇다면 그것들은 정말 무엇을 의미할까?

비록 프로이트의 이론이 반박되고 융의 접근법이 인기를 잃고 있지만, 꿈이 하찮은 것이라는 의미는 아니다. 반대로, 당신이 꿈꾸는 내용은 아마 당신의 뇌가 중요하게 여기는 것을 반영한 결과일 것이다. 만약 시험 때문에 불안하다면, 시험에 대한 꿈이라든가 불안하게 하는 다른 것에 대한 꿈을 꿀지도 모른다. 그리고 하루 종일 영화 〈반지의 제왕The Lord of the Rings〉 시리즈를 보며 시간을 보냈다면, 꿈에 멋진 수염을 기른 간달프가 등장할지도 모른다.

어떤 꿈은 감정 상태에 대한 의미 있는 통찰력을 제공할 수도 있지만, 대부분 꿈은 디제이가 삶을 샘플링한 뒤 뒤섞은 결과물로 하루 동안 경험을 되새기는 것에 지나지 않는다. 꿈 해석은 정말 재미있고 때로는 마음을 치료하기도 하지만, 자칫 점성술이나 별점처럼 무의미한 수준으로 전락하기 쉽다.

이게 꿈속이라고?

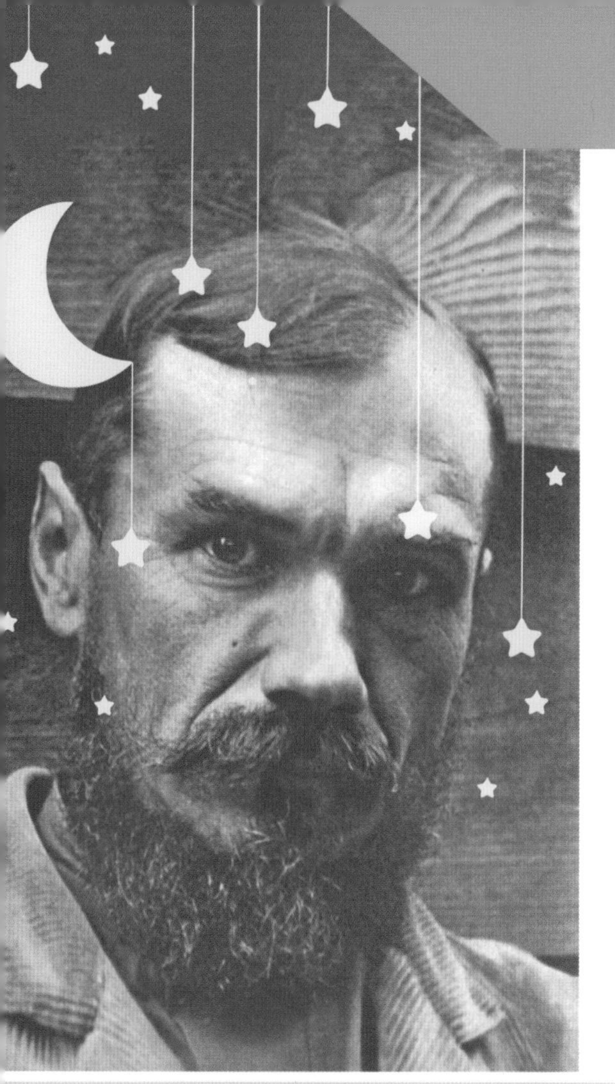

1898년, 프레데리크 판 에이던Frederik van Eeden은 최근에 꾼 꿈 내용을 적었다. 그동안 수백 개의 꿈 내용을 기록했지만, 이번 것은 달랐다. 꿈속에서 자신이 꿈을 꾸고 있다는 사실을 깨닫고 그 안에서 '자발적으로 행동할' 정도로 의식이 있었다. 에이던은 이것을 '자각몽lucid dream'이라고 불렀다. 자각몽은 우리가 렘수면과 각성 상태 사이에 있을 때 가장 자주 일어난다. 작업 기억을 담당하는 배외측전전두엽과 여러 감각 정보를 담당하는 두정엽 같은 특정한 뇌 영역이 활성화되면 자면서 스스로 의식적 제어를 할 수 있다고 여겨진다. 만약 이 현상을 이용할 수 있다면, 자각몽은 문제 해결 기술을 향상시키고 자신감을 끌어 올리며, 악몽과 싸우는 데도 도움을 줄 수 있다. 그러니 자각몽을 꾸고 싶으면 잠들기 전에 무슨 꿈을 꾸고 싶은지 생각하고, 꿈을 꾸다가 현실에서 벗어난 지점을 더 잘 발견할 수 있도록 일상에서 접하는 사소한 것들에 관심을 기울여라. 일단 자각몽에 들어가면 가능성은 무한하다. 우주로 날아가거나, 100스쿠프 아이스크림콘을 주문할 수도 있고, 영화 〈인셉션Inception〉처럼 세상을 반으로 접을 수도 있다.

잘못된 기억과 꿈

데자뷔에 대해 다시 한번 알아보자. 가끔 지금 벌어지는 일이 전에 겪은 것 같은 기묘한 기분을 느낀다. 사실 꿈과 기억은 묘한 관계다. 꿈을 주기적으로 기억하는 사람들은 자신이 데자뷔 경험을 더 많이 한다고 보고하는데, 이것은 꿈이 잘못된 기억의 생성을 촉진시키기 때문일 수 있다. 터무니없이 들릴지 몰라도, 사실은 꿈을 꾸는 것이 기억을 통합하고 단순화하는 데 도움이 된다. 그 과정에서 가장 친숙하게 느껴지는 것에 기초해 잘못된 정보가 추가될 수 있다. 이것은 이후 경험을 이상하게 인식하도록 한다. 사실 몇몇 사람은 자신이 '데자뷔 꿈'을 꿨다고 보고한다. 어떤 일이 일어나기 전에 이미 그것을 꿈으로 꿨다고 느끼는 현상이다. 소름 돋지 않는가. 이 이야기의 교훈은 다음과 같다. '꿈은 믿을 수 없다.'

잠들지 못하는 당신

많은 사람이 스스로 잠을 더 오래 자기를 바란다. 많은 사람이 여덟 시간 꼬박 충분히 잠들기 어렵다. 하지만 우리는 그만큼 자야 한다. 대부분 성인은 매일 일곱 시간에서 아홉 시간 자야 한다. 잠을 충분히 자지 않으면 비만, 고혈압, 심지어 치매에 이르는 온갖 만성적 건강 문제가 생길 수 있다. 물론 모든 사람이 매일 밤 충분한 휴식을 취할 수 있는 것은 아니다. 다음은 가장 흔한 수면 장애와 몇 가지 희귀한 수면 장애다.

수면 무호흡증sleep apnea 폐쇄성 수면 무호흡증은 기도가 막혀 발생하는 비교적 흔한 질환으로, 밤새 반복적으로 잠에서 깨어 숨을 헐떡거린다. 이 증상은 비대한 혀나 편도선, 비만 같은 생리적 특징에 의해 발생할 수 있다. 반면에 중추성 수면 무호흡증은 폐쇄성 무호흡증과 증상이 비슷하지만 뇌가 원인이다. 뇌가 호흡하는 데 필요한 근육들한테 계속 일하라는 명령을 내리지 않아서 숨이 막히는 것이다.

하지 불안 증후군restless legs syndrome 윌리스에크봄 증후군 Willis-Ekbom disease을 가진 사람은 앉거나 누울 때 다리가 불편해서 잠을 잘 자지 못한다. 불편함을 완화하기 위해 다리를 움직이고 싶은 충동을 계속 느끼고, 그러느라 충분한 수면을 취하지 못한다. 다리를 가만히 두지 못하고 발차기를 하는 바람에 옆에 있는 배우자도 종종 잠을 제대로 못 잔다!

기면증narcolepsy 수면을 충분히 취하는데도 과도하게 졸음이 쏟아지는 기면증은 부적절한 시간에 잠을 자고 싶은 충동을 도저히 억제할 수 없다. 이것은 하이포크레틴hypocretin을 생성하는 뉴런의 부족과 관련 있다. 하이포크레틴은 뇌에 "일어나!"라고 말하고 각성 상태를 계속 유지하는 데 매우 중요하다.

교대 근무 수면 장애shift work sleep disorder 이것은 일주기 리듬 관련 수면 장애로 여겨진다. 왜냐하면 이런 증상은 보통 몸의 생체시계와 주변 환경의 빛/어둠 주기가 단절되면서 발생하기 때문이다. 야간 교대 근무를 하는 사람은 밤에 깨어 있고 낮에 잠들기 위해 일주기 리듬을 조절하는 경우가 많아 낮 동안 밖에 나가서 돌아다닐 때마다 일종의 시차증을 느낀다.

사건 수면parasomnias(**렘수면 행동 장애, 폭발성 머리 증후군**) 수면과 각성 사이 과도기, 그리고 각 수면 단계 사이 과도기에 영향을 주는 수면 장애를 사건 수면이라고 한다. 몽유병이나 밤공포증 같은 비교적 일반적인 이상 증세가 포함되지만, 몹시 이상한 증상이 나타나기도 한다. 예컨대 렘수면 행동 장애는 개인이 신체 행동이나 목소리로 꿈의 내용을 실천하는 것이다(이때 자신이나 배우자에게 부상을 입히기도 한다). 또 다른 훨씬 더 기이한 예로는 잠에서 깨어날 때 머릿속에서 커다란 폭발음을 '듣는' 폭발성 머리 증후군도 있다.

불면증insomnia 휴식이 필요할 때조차 카페인 같은 자극제나 만성적인 통증, 우울증, 불안 같은 건강 상태 때문에 잠들지 못하는 경우가 있다. 이탈리아 한 가정에서 처음 확인된 극히 희귀한 유전병인 '치명적 가족성 불면증'은 수면을 조절하는 시상의 뇌세포를 죽이는 질환이다. 중년에 가벼운 불면증을 겪기 시작하다가 몇 달 동안 증세가 악화된다. 이로 인해 환각, 혼란, 기억 장애, 시각과 언어, 동작 조절 문제가 나타난다. 심하면 목숨을 잃을 수도 있다. 어서 자라는 말은 결코 그냥 하는 말이 아니다!

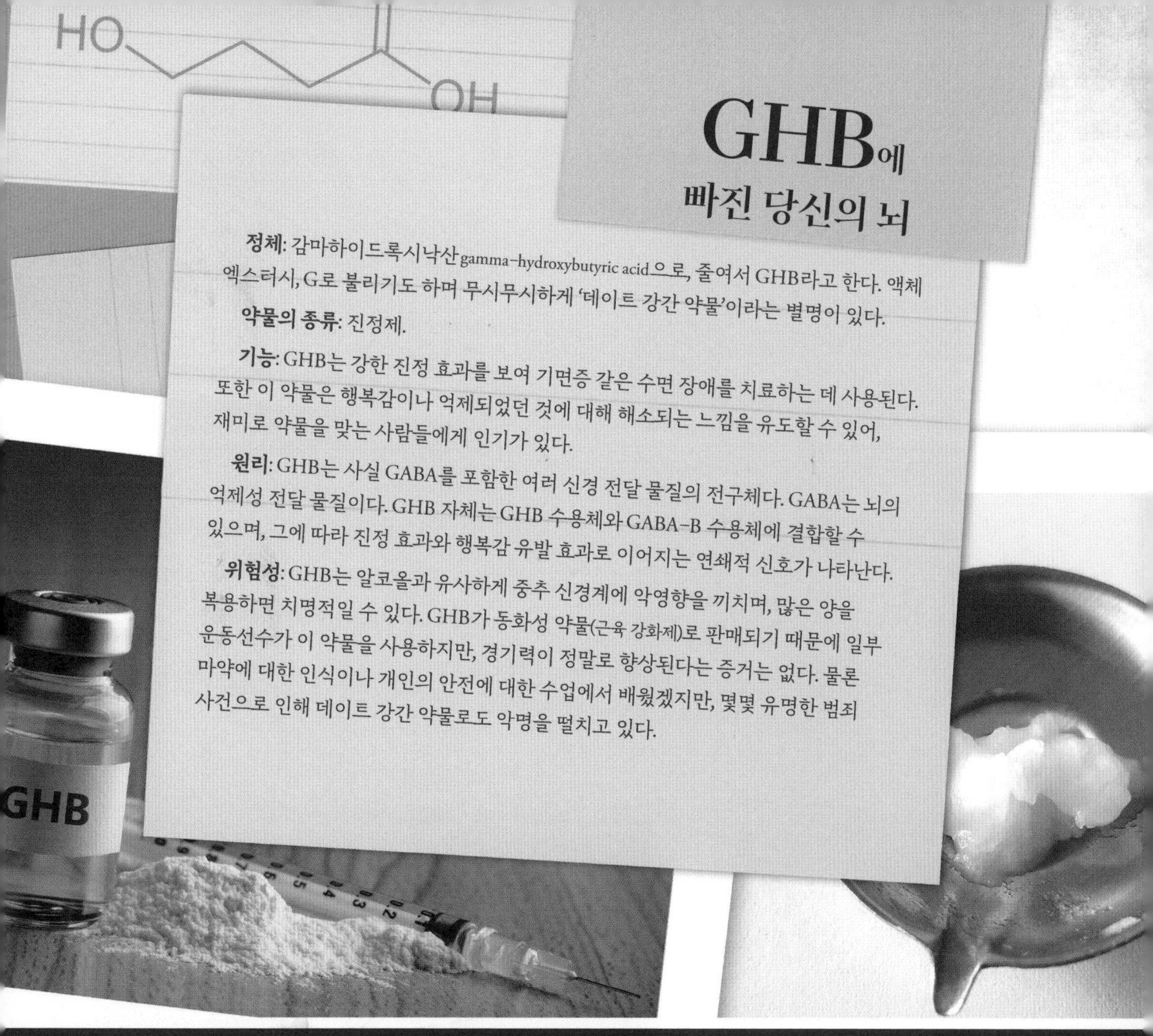

GHB에 빠진 당신의 뇌

정체: 감마하이드록시낙산gamma-hydroxybutyric acid으로, 줄여서 GHB라고 한다. 액체 엑스터시, G로 불리기도 하며 무시무시하게 '데이트 강간 약물'이라는 별명이 있다.

약물의 종류: 진정제.

기능: GHB는 강한 진정 효과를 보여 기면증 같은 수면 장애를 치료하는 데 사용된다. 또한 이 약물은 행복감이나 억제되었던 것에 대해 해소되는 느낌을 유도할 수 있어, 재미로 약물을 맞는 사람들에게 인기가 있다.

원리: GHB는 사실 GABA를 포함한 여러 신경 전달 물질의 전구체다. GABA는 뇌의 억제성 전달 물질이다. GHB 자체는 GHB 수용체와 GABA-B 수용체에 결합할 수 있으며, 그에 따라 진정 효과와 행복감 유발 효과로 이어지는 연쇄적 신호가 나타난다.

위험성: GHB는 알코올과 유사하게 중추 신경계에 악영향을 끼치며, 많은 양을 복용하면 치명적일 수 있다. GHB가 동화성 약물(근육 강화제)로 판매되기 때문에 일부 운동선수가 이 약물을 사용하지만, 경기력이 정말로 향상된다는 증거는 없다. 물론 마약에 대한 인식이나 개인의 안전에 대한 수업에서 배웠겠지만, 몇몇 유명한 범죄 사건으로 인해 데이트 강간 약물로도 악명을 떨치고 있다.

잠을 자야 뇌가 깨끗해진다

나쁜 수면 습관이 치매 발병에 영향을 미친다는 증거가 늘어나고 있다. 치매에 걸린 사람들은 심각한 수면 장애를 경험하곤 한다. 왜 이런 관련성이 존재하는지 명확하게 설명하기는 어렵지만, 쥐를 대상으로 한 최근 연구는 몇 가지 단서를 준다. 우리가 잠자는 동안 성상교세포라는 뇌세포가 수축해 모든 뇌세포 사이 공간이 거의 60퍼센트 확장된다. 그러면 뇌의 틈새로 더 많은 뇌척수액CSF이 흐른다. 뇌척수액은 하루 종일 뇌에 쌓였던 노폐물을 밀어내는 세척액 역할을 한다. 이때 아밀로이드 베타 단백질 같은 독성 폐기물이 제거된다. 이 작업은 알츠하이머병 같은 질병을 예방하는 데 중요할 수 있다.

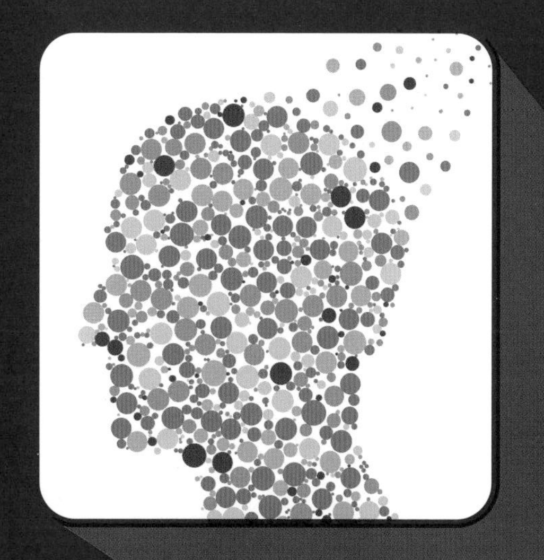

CHAPTER 14

사랑이란 뭘까?
(자기야, 나에게 상처 주지 마)

로맨틱 영화를 보면 사랑은 산소와 같다. 사랑은 여러 모로 멋지고 훌륭하며, 우리가 있어야 할 곳으로 우리를 끌어 올리고, 사랑이 전부라고 말한다. 정말 그럴까? 단지 당신의 뇌가 당신이 그것을 통해 아기를 생산하도록 하는 것은 아닐까?

사람들은 사랑에 집착한다. 사랑에 관한 책과 노래, 영화를 만들며 부모님이나 친구로부터 사랑받기를 바란다. 그리고 많은 사람에게 진정으로 로맨틱한 사랑을 찾는 것은 인생의 주요 목표 중 하나다. 하지만 사랑은 음식이나 물은 물론이고 수면처럼 눈에 보이는 구체적인 욕구가 아니다. 그것은 주변 사람들과의 관계를 반영하는 추상적인 관념이다. 그러니 다시 한번 묻자. 사랑이란 무엇인가? 그리고 어째서 우리는 그토록 사랑을 갈망하는가?

인간은 마음속 깊이 사회적 동물이다. 우리가 가진 크고 아름다운 두뇌는 인류 조상이 서로 협동하는 공동체를 이루려는 의지에서 비롯된 직접적 결과물이다. 이 공동체 덕분에 여러 성인이 약하고 무력한 유아를 돌보고 보호하며, 함께 식량을 찾아 나눠 먹고 사냥에 나설 수 있었다. 서로 강한 유대감을 형성할 수 있다는 점은 인류 조상이 살아가는 데 도움이 되었고, 오늘날에도 우리가 성가신 형제자매를 죽이지 않도록 막아준다.

사랑이라고 하면 빨간 장미와 샴페인이 떠오른다. 사랑과 기침은 결코 참을 수 없다고 말하기도 한다. 하지만 인간도 동물이므로, 다음 세대가 태어날 수 있도록 해야 한다. 어쩌면 낭만적 사랑이 진화한 것은 DNA를 제공하는 부모 두 사람이 자녀가 스스로 먹고살 수 있을 때까지 함께 지내도록 하는 데 도움이 되기 때문일지도 모른다.

하지만 사랑은 다른 형태로도 찾아온다. 부모가 자식에게 사랑을 느끼기 때문에 자식이 새벽 3시에 발작하듯 울부짖어도 기꺼이 보살핀다. 친구들에게 느끼는 사랑 덕분에 어려운 시험을 치거나 직장에서 힘들어도 견딜 수 있다. 그리고 이런 모든 알콩달콩하고 끈적거리는 느낌과 감정은, 지금쯤 짐작하겠지만 바보 같은 물컹거리는 두뇌에서 나온다!

사랑에 빠진 당신의 뇌

사랑에 빠지는 것은 아찔하고, 두렵고, 흥분되는 경험이다. 사랑은 우리에게 감정적으로, 육체적으로 영향을 미친다. 사랑에 빠져 몸속에서 나비가 팔랑팔랑 나는 듯한 느낌이 든 적이 있는가? 아니면 짝사랑 상대의 손을 스칠 때마다 머릿속에서 뭔가가 솟구치는가? 사랑에 빠질 때 당신의 머릿속에서는 정말 많은 일이 일어나고 있다.

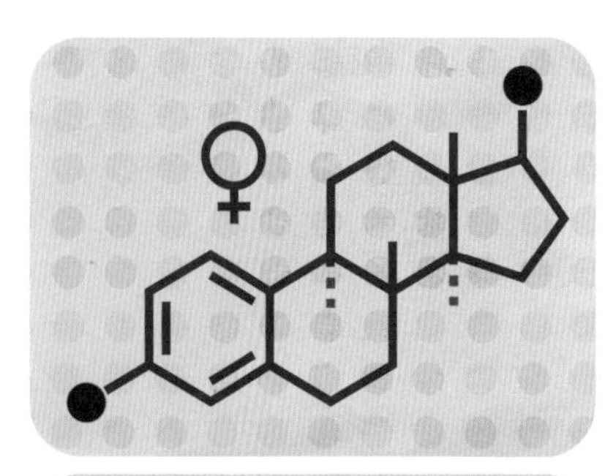

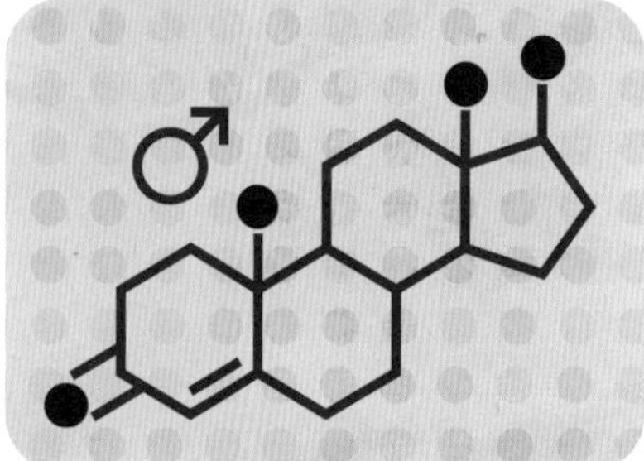

성호르몬sex hormones 기본적인 인간의 성호르몬인 에스트로겐estrogen과 테스토스테론testosterone은 우리가 도저히 저항할 수 없는 욕망을 느끼도록 하는 원천이다. 흥미롭게도 이 열정적인 시기에 남성은 테스토스테론이 감소하지만 여성에게서는 이 호르몬이 증가한다.

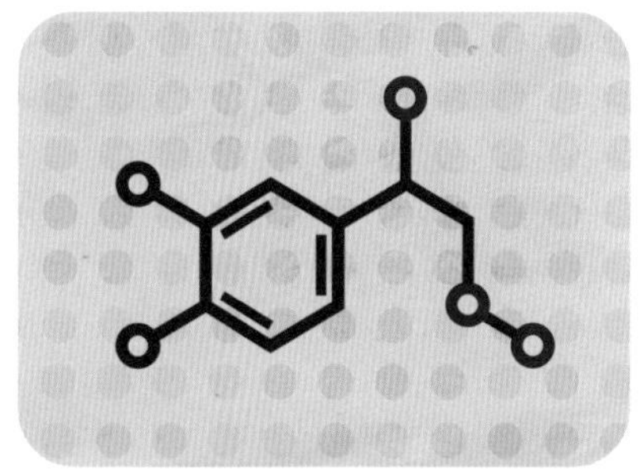

노르아드레날린noradrenalin 아드레날린이라고도 알려진 노르아드레날린이라는 신경 전달 물질은 활기를 주며, 누군가에게 홀딱 반했을 때 아찔함과 흥분을 느끼도록 한다.

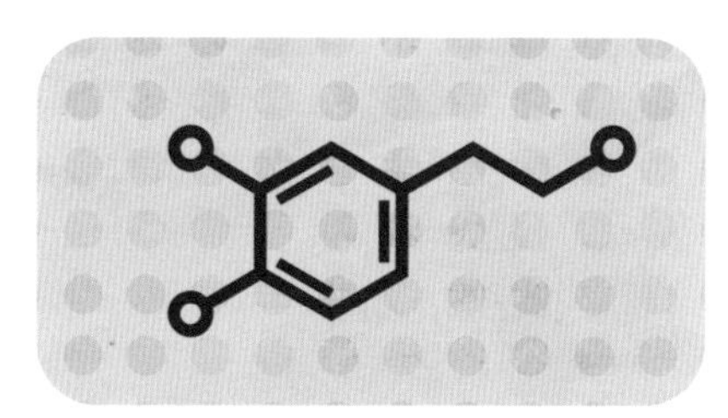

도파민dopamine 사랑에 빠진다는 행복감에 기여하는 도파민은 뇌의 여러 보상 회로를 활성화하는 역할도 한다. 작가들이 "사랑은 마약과 같다"라고 말할 때 진정한 의미는 사랑에 빠지는 것이 암페타민이나 코카인 같은 흥분제 약물을 복용하는 것처럼 여러 관련 경로를 활성화한다는 뜻과 다르지 않다.

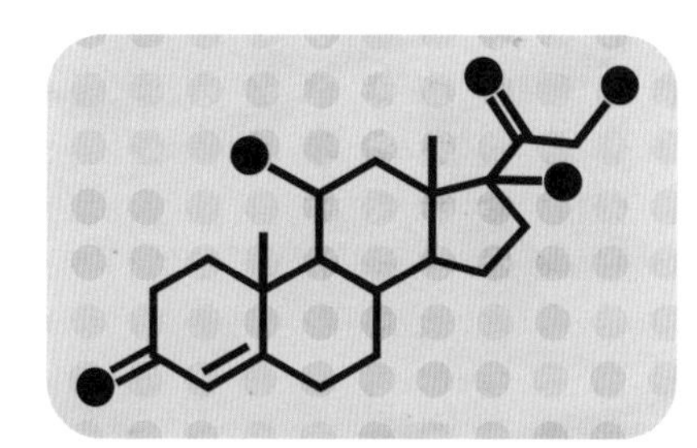

코르티솔cortisol 새로운 연애가 시작될 때, 뇌 속에서는 스트레스 호르몬인 코르티솔의 수치가 빠르게 상승한다. 이것이 몸속에 나비가 있는 것처럼 흥분이나 긴장을 느끼는 원인이다.

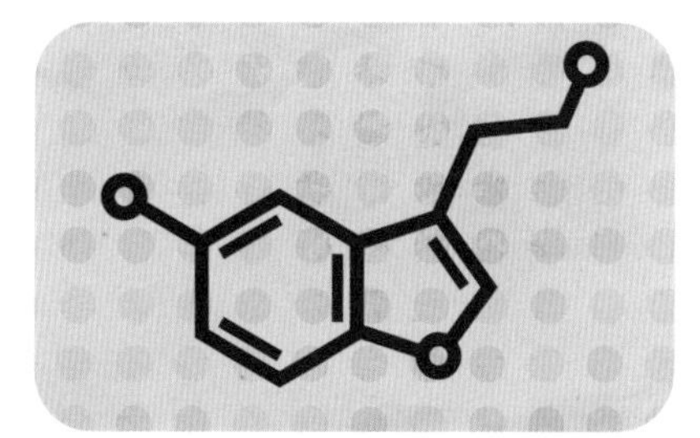

세로토닌serotonin 사랑에 빠지면 도파민이나 노르아드레날린과 달리, 세로토닌 수치는 감소한다. 이렇듯 세로토닌 수치가 낮은 것은 강박 장애를 겪는다는 지표다. 과학자들은 이런 이유로 당신이 홀딱 반한 감정을 머리에서 쉽게 지워내지 못한다고 생각한다!

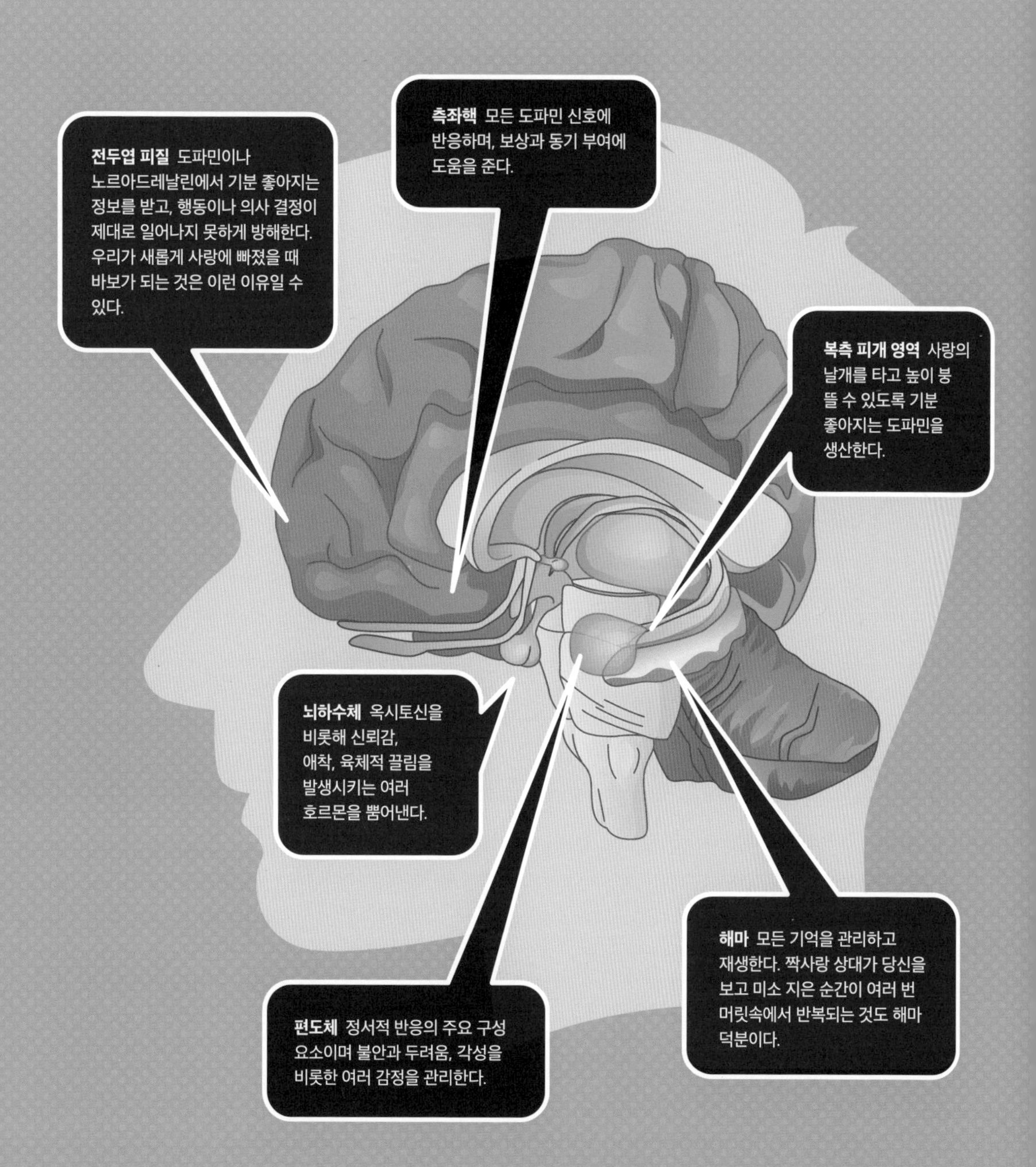
전두엽 피질 도파민이나 노르아드레날린에서 기분 좋아지는 정보를 받고, 행동이나 의사 결정이 제대로 일어나지 못하게 방해한다. 우리가 새롭게 사랑에 빠졌을 때 바보가 되는 것은 이런 이유일 수 있다.
측좌핵 모든 도파민 신호에 반응하며, 보상과 동기 부여에 도움을 준다.
복측 피개 영역 사랑의 날개를 타고 높이 붕 뜰 수 있도록 기분 좋아지는 도파민을 생산한다.
뇌하수체 옥시토신을 비롯해 신뢰감, 애착, 육체적 끌림을 발생시키는 여러 호르몬을 뿜어낸다.
편도체 정서적 반응의 주요 구성 요소이며 불안과 두려움, 각성을 비롯한 여러 감정을 관리한다.
해마 모든 기억을 관리하고 재생한다. 짝사랑 상대가 당신을 보고 미소 지은 순간이 여러 번 머릿속에서 반복되는 것도 해마 덕분이다.

사랑의 다양한 종류

그리스인들은 사랑을 아가페, 필리아, 스토르게, 필로티아, 크세니아, 에로스로 나눴다. 이 중에서 에로스만 성적인 사랑이다. 나머지는 신에 대한 사랑, 친구에 대한 사랑, 가족에 대한 사랑 등이다. 물론 이렇게 나누는 것도 좋지만, 심리학의 도움을 받으면 낭만적이지 않은 사랑에 대해 보다 잘 이해할 수 있다.

삼각관계

'삼각 이론'이라는 모델에 따르면 어떤 종류의 사랑에도 친밀감, 열정, 헌신이라는 세 가지 요소가 따른다. 요리 레시피처럼, 이 세 가지 재료를 조합을 달리해서 섞으면 다른 맛의 사랑을 얻을 수 있다. 열정과 친밀감을 합하면 낭만적인 사랑이 되고 친밀감과 헌신을 합하면 자식에 대한 부모의 사랑처럼 자애로운 사랑이 된다. 그렇다면 친밀감 하나만 있으면 어떻게 될까? 그러면 우정이 된다. 조합이 정말 많다!

피는 물보다 진하다

낭만적이지 않은 사랑은 태어날 때부터 우리의 가장 기본적이고 근본적인 욕구 중 하나다. 타인과 긴밀한 감정적 유대를 형성하려는 강렬한 욕망을 애착(자세한 내용은 64쪽 참고)이라고 한다. 애착은 사람의 발달에서도 중요하지만 진화에서도 중요할 것이다. 만약 등산 도중에 여동생이나 친구 중 한 사람만 구할 수 있는 영화 〈버티컬 리미트Vertical Limit〉 같은 한계 상황에 처한다면, 당신은 (아마도) 여동생을 구할 것이다. 이런 경향을 '친족 선택'이라고 하는데, 이 개념은 가장 사랑하고 가까운 사람들(다시 말해 가족)에게 얼마나 특혜를 주는지 본질적으로 설명해준다. 유전자 중 일부가 가족의 자손을 통해 전해지기 때문이다. 하지만 이것이 사실이라면 사람들이 자기 형제자매와 함께 아기를 낳지 않으려는 것은 흥미롭다. 그렇지 않은가?

자매처럼 널 사랑해

전문 음담패설가로 국제적 센세이션을 일으킨 지그문트 프로이트는 가족 구성원들이 사실 자연스럽게 서로에게 성적으로 끌린다고 믿고, 그에 따라 근친상간에 대한 금기를 개발해야 했다고 주장했다. 하지만 이런 주장을 뒷받침할 증거는 거의 없다. 오히려 그와 반대로 '웨스터마크 효과Westermarck effect'에 따르면 어린 나이부터 서로 가까이 자란 아이들은 서로에게 성적 매력을 느끼지 못한다. 이스라엘의 집단 공동체에 대한 연구에 따르면 태어나서 여섯 살까지 같은 또래 집단에서 자란 아이들은 서로에게 성적 매력을 찾지 못했고, 또래 집단 아이들과도 결혼하지 않았다(다른 집단 구성원과의 결혼은 꽤 흔했다).

당신은 왜 애완동물을 사랑하는가?

우리의 조상은 약 1만 년 전부터 개를 비롯한 여러 동물을 길들여왔다. 늑대는 사냥을 돕고, 닭은 알을 낳고, 말은 교통수단을 제공하는 등 동물은 '살아 있는 도구' 역할을 했다. 하지만 그 후 애완동물이 집 한구석을 차지했다. 사람들은 개와 고양이는 물론이고 고슴도치까지 키운다. 물론 이런 동물들은 귀엽지만 상당한 시간과 돈을 요구한다. 왜 이런 작은 동물들을 곁에 둘까? 그 이유는 확실히 밝혀지지 않았다. 어떤 사람은 애완동물이 패션 같은 사회적 구성물이라고 주장한다. 다른 사람이 애완동물 기르는 것을 보며 '아, 나도 그렇게 해야 해!'라고 생각한다는 것이다. 또 다른 주장에 따르면 애완동물을 소유하는 것은 부유하거나 양육 본성이 있다는 사실을 드러내고, 그에 따라 재생산 측면에서 가치가 있다고 한다. 하지만 더 가능성이 커 보이는 설명은 인간은 사회적이고, 인간이든 다른 동물이든 간에 다른 존재와 긴밀한 유대감과 애착을 갈망한다는 것이다. 전적으로 의존하는 애완동물을 키우는 것은 자신의 아이와 마찬가지로 보호와 양육 본능을 촉발시키고, 자신의 존재감을 입증한다.

앞에서 살핀 것처럼, 사랑에 빠지는 것과 관련된 성적 열정은 신경 전달 물질과 호르몬으로 가득 찬 지독한 폭탄을 뇌에 떨어뜨리는 것과 같다. 하지만 친구, 자녀, 부모님, 또는 고양이에 대한 사랑처럼 플라토닉하고 낭만적이지 않은 사랑에서도 뇌는 호르몬을 더 까다롭게 선택한다.

애정이 담긴 접촉

친구에게서 애정이 듬뿍 담긴 포옹을 받거나, 고양이의 털을 천천히 쓰다듬으며 몇 분 동안 평화로운 시간을 보내거나, 어떤 사람의 처지를 잘 알겠다는 듯 공감하며 눈을 바라본 적이 있다면, 당신은 옥시토신의 효과를 느꼈을 것이다. '신뢰 호르몬'이라고도 불리는 옥시토신은 촉각, 특히 피부와 피부가 직접 접촉할 때 방출된다. 옥시토신은 차분하고 안정되며 편안하게 만들어주어, 본질적으로 타인과 더욱 가깝게 느낄 수 있도록 돕는다. 그리고 몸속에서 이 호르몬은 임신과 출산 동안 진통에 따른 수축과 수유를 유발하며, 어머니와 아기 사이 유대감이 형성되는 데 필수적이다.

돌봄 호르몬

반면에 친구나 가족을 비롯해 사랑하는 사람을 계속 보살피게 하는 바소프레신이라는 흥미로운 호르몬이 존재한다. 주로 혈압이나 심혈관 기능을 유지하는 역할로 알려진 바소프레신은, 그것이 방출되었을 때 애정이라는 감정과 연관되기 때문에 애착 호르몬이라고 불리기도 한다. 그뿐만 아니라 바소프레신은 누군가를 소유하고 보호하려 하며, 아끼는 사람들의 요구에 부합하기 위해 더욱 적극적이고 활동적인 측면에도 관여하는 것처럼 보인다. 이 호르몬은 옥시토신과 함께 분비되어, 우리가 타인과 따뜻하고 친밀하며 배타적인 감정을 느낄 수 있도록 작용한다.

엄마의 작은 도우미: 옥시토신

아이가 자제력을 잃고 반복해서 떼쓰며 슈퍼마켓 시리얼 코너에서 소리 지르면, 당신은 그동안 인류가 이런 비합리적이고 까다로운 아이들을 어떻게 계속 돌봐왔는지 궁금할지도 모른다. 정답은 호르몬, 특히 옥시토신oxytocin 덕분이다. 아기를 몸속에서 키울 때 신체적 측면을(옥시토신은 진통할 때의 수축과 수유, 성적 흥분을 유발한다) 지원하는 것 외에도, 이 호르몬은 당신이 어떤 대가를 치르든 끔찍한 아기를 사랑하고 보호하도록 하며 부모와 자식 간 유대감을 쌓게 한다. 연구에 따르면 암컷 쥐의 몸에서 옥시토신을 차단하면 새끼에게 소홀해졌다. 반대로 새끼를 낳지 않은 양이나 쥐에게 옥시토신을 주입하면 자기 새끼가 아닌 어린 동물을 보살펴주었다.

섹스에 대해 얘기해보자

사람을 달아오르게 흥분시키는 것은 어렵지 않다. 성적 흥분과 자극, 오르가슴은 모두 우리가 인간을 계속해서 생산하도록 하는 기계 장치의 일부다. 그래야 인류라는 종이 존속할 수 있으니 말이다. 당신이 흥분했을 때 뇌는 완전히 다른 곳으로 튀어나간 것처럼 느껴지며 당신을 성적 욕망에서 허우적거리게 한다. 하지만 큰 뇌는 여전히 제자리에 남아서 애정 측정기의 다이얼을 돌려 당신을 활기차게 만들 것이다.

엔진 켜기

성적 흥분은 종종 심리적으로 발생한다. 야한 로맨스 소설을 읽거나 후끈거리는 영화를 보면 기분이 좋아지고 상황이 좀 더 활기 넘치는 것도 그런 이유다. 그렇지만 이런 흥분은 척추 아래쪽 신경의 뉴런에 의해 촉발된 성감 발생 영역의 육체적 자극에서도 발생한다. 그러면 뒤이어 신체적 흥분과 연관되는 느낌이 생긴다.

흥분하는 중

성적 흥분은 여러 가지로 신체적 영향을 미친다. 호흡이 빨라지고 심장이 빠르게 두근댄다. 신체의 다양한 작은 부위와 까닥거리는 곳들이 섹스를 앞두고 혈액이 들어차 부풀어오르기 시작한다. 이러한 신체 기능은 자율신경계의 한 구성 요소인 부교감 신경계에 의해 제어된다. 부교감 신경계는 뇌간과 척수 하부에서 나온 신경을 통해 소화나 섹스 같은 '먹이고 번식하는' 활동을 감독한다. 성적 흥분의 경우, 척수 신경이 생식기와 정보를 주고받으며 혈류가 증가해 해당 부위가 발기되거나 윤활이 일어난다.

야한 짓 하기

성적인 활동을 하는 동안 우리 몸에는 에로틱한 감각이 쌓이고 가끔은 오르가슴이 생긴다. 미디어(특히 에로틱한 소설)에서는 이것을 정신 나가게 하는, 우주가 휘는 듯한 경험으로 묘사하지만, 오르가슴 또한 인간의 감각 스펙트럼에서 쾌락에 해당하는 쪽 끄트머리의 경험일 뿐이다. 성적 감각이 특정 역치에 도달하면 척수에서 오는 신호가 근육의 긴장과 혈류의 방출을 유발한다. 음경을 가진 사람의 경우에는 주로 사정에 해당한다.

오르가슴이 일어나는 동안 뇌에서는 많은 일이 벌어진다. 연구자들은 fMRI를 활용해 이 기간에 편도체(두려움이나 불안과 관련된)와 안와 전두 피질(충동 조절과 관련된)의 활동이 감소한다는 사실을 알아냈다. 반대로 우리의 촉각, 감정 조절, 기억, 의사 결정과 관련된 영역에서는 뉴런 활동이 증가한다.

대체로 섹스는 뇌에 꽤 좋다. 심지어 성적 흥분과 오르가슴이 고통에 대한 민감성을 감소시키고 불안이나 우울, 자존감, 수면의 질을 개선하며 파트너와의 친밀함을 향상시킨다는 증거도 있다.

틴더는 데이트를 어떻게 바꾸었나

왼쪽으로 스와이프할까, 아님 오른쪽으로? 기술은 사람들의 데이트 풍경을 근본적으로 바꿔놓았고, 새로운 사람을 만나는 과정을 그 어느 때보다 쉽게 했다. 하지만 이 데이트 앱들은 당신의 두뇌도 바꿔놓는다. 당신이 지금 사는 지역에서 매력적인 새로운 사람과 연결될 때마다, 당신의 뇌에서는 도파민이 치솟고 그에 따라 기분이 좋아진다. 하지만 물론 당신이 모든 사람과 연결되는 것은 아니다. 이런 보상의 예측할 수 없는 특성은 측좌핵 같은 당신의 쾌락 중추에 더 큰 자극을 준다. 이렇듯 즉각적인 만족을 주기 때문에, 어떤 사람들은 이런 앱이 오래갈 사랑을 찾는 '의도된' 효과와 반대 방향으로 작용한다고 말한다. 연결되어도 누군가의 전화번호를 얻는 것은 고작 0.2퍼센트이며, 이어 가상으로 상호작용하다가 실제로 만나는 경우는 그보다 더 적기 때문이다. 이것은 그저 데이팅 비디오 게임이나 다름없다. 그러니 어떻게든 첫 번째 만남을 성사시키겠다고 서두르지 마라. 매칭만으로도 흥미진진하니!

사랑에 중독된 사람들

섹스와 포르노물은 우리 삶에서 고정 출연자라고 할 수 있다. 이것은 인류의 역사 기록이 존재하는 모든 기간에 걸쳐 존재해왔다(아마 동굴 벽화에도 아주 멋진 포르노물이 있었을 것이다). 이렇듯 보편적인 소재인데도 성에 대한 중독이라는 주제는 논란을 불러일으킨다. 당신은 섹스 중독 또는 포르노 중독인 사람을 많이 보아왔다. 이런 주제는 친구들과의 가십이나 영화에도 자주 등장한다. 그리고 인터넷이 보편화되면서 데이트 앱과 포르노 웹사이트를 통해 그 어느 때보다 이러한 중독이 범람할 것처럼 보인다. 모두에게 즐거운 시간을!

더 이상 참을 수 없다

하지만 단순히 포르노를 즐기거나 섹스를 자주 한다고 해서 중독되는 것은 아니다. 그렇다면 언제 문제가 발생할까? 강박적으로 성적인 생각을 하거나, 섹스 상대를 찾고 포르노를 보는 데 많은 시간을 소비하거나, 여러 파트너와 강박적으로 만나는 것은 문제가 된다. 이런 증상에 고통받는 사람이 자기 행동을 통제하는 데 어려움을 겪고 자신의 성적 행동에 죄책감을 느끼며, 행동을 은폐하려 거짓말하는 정도라면 장애에 가깝다고 할 수 있다. 이런 사람은 섹스나 포르노에 너무 몰두해 일상생활에 지장을 주고, 심지어 직업적으로나 개인적으로 부정적인 일이 벌어지기도 한다. 이런, 심각해 보이는군!

중독이 아닌 강박

하지만 이처럼 '포르노 중독'이나 '섹스 중독'이라는 말을 일상생활에서 흔히 사용하는데도 이 두 증세는 DSM이나 ICD에 공식적인 장애로 인정받지 못했다. 대신 '물질이나 알려진 생리적 조건에 의한 것이 아닌 성적 기능 장애'처럼 확실히 섹시하지 않은 이름의 대체 진단명이 존재한다. 한동안 전문가들은 섹스 중독과 포르노 중독을 모두 아우를 수 있는 새로운 진단명인 '과잉 성욕 장애'를 도입할지 고민했다. 하지만 결과적으로 포기하기로 결정했다. 왜냐하면 이런 장애가 존재한다는 증거가 희박한 데다, 섹스나 포르노가 마약이나 도박 같은 다른 중독처럼 생물학적 변화를 일으키지는 않기 때문이다. 지금으로서는 단순한 충동적 행동이며, 불안을 줄이려는 의도 외에 어떤 합리적 동기 부여가 없는 반복적인 행동 정도로 여겨진다.

섹스에 대해 우리가 잘못 알고 있는 것

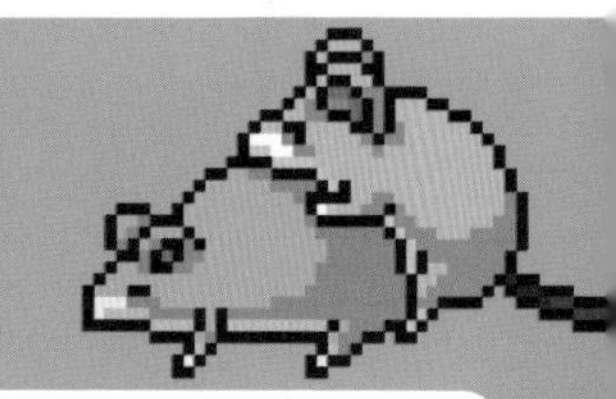

섹스는 신비로움으로 둘러싸여 있는 경우가 많다. 하지만 학교 쉬는 시간에 친구들에게 배운 것들을 맹신하지 마라. 그것들은 근거 없는 믿음에 불과하다.

"포르노는 실제 관계의 만족감을 줄인다."

어떤 사람이 포르노를 부정적으로 여긴다면 문제가 될 수 있지만, 대부분 사람은 포르노를 본 뒤 파트너에게 성적 끌림을 경험했고 전반적으로 관계의 만족도가 높아졌다고 보고한다.

"자위행위는 정신 건강 문제를 야기한다."

그렇지 않다! 물론 그것이 변태 같다거나 나쁜 행동이라는 말을 듣고 자랐다면 그럴 수도 있다. 하지만 그렇지 않은 경우라면 자위행위는 정상적이고 건강한 행동이며, 아무런 정신 건강 문제도 일으키지 않는다.

"남성은 강간당하지 않는다."

아니다. 당연히 남성도 피해자가 될 가능성이 있다. 미국 남성의 약 3퍼센트가 남성이나 여성 가해자에 의한 성폭력 경험이 있다. 사실 모든 강간 피해자의 약 10퍼센트가 남성이다.

"섹스는 당신의 운동 실력을 떨어뜨린다."

틀렸다. 당신은 섹스 같은 부담이 큰 행동이 신체적 능력을 약하게 만들 거라고 직감적으로 느낄 수도 있지만, 나이 많은 체육 선생님이나 할 법한 이런 잔소리를 뒷받침할 증거는 없다.

젠더가 무슨 상관이야?

잘 알고 지내던 한 학자가 "여성은 과학에 서투르도록 뇌가 만들어져 있다"라거나 "남성이 더 이성적이기 때문에 사업에 더 능하다!"라는 말을 하자, 나는 즉시 그와 관계를 끊었다. 이런 모욕적인 주장은 대체 어디에서 비롯된 것일까? 여성과 남성의 뇌는 실제로 다른 점이 있을까?

화성에서 온 남자

유명한 한 연구에 따르면 남성과 여성의 뇌를 fMRI로 확인한 결과 뇌 구조와 연결성 면에서 현저한 차이가 나타났다. 남성은 여성에 비해 회백질의 양이 6.5배나 되기 때문에 논리적 의사 결정과 감정 조절에 탁월하며, 이와 대조적으로 여성은 남성에 비해 백질의 양이 10배 더 많아 뇌가 좀 더 상호 연결되어 있고 정보를 통합해 멀티태스킹하는 데 적합하다고 한다. 이렇듯 남성과 여성에 대한 고정관념과 딱 들어맞는 신경 영상 연구가 있다니 매우 편리해 보인다! 하지만 실상은 그렇게 간단하지 않다.

금성에서 온 여자

많은 과학자가 지적했듯이, 일단 뇌의 크기 차이를 고려한다면(평균적으로 남성의 뇌가 여성보다 약간 더 크다) 이러한 '명백한' 구조적 차이는 거의 모두 사라진다.

성별 간 평균치를 볼 때 남성과 여성의 뇌는 몇 가지 면에서 '진정한' 차이점이 있다. 예컨대 어떤 연구에 따르면 남성은 뇌의 좌반구에 회백질이 더 많은 반면 여성은 우반구에 회백질이 더 많다. 또 여성은 인지력에 영향을 미치는 에스트로겐 수치가 더 높은 경향이 있다. 그리고 평균적으로 여성은 언어 기억 과제(단어 기억)를 조금 더 잘하는 반면, 남성은 공간 과제(미로에서 길 찾기)를 조금 더 잘한다. 하지만 이것은 단지 평균치일 뿐이다. 사실은 같은 성별 구성원들 간 차이가 성별 간 차이에 비해 그 정도가 훨씬 더 크다. 게다가 이 정보들은 그 사람의 감정적, 인지적 능력에 대해 유의미한 무언가를 말해주지 않는다.

하지만 나머지 우리는?

게다가 이 모든 논의는 이분법적 성별로 자신을 인식하지 않는 사람들에 대해 다루지 않는다. 뇌의 성별에 대한 연구는 대부분 트랜스젠더 개인의 사례를 결코 포함하지 않는다. 물론 트랜스젠더transgender 여성과 시스젠더cisgender 남성을 비교했을 때 편도체와 시상하부 같은 뇌 구조에서 약간 차이가 있었다는 몇몇 연구가 있기는 하다. 하지만 다시 강조하건대, 이런 것은 그 사람의 능력이나 행동에 관한 어떤 유의미한 정보를 전달하지 못한다.

트랜스젠더의 뇌

어떤 사람들은 사람의 성별을 간단히 음경 = 남성, 질 = 여성으로 분류하기를 바라지만, 생물학은 결코 간단하지 않다. 일단 앞서 말했듯이, 남성과 여성의 뇌는 실제로 큰 차이가 없다. 그리고 한 성별 내 차이가 일반적으로 성별 간 차이에 비해 훨씬 더 크다. 그렇기는 하지만 뇌 활동 패턴에 대한 최근 연구에 따르면, 트랜스젠더들이 보이는 뇌 활동 패턴은 태어날 때의 지정 성별보다 그들이 정체화하는 성의 패턴과 더 비슷한 경향이 있다. 어째서 사람들 가운데 몇몇이 트랜스젠더인지는 정확히 알 수 없지만, 관련 연구 결과에 따르면 아마도 태아기 전 성호르몬에 노출과 관련된 근본적인 생물학적 효과를 의심할 수 있다. 하지만 이런 연구 결과는 중성이나 제3의 성nonbinary/젠더 비순응자들에 대해 아직 건드리지도 못하고 있다!

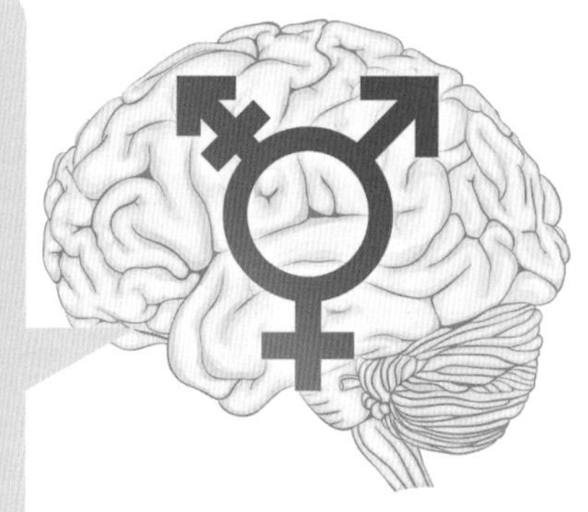

당신은 누구를 사랑하는가?

만약 지금 당신이 이제 뇌의 성별이 좀 복잡해진다고 불평한다면, 아직 성 지향성에 대해서는 이야기하지도 않았다는 사실을 말해주고 싶다. 당신은 좋아하고 끌리는 사람을 사랑할 뿐이다. 그런데 어째서 그렇게 되는 걸까?

답은 유전자 풀 안에 있다

단 하나의 '동성애 유전자'가 존재하지는 않지만, 인간 게놈과 섹슈얼리티의 관계에 대한 최근의 대규모 연구는 동성애 행동과 약한 연관성을 가진 여러 유전자 표지를 발견했다. 이러한 표지 중 일부는 이전에 성적 끌림과 연관된다고 여겨졌던 테스토스테론 수치나 후각 같은 것들을 조절하는 유전자와 가깝거나 연관되어 있다. 하지만 전체적으로 볼 때 이러한 유전자 표지는 비이성애 행동의 약 15퍼센트만 설명할 뿐, 나머지는 환경과 관련될 가능성이 높다.

형이 많을수록…

그동안 환경이 성적 지향에 영향을 끼치는 방법을 탐구한 여러 연구가 있었다. 주로 임신 중 특정 성분에 대한 노출이 시스젠더 남성의 성 지향성에 미치는 영향에 관한 것이었다. 몇몇 연구에 따르면 성호르몬(테스토스테론, 에스트로겐 등)의 농도 변화가 성적 지향에 영향을 미칠 수 있다. 묘하게도, 당신이 만약 남성이라면 출생 순서에서 당신의 위치나 당신 위에 형이 몇 명인지가 동성애자로 정체화할 가능성에 영향을 끼칠 수 있다. '형제 간 출생 순서 효과fraternal birth order effect'라고 불리는 이 효과는 다음과 같이 요약된다. 형이 많을수록 동성애자가 될 확률이 높아진다. 이것은 여성의 면역 체계가 남성 태아가 만들어낸 Y 염색체와 연관된 단백질에 대한 반응 결과로 여겨진다. 이 반응은 미래 남성 태아의 신경 발달에 영향을 끼칠 수 있다. 하지만 또 묘하게도, 이 효과는 동성애자 여성이나 왼손잡이 남성들에게서는 나타나지 않는다!

뇌 속의 섹슈얼리티

흥미롭게도 몇몇 신경 영상 연구에 따르면 '시각교차 앞 구역의 성적 이형핵'으로 알려진 시상하부의 특정 영역에서 성적 이형성(남성과 여성의 차이)이 발견되었다. 이 뇌 구조는 성적 자극을 처리하는 데 도움을 주며, 이성애자 남성과 동성애자 남성은 이곳의 크기와 세포 수가 다르다. 또 이곳의 활성화 패턴은 이성애자 남성, 동성애자 남성, 동성애자 여성이 각기 다르다.

우리도 있어요!

앞서 말했듯이, 이 주제에 대한 기존의 여러 연구는 시스젠더 남성의 섹슈얼리티에(그리고 가부장제에) 초점을 맞추고 있다. 그래서 우리는 양성애나 범성애, 무성애, 무로맨틱 성향에 대해 아는 바가 적다. 사실 일부 연구자는 아직까지도 이러한 섹슈얼리티를 실제로 존재하지 않는다거나 심지어 장애로 간주한다. 하지만 이런 성 지향성이 실재한다는 사회적 인식이 높아짐에 따라, 몇몇 과학자는 이런 지향성을 가진 사람들의 몸에서 생물학적으로 무슨 일이 벌어지고 있는지 더 잘 이해하려 노력하고 있다. 한 연구 결과에 따르면 무성애자 남성은 어린 형제자매를 가질 확률이, 무성애자 여성은 나이 많은 형제자매를 가질 확률이 더 높다.

뇌 연구와 성차별주의

서로 다른 성별의 뇌 사이에 실제적이고 의미 있는 차이가 존재할 수 있을까? 물론이다. 하지만 이 주제에 대한 대부분 연구는 성차별의 오랜 역사에 기초하며, 생물학보다는 사회화와 문화적 기대에 따른 문제들의 '답을 찾으려는' 열망에서 비롯된 것 아닐까? 그것 또한 맞는 말이다! 이런 연구 대부분은 차이점을 발견하기 위해 시작되며, 그 과정에서 질문을 받는 방식이 연구 결과를 편향시킬 수 있다. 만약 당신이 남성과 여성의 뇌가 다르다는 증거를 찾고 있고, 그 차이가 남성이 더 똑똑하고 여성은 더 감정적이라는 것을 의미한다면, 아마 실제로 그 가설을 뒷받침하는 무언가를 찾을 가능성이 높다.

섹스에 대한 우리의 생각을 바꾼 남자

인간 섹슈얼리티의 신경생물학이 제대로 밝혀지지 않은 이유를 하나 꼽자면, 백인 서구 사회 대부분 역사에서 개인을 이성애자 시스젠더 이외의 존재로 바라보는 것이 완전히 금기였기 때문이다. 다른 무언가를 느끼는 것은 성적 일탈이고, 위험하며, 최소한 피해를 입힌다는 것이 일반적인 태도였다. 하지만 이러한 억압적 경계선 안에서도 몇몇 사람은 밀고 나아갔다. 그중 가장 알려진 사람은 인간의 섹슈얼리티를 더 잘 이해하는 것을 인생의 사명으로 삼은 양성애자 앨프리드 킨제이Alfred Kinsey다.

다재다능한 르네상스인

킨제이는 원래 곤충학자로 훈련받아, 젊은 시절에는 말벌을 연구하며 시간을 보냈다. 시간이 흐르면서 말벌의 짝짓기 행동의 변이에 관심을 갖게 되었고, 동료들과 성적 행동과 관행에 대해 논의하기 시작했으며, 자신이 교수로 있던 대학에 결혼과 섹슈얼리티에 대한 강의를 개설해 이끌었다. 심지어 '킨제이 척도'(잠시 뒤에 자세히 알아보자)로 알려진 성적 지향 척도를 개발하기도 했다.

진정한 전문가

킨제이는 많은 사람에게 미국인의 섹슈얼리티를 연구한 최초의 주요 연구자로 여겨진다. 그는 억압적인 법과 사회적 규범을 큰 소리로 비난하며 성적 자유를 지지하는 목소리를 높였다. 킨제이는 대부분 '성도착'은 성적 일탈이 아니라 인간 섹슈얼리티의 정상적인 범위 안에 있다고 주장했다. 그리고 성에 대한 관심을 토대로 사람들의 성적 이력 정보를 수집하면서 수천 건의 인터뷰를 진행했고, 아내 클라라 맥밀런Clara McMillen의 도움을 받아 책으로 출판했다. 이 책은 자위행위나 동성애 같은 널리 퍼진 행동에 대한 새로운 통찰을 제공했다. 그리고 다양한 젠더의 사람들이 사회적 규범에 굴하지 않고 온갖 종류의 성적 행동과 관계를 향유한다는 사실을 보여주었다.

불완전한 영웅

다른 많은 사람과 마찬가지로, 킨제이는 미국 사회에서 섹슈얼리티의 해방을 돕기 위해 여러 훌륭한 일을 했지만, 동시에 연구 대상자 중 일부와 성적 활동에 적극적으로 관여하는 듯한 꽤 의심스러운 일도 했다(나중에 밝힌 변명에 따르면 대상자들의 신뢰를 얻기 위해서였다고 한다). 또한 킨제이는 연구에 포함된 정보의 여러 세부 사항을 허위로 조작했으며, 그의 인터뷰 대상자가 일반 대중을 그다지 대표하지 않는다고 생각하는 사람들도 있다. 이러한 비판들 때문에 킨제이의 결론은 아주 조심스럽게 받아들여야 하지만, 그래도 그의 연구 덕분에 우리가 보다 광범위한 성적 행동을 더 많이 받아들이는 데 꽤 큰 도움이 되었다는 사실에는 변함이 없다.

호르몬에 대한 잘못된 믿음

남성 호르몬인 테스토스테론은 지배, 공격성, 폭력 같은 모든 종류의 '남성적' 행동과 관련되어 있다. 생물학적으로 말하자면 테스토스테론은 목소리를 낮추고 얼굴에 털이 나도록 촉진하는 등 남성의 성적 성숙에 중요하다. 그뿐만 아니라 근육의 크기와 힘을 기르고 성욕을 일으키는 요인이다. 하지만 사실 여자들에게도 테스토스테론이 있다! 여성의 몸에서 테스토스테론은 난소의 기능, 성욕을 북돋우고 뼈를 단단하게 하는 역할을 한다. 많은 것이 그렇듯 테스토스테론은 적당한 정도가 가장 좋다. 남성의 몸에서 높은 테스토스테론 수치는 더 높은 짝짓기 성공률을 비롯해 더 높은 매력과 관련 있지만, 너무 많은 테스토스테론은 정자 수 감소, 체중 증가, 기분 변화, 심장 손상과 간 질환 위험 증가와 같은 많은 문제를 일으킨다.

이 척도에서 당신은 어디에 속하는가?

앨프리드 킨제이의 업적 가운데 가장 기억에 남는 것은 킨제이 척도다. 이것은 이성애자-동성애자 평가 척도라고도 불리는데, 개인의 성적 지향을 기술하는 연구 환경에서 사용된다. 이 척도에서 0은 '완전한 이성애자'를 의미하고 6은 '완전한 동성애자'를 의미한다. 그리고 킨제이는 X를 '성적인 접촉이 없다'는 의미로 사용하는데, 이것은 '무성애'에 대한 구식 표현이다. 이 척도는 성이 엄격한 이분법 범주 안에 들어맞는다는 생각을 무너뜨리는 데 도움이 되며, 사물에 대한 보다 유연한 사고방식을 촉진한다. 당신이 만약 여성이고 킨제이 척도에서 1에 속한다면, 그것은 "흠, 나는 대부분의 경우 남자를 좋아하지만 가끔 흰 턱시도를 입은 질리언 앤더슨도 좋아해"라는 말을 더 단순하게 표현하는 방식이다.

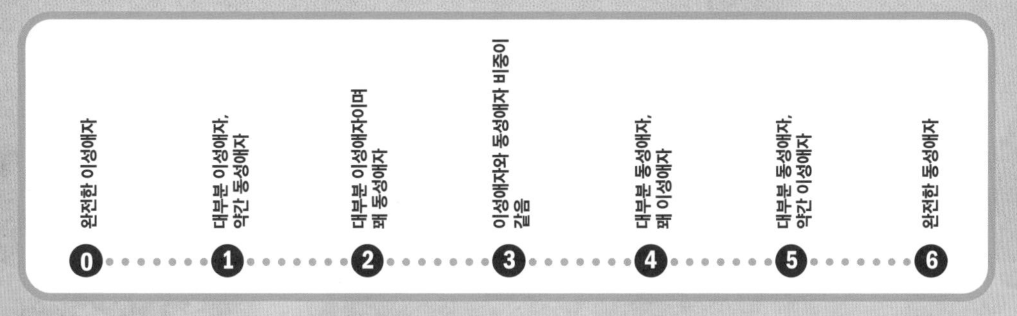

그냥 호르몬일 뿐이야

여성들이 생리할 때 갑자기 배우자를 잘 참아내지 못한다는 고정관념이 있다. 하지만 이것은 대부분 허황된 거짓 믿음일 것이다. 호르몬을 이유로 여성을 전적으로 괴물로 만드는 여러 가지 잘못된 믿음처럼 말이다. 하지만 당신의 호르몬 상태가 어떤 사람에게 끌리는지에 영향을 미친다는 증거가 있다.

생리 주기에 따라 달라지는

당신이 어떤 사람에게 매력을 느끼는지는 생리 주기가 어느 단계냐에 따라 다르다는 연구 결과가 있다. 이 연구에 따르면 배란일에 가까울수록 건강한 아기를 낳는 데 도움을 줄 수 있는 유전적으로 가장 적합한 사람에게 관심을 갖고, 다른 단계에는 아이를 키우는 데 안정적 지원을 해줄 만한 특성을 지닌 파트너에게 더 관심을 가진다. 또 몇몇 연구에 따르면 배란일과 가까워질수록 기존 파트너가 아닌 사람과 섹스하는 데 관심을 보인다고 한다. 하지만 이것은 진화적 적합성보다는 개인의 기분과 파트너와의 상호작용 방식에 더 많이 관련되어 있을 수 있다. 그러니 당신은 여성 파트너가 생리 중이지 않을 때도 초콜릿을 가져다주는 것이 좋다.

알약, 오한, 스릴

정확히 어떤 요인이 사람을 섹시하게 느껴지도록 하는지, 그것이 그 사람의 호르몬 상태에 따라 바뀌는지에 대한 질문도 있다. 시스젠더를 대상으로 한 몇 가지 연구에 따르면 이들이 짝을 이룰 때 호르몬이 들어 있는 피임약을 복용한 여성들은 비교적 여성스러운 남성과 이어질 가능성이 더 높은 반면, 피임약을 복용하지 않은 여성은 좀 더 남성스러운 남성과 이어지는 경향이 있다. 하지만 더 최근 연구들은 이 결과를 재확인하지 못했고, 피임약 복용 여부가 당신이 남성스러운 남자를 선호하는 데 영향을 미친다는 증거도 발견하지 못했다.

CHAPTER 15

슬프고 두려워 스스로 약을 먹는 사람들

누구나 감정 기복이 있다. 하지만 뇌가 미시적 수준에서 흐트러지면, 정신적 행복에 큰 영향을 미치는 우리의 감정을 어지럽힐 수 있다. 사람들은 이 문제에 대처하는 방법을 찾았다.

당신은 아마도 스트레스 받는 사건들에 직면했을 때 불안을 느꼈을 것이다. 나쁜 일이 벌어질 때 기분이 바뀌는 것은 분명하다. 하지만 어떤 사람들은 이런 감정 변화가 너무나 심각하고 압도적이어서 책임져야 할 직업적 일, 개인적 관계를 비롯해 심지어 일상생활까지 방해한다. 우울증, 불안을 비롯한 기분 장애는 전 세계적으로 가장 흔한 정신 장애 가운데 상위권을 차지하며, 수백만 명의 사람에게 영향을 미친다.

우울증이 진정한 장애가 아니라는 것은 널리 퍼진 잘못된 믿음이다. 우울증은 슬픔과 동의어이며, 우울증을 겪는 사람들은 단지 게으르거나 정신적으로 약할 뿐이라는 잘못된 믿음도 흔하다. 하지만 우울증은 단지 힘든 시간을 보낸 뒤에 겪는 결과가 아니다. 오히려 그것은 일상 활동에 대한 흥미나 즐거움의 상실, 우울한 기분, 수면과 식습관의 변화, 에너지 손실, 집중과 사고의 어려움, 자살 사고 같은 증상으로 특징지어지는 심각한 의학적 장애다.

불안증에 대한 오해도 널리 퍼져 있다. 불안으로 고통받는 사람들은 단지 걱정이 많거나 신경증적인 것만이 아니다. 불안 장애는 일반적인 스트레스에서 유발된 감정과 다르다. 이런 장애를 겪는 사람들은 정상적인 신체 기능에 영향을 미칠 정도로 여러 가지가 불균형한 수준에서 두려움과 불안을 경험한다. 그 증상은 다양하지만 공황 발작, 사회적 위축, 반응 사건을 유발하는 트리거 회피, 마구 치닫는 생각 안정화 조절 곤란, 성급한 생각 등이 포함된다.

마지막으로, 다른 정서 장애에 대해서도 여러 잘못된 고정관념이 존재한다. 우리가 종종 이러한 장애를 별개 문제로 여기지만, 사실 그 장애들은 같은 동전의 양면인 경우가 있다. 우울증과 불안은 자주 손을 잡고 나타나 서로를 자극한다. 그러면 하나가 다른 하나를 촉발하는 악순환이 발생한다. 조울증과 트라우마 같은 다른 기분 장애도 비슷한 관계에 있다. 우리 뇌의 배선이 서로 연결되어 있는 것처럼, 뇌의 기능 장애도 서로 연결되어 있는 것 같다.

우울한 뇌

뇌는 부정적 감정을 포함한 온갖 종류의 감정을 만들어내는 역할을 한다. 감정은 복잡하고 쉽게 고정될 수 없지만 우울증, 불안, 두려움 등에 큰 역할을 하는 것처럼 보이는 뇌 영역들이 존재한다. 특히 변연계는 감정 조절에 중요하다. 그러니 변연계가 행복해야 모두가 행복하다.

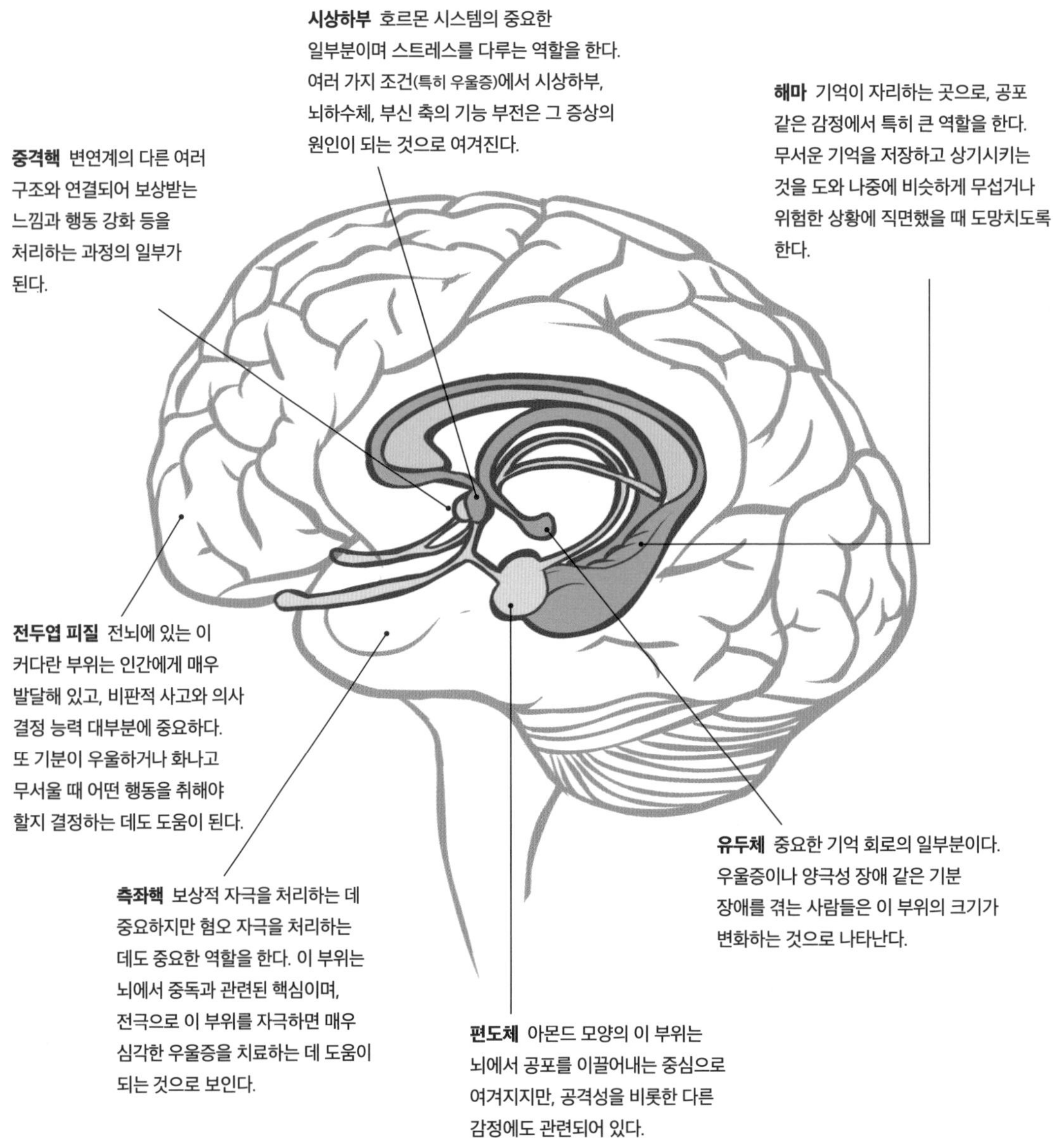

분자 수준의 약물들

뉴런은 시냅스라는 연결 지점에서 화학적 전달 물질을 교환해 정보를 나눈다. 신경 전달 물질이라는 이 화학물질들은 세포 사이에서 뇌의 전기적 신호를 계속 흐르게 한다. 우울증이나 불안 장애를 겪는 환자의 경우, 신경 전달 물질 방출과 결합에 영향을 미치는 약물이 증상을 일부 완화시키는 데 도움을 줄 수 있다는 증거가 있다. SSRI, MAOI, SNRI가 그런 약물이다. 이 약물들의 작동 방식은 아래와 같다.

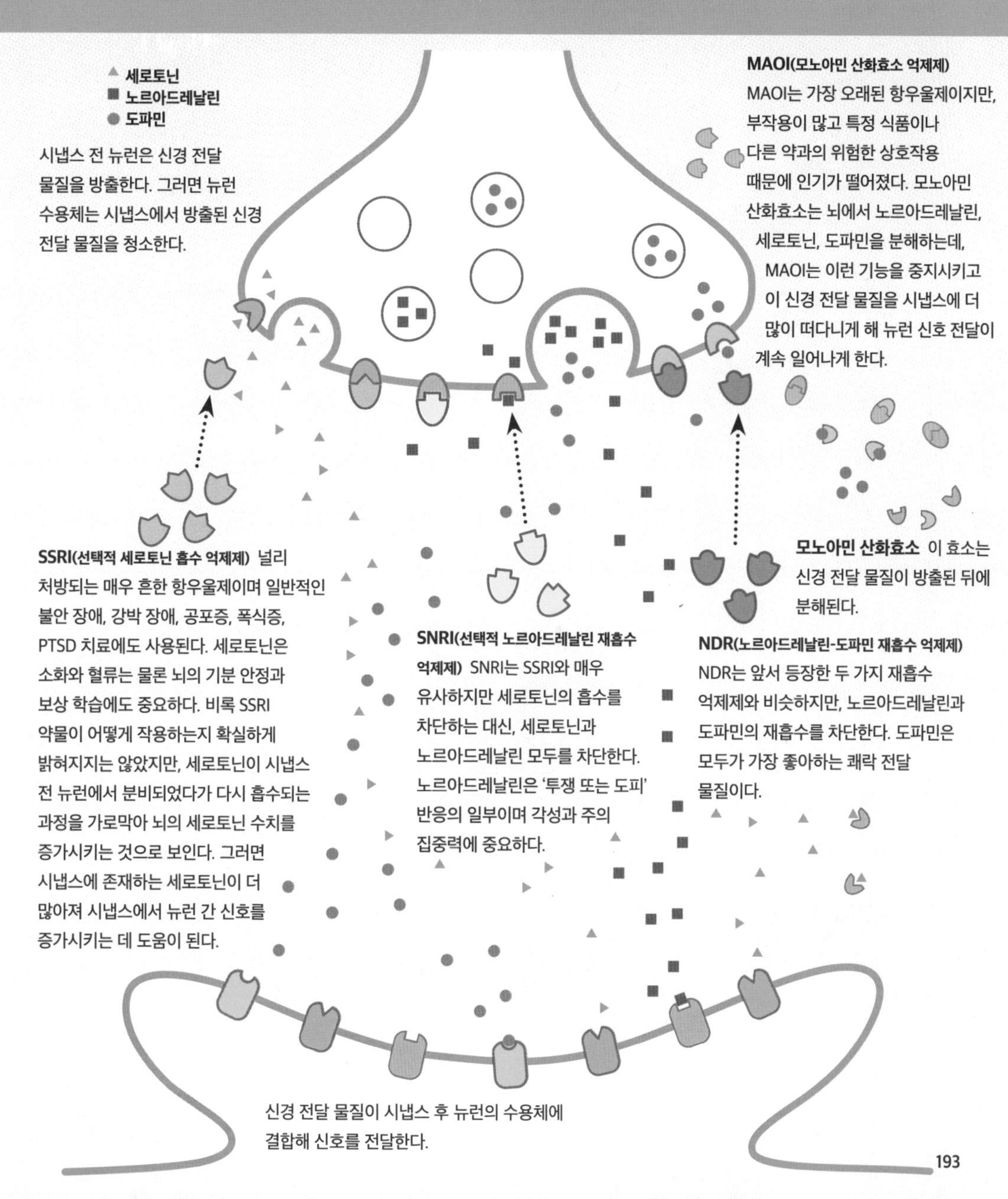

우울증에 대한 우울한 여러 이야기

사람들은 누구나 때때로 우울한 기분을 느낀다. 하지만 당신이 느끼는 슬픔이 단순히 울적한 기분이 아닐 수도 있다. 슬픔, 공허함, 절망감, 피로감, 초조함, 식습관과 수면 패턴의 변화, 심지어 자살에 대한 생각 같은 증상이 생기고, 그러한 증상이 2주 이상 삶을 방해할 경우에는 심각한 우울증이라는 진단을 받을 수 있다. 그리고 만약 당신이 이렇게 느낀다면 당신 혼자만 그런 것이 아니다. 미국국립정신건강연구소는 인구의 거의 10퍼센트가 그해에 적어도 한 번의 주요 우울증을 경험할 수 있다고 추정한다. 전 세계적으로 팬데믹 같은 격변이 많이 일어나면 그 수치는 더 증가할 수 있다.

그것은 머릿속에 있지만 실제로 존재한다

우울증은 때때로 보통의 슬픔처럼 보이며 항상 명확한 원인이 있는 것이 아니기에 때때로 사람들은 그것을 진짜라고 믿기 어려워한다. 그래서 몇몇 사람은 노력하면 충분히 스스로 감정을 통제할 수 있기 때문에 기분이 나아지도록 스스로 선택할 수 있다고 주장하기도 한다! 하지만 우울증을 앓아본 사람이라면 이런 주장이 사실이 아니라는 것을 안다. 그리고 이것을 뒷받침하는 과학적 증거도 있다. 우울증은 개인의 선택과 상관없는 하나의 질병이다. 우울증에는 유전적 요소가 분명히 있기 때문이다. 만약 부모님이나 형제자매가 그와 같은 증상을 갖고 있다면, 당신도 우울증에 걸릴 가능성이 더 높다. 하지만 우울증은 환경 요인과도 연관될 수 있다. 학대나 방임, 재정적 불안, 가족의 죽음 같은 심각한 스트레스 요인은 개인이 우울증에 걸릴 가능성을 더 높인다.

세로토닌이 부족하면 슬퍼진다

최근까지도 과학자들은 우울증이 뇌 안에 있는 특정 화학물질의 불균형에 의해 발생한다고 확신했다. 우울증에 대한 '모노아민 가설'로 불리는 이 이론에 따르면 세로토닌이나 도파민 같은(쾌락이나 보상 같은 느낌과 연관된 화학물질 두 가지) 신경 전달 물질의 부족이 우울증으로 이어진다. 이것이 SSRI 같은 항우울제가 이 질환에 대한 1차적 치료제로 여겨지는 이유다. 이런 약물들은 시냅스에서 세로토닌 방출량을 변화시키며 뇌에서 세로토닌 신호를 조절하게 한다.

하지만 여기서 끝이 아니다

과학자들은 이제 우울증이 단순한 화학적 불균형에 따른 직접적 결과라는 것을 더 이상 긍정하지 않는다. 연구와 치료 결과의 일부가 이런 생각과 일치하지 않았기 때문이다. 우울증을 일으키는 상태는 정말 복잡하기 때문에 과학자들은 다른 여러 가능성에 대해서도 탐구하고 있다.

더 최근 증거에 따르면 우울증 환자들은 뇌 구조와 기능에 여러 잠재적 변화가 일어날지도 모른다. 환자들은 일반적으로 대상회, 해마, 편도체 같은 몇몇 뇌 영역에서 회백질이 적은데, 이것은 우울증이 당신을 통제하는 데 중요한 뇌의 일부를 수축시킨다는 가설로 이어진다. 이런 부위는 감정을 통제하고 스스로를 보살피도록 선택하는 데 중요하기 때문에, 우울증 환자들은 슬픔이라는 감정에서 회복하기가 더 어려워진다.

또 다른 연구에 따르면 우울증 환자들은 몸이 상처에 반응할 때 생겨난 염증 반응에서 큰 역할을 하는 작은 단백질인 사이토카인 수치가 비정상적으로 높다. 사이토카인은 병이 났을 때 보이는 여러 행동에 관여한다. 몸이 아프면 보통 배가 많이 고프지 않고 집중하는 데 어려움을 겪는다. 그리고 계속 잠자고 싶어지는데, 마치 우울증을 묘사하는 증상처럼 들린다. 그렇지 않은가? 이 이론은 스트레스에 의해 야기되는 높은 사이토카인 수치가 정상적인 신경 전달 물질의 신호 전달에 영향을 미쳐 우울증 증상으로 이어질 수 있다고 제안한다. 이것이 의사가 환자에게 항우울제와 함께 이부프로펜 같은 소염제를 복용하도록 권장할 수 있는 근거다.

정신과 약은 효과가 있을까?

항우울제가 그렇게 잘 듣지 않는다는 이야기를 들어봤을지 모르겠다. 특히 SSRI가 그렇다. 임상시험에서 항우울제를 먹고 있다고 생각하면, 많은 환자가 그것이 위약(실제로 의학적 효과가 없는 설탕 알약)일지라도 증상이 호전되는 것처럼 느끼는 것이 사실이다. 그렇다면 이것은 당신이 약을 전혀 먹지 말아야 한다는 뜻일까? 오늘날 과학자들 사이에서 일치된 의견에 따르면, 항우울제는 어떤 상황에서는 도움이 되고 또 다른 상황에서는 도움이 되지 않는다. 정말로 사람에 따라 다르다. 우리의 뇌는 기본적으로 큰 화학 약품이고, 한 사람에게 효과 있는 약이 다른 사람에게도 효과 있을지 예측하기란 쉽지 않다. 게다가 위약 효과는 가끔 터무니없이 강력하다! 이런 경우 환자에게 궁극적으로 가장 좋은 치료법은 환자 개인과 의료 팀의 결정에 달려 있다.

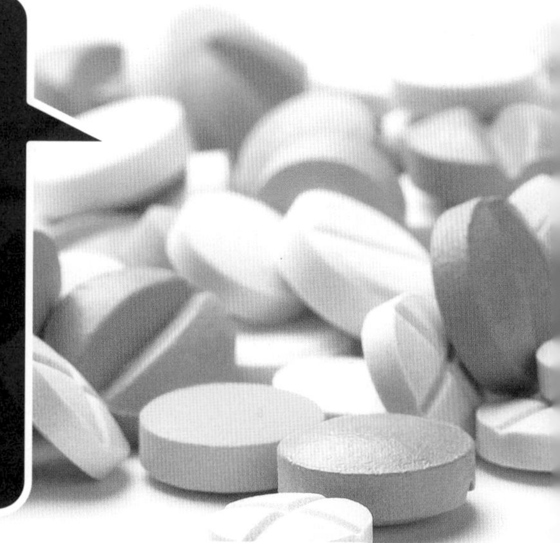

다른 방법이 없을 때

많은 사람이 각자 삶의 다른 시기에 우울증을 경험하고 시간, 치료, 약물 치료를 통해 회복되지만, 가끔은 우울증이 사라지지 않는 경우도 있다. 이렇게 '치료에 내성을 가진' 우울증은 치료하기가 확실히 어렵다. 일부 선택 사항에는 기분 안정제나 항정신성 약물 같은 비전통적인 약물이 효과 있는지 시도하는 것이 포함된다. 그뿐만 아니라 몸이 특정한 약물을 처리하는 과정을 어렵게 만드는 특정 유전적 변이가 있는지 알아보기 위해 유전자 검사를 할 수도 있다. 더 나아가 다른 모든 치료법이 실패하면, 의사들은 전기 경련 요법electroconvulsive therapy, ECT을 고려할 수도 있다. 이것은 잠자는 동안 뇌에 작은 규모의 발작을 일으키는 방법이다. 이것이 왜 효과 있는지는 알려지지 않았지만, 반복적인 ECT 요법을 시행한 결과 많은 사람의 우울증 증상이 상당히 완화되었다. 시험 중인 또 다른 치료법으로는 유명한 파티 약물인 케타민이 있다. 이 약물에 대해서는 뒤에서 더 자세히 다루겠다.

조증과 울증 ▶ 양극성 정동 장애

조울증을 우울증과 뭉뚱그려서 말하는 경우가 많지만 (실제로 특정한 우울증은 조증을 동반한 우울증이라 불렸다), 이제는 조울증과 우울증이 다른 상태라는 사실을 안다. 조울증은 심각성이나 경과에 따라 달라질 수 있지만, 가장 고전적인 형태에서 환자 개인은 감정 척도의 두 반대쪽 끝에서 삽화를 경험한다. 한쪽 끝에는 극도로 에너지가 넘치고 행복감을 느끼며, 동요하고 산만하며, 잘못된 결정을 내리는 조증 증상이 자리한다. 간혹 조증이 매우 심각해 즉각적 치료가 필요한 정신병을 겪기도 한다. 그리고 다른 한쪽 극단에는 우울증과 비슷한 우울 에피소드들이 자리한다.

내가 왜 이렇게 정신이 없지?

우울증과 마찬가지로, 무엇이 조울증을 유발하는지는 아직 명확하게 밝혀지지 않았다. 하지만 어떤 유전적 연관성이 있는 듯하다. 만약 조울증을 보이는 쌍둥이를 가졌다면, 당신도 조울증을 앓을 확률이 60~80퍼센트 정도 된다. 그 밖에도 조울증에 걸릴 위험이 더 높다고 알려진 몇 가지 유전적 지표가 있다. 또한 약물 남용이나 심각한 외상에 노출되는 것과 같은 환경적 위험 요소도 존재한다.

뇌 구조의 변화

조울증의 기원과 관련된 이론 중, 인지 작업이나 감정 처리와 관련된 뇌 영역의 구조적 차이와 연관 있다는 이론이 있다. 조울증 환자들은 전대상 피질과 복측 전전두엽 피질 같은 피질의 일부 영역이 보통 사람보다 작다는 증거도 있다. 반면에 담창구와 편도체 같은 뇌의 일부 영역은 보통 사람보다 더 크다. 또한 조울증 환자는 뇌의 서로 다른 영역에 신호를 보내는 것과 관련된 백질에서 변화를 보인다.

변화된 감정 회로

과학자들은 다양한 사례에서 뇌 활동 패턴을 관찰한 결과, 조울증을 가진 사람은 감정 조절에 큰 역할을 하는 복측 전전두엽 피질의 활동이 줄어든다는 사실을 발견했다. 뇌의 이 부위는 감정 조절에 큰 역할을 한다. 즉, 이 피질에서 적절한 신호가 나오지 않으면 편도체 같은 뇌 부위가 과도하게 활동해 조울증 증상의 원인이 된다. 흥미롭게도 조울증은 오른쪽 복측 전전두엽 피질의 활동 감소와 관련이 있는 반면, 우울증은 왼쪽 복측 전전두엽 피질의 활동 감소와 연관이 있다.

도파민 복용

조울증이 있는 사람은 뇌의 화학적 균형 측면에서도 보통 사람과 차이를 보인다. 조증일 때는 도파민 신호 전달이 증가하고, 인위적으로 도파민 신호를 강화하면 조증과 비슷한 상태가 된다. 어떤 사람들은 도파민 신호 전달의 주기적 변화가 조울증 환자가 그토록 진폭이 큰 극단적 감정을 만드는 일부 이유일지도 모른다고 여긴다.

신경정신과 영화 코너:

우울증

우울증에 대한 우리의 지식을 포함해 정신 질환을 둘러싼 현재 문화적 신념에 관한 한, 할리우드 영화계는 많은 영향력을 가지고 있다. 할리우드의 최고 히트작 중 몇 가지가 우울증을 얼마나 정확하게 묘사했는지 살펴보자.

〈멋진 인생It's a Wonderful Life〉(1946)

조지 베일리(제임스 스튜어트)는 크리스마스에 자살을 결심할 만큼 많은 문제에 시달린다. 하지만 그의 수호천사 클래런스(헨리 트래버스)가 조지를 구하고 그의 진정한 가치를 일깨워준다.

우울증 묘사: ★★★★☆ 조지가 상당한 스트레스를 경험한 뒤 우울증에 빠진 과정은 꽤 정확한 것 같다. 아무리 강한 사람이라도 정신 건강 문제에 굴복할 수 있다.

줄거리: ★★★★☆ 극장가에서는 흥행에 실패했지만, 낮에 텔레비전에서 반복 방영되며 크리스마스 때마다 생각나는 영화가 되었다. 숙명을 다루며 줄거리가 만족스럽게 진행된다.

〈미스 리틀 선샤인Little Miss Sunshine〉(2006)

제 기능을 간신히 유지하던 한 가족 구성원들이 미인대회에서 우승하려는 어린 올리브의 꿈을 지지하기 위해 캘리포니아로 향하는 자동차 여행에서 간신히 함께 지낸다.

우울증 묘사: ★★★★★ 프랭크 역의 스티브 카렐은 심각한 우울증 환자를 매우 설득력 있게 묘사한다. 막 붕대를 감은 팔을 보면 우울증 증상은 변동이 심하다며 프랭크는 확실히 괜찮지 않다는 사실을 보여준다.

줄거리: ★★★★★ 너무 쉽게 진행되거나 진부하지 않은 가족에 대한 따뜻하고 신선한 이야기다. 가슴앓이와 쾌활함 사이에서 균형을 잡으며 종종 두 가지를 동시에 보여준다!

〈가든 스테이트Garden State〉(2004)

어머니 장례식에 참석하기 위해 집에 돌아온 무뚝뚝한 앤드루 라지먼(잭 브라프)은 정신과 약물 복용을 중단하기로 결심하고, 그를 혼자만의 껍데기에서 꺼내주는 조증을 가진 픽시 요정 같은 꿈의 여성을 만난다.

우울증 묘사: ★★★☆☆ 우울증으로 인한 무감각함과 환자가 자신을 용서하는 것의 중요성을 묘사하지만, 처방된 항우울제를 수치스럽고 해로운 것으로 악마화한다.

줄거리: ★★☆☆☆ 이 영화의 파격적인 스타일은 처음 개봉했을 때도 정말 두드러졌지만, 여전히 빛이 바래지 않았다. 이 영화는 향수를 불러일으키지만, 결함 있는 영화들로 가득한 저장고에 들어갈 듯하다.

〈실버라이닝 플레이북Silver Linings Playbook〉(2012)

팻 솔라타노(브래들리 쿠퍼)는 정신 병원에서 나온 뒤 자신의 삶을 재건하려 한다. 그는 별거 중이던 배우자와 재회하기 위해 고군분투하는 동안 우울증 환자 티파니(제니퍼 로렌스)를 만나 두 사람은 서로 돕는 법을 배운다.

우울증 묘사: ★★☆☆☆ 누구나 배우자를 잃으면 우울할 테지만, 티파니의 상태는 심각한 우울증이라기보다 기분 조절 장애에 가까워 보인다.

줄거리: ★★★☆☆ 마치 〈가든 스테이트〉의 최신 버전처럼 느껴진다. 나는 이 영화가 〈가든 스테이트〉처럼 세월이 지나면 오래되어 보일지 궁금하다. 내 생각에는 나중에도 꽤 예측 가능하며 궁극적으로는 잊을 수 없는 영화로 여겨질 것 같다.

나한테 뭐라고 말했어?

공격성을 띠는 뇌

공격성과 두려움은 꽤 원시적인 감각이다. '싸움 또는 도피' 반응은 대부분의 종에게 생존의 열쇠이기도 하다. 그렇다면 진화적으로 오래된 이 감정들은 어디서 비롯될까? 우리는 왜 가끔 남동생의 멍청한 얼굴에 주먹을 날리고 싶을까?

좀 참아봐

'공격성aggression'이라는 단어는 몇 가지 의미가 있지만, 여기서는 감정적으로든 육체적으로든 다른 존재를 해칠 의도가 있는 사회적 상호작용을 구체적으로 가리키는 말로 한정해서 사용하겠다. '공격성'이라는 말을 들으면 보통 술집 밖에서 싸움을 막 걸려는 멍청한 남자 형제 같은 이미지가 떠오를 것이다. 하지만 사실 이 단어는 지배 계층에서 한 자리 차지하려고 싸우는 침팬지나, 자신의 영역을 방어하는 오소리, 암컷의 애정을 독차지하려고 뿔을 맞대고 싸우는 수사슴의 행동까지 포함한다. 여기에 비해 '두려움fear'은 비명을 지르거나, 뛰거나, 그대로 얼어붙는 등 매우 빠른 행동의 변화를 이끌어내는, 인식된 위험에 대한 감정적 반응이다.

분노에 빠진 두뇌

다른 많은 감정처럼 공격성 역시 주로 사랑스러운 변연계에 의해 통제된다. 시상하부가 여기서 특히 큰 역할을 하며, 수도관 주위 회색질 영역 또한 그렇다. 관련된 또 다른 뇌 영역은 편도체와 전전두엽 피질이다. 전전두엽 피질은 우리가 실제로 주먹을 날리지 않게 막는 충동 조절에 매우 중요하다. 여러 다른 신경 전달 물질 또한 낮은 세로토닌 수치나 카테콜아민 시스템의 변화를 포함해 공격적인 감정에 영향을 미친다. 테스토스테론이 다른 종에서는 공격성 증가와 관련 있지만, 인간에게서는 연관성이 다소 덜 분명하다.

겁먹을 것 없어

두려움은 변연계로 통제되며, 편도체는 이 감정과 직접 맞닿아 있다. 편도체를 제거한 동물 연구에 따르면 이런 동물들은 기본적으로 겁이 없고, 심지어 포식자에게 다가가기도 한다. 당신의 편도체 또한 주변 상황이 정말 두렵게 느껴진다면 몸이 '싸움 또는 도피' 반응에 대비할 수 있도록 호르몬 다발을 방출하라는 신호를 보내고, 그에 따라 당신은 불안과 초조를 느낄 것이다.

사람들은 왜 트롤링을 할까?

'트롤링trolling'이란 온라인상에서 화나게 하려고 일부러 방해하는 도발행위를 의미한다. 그렇다면 왜 이런 일을 벌일까? 몇몇 연구자는 스스로 자신이 '트롤'임을 아는 사람들은 어두운 세 가지 심리적 특성의 점수가 높게 나타난다고 밝혔다. 바로 권모술수에 능한 마키아벨리즘, 정신 질환, 가학증이다. '온라인 억제 해제 효과'라는 또 다른 이론에서 존 설러John Suler는 다음 여섯 가지 요소가 트롤링에 기여한다고 제안했다.

1. 분열성 익명: '당신은 결코 내가 실제로 누구인지 알지 못할 것이다.'
2. 비가시성: '당신 앞에 대고 이런 말을 하지는 못한다.'
3. 비동기성: '내가 원할 때 언제든지 참여하거나 불참할 수 있다.'
4. 유아론적 투입: '나는 그 코멘트를 바탕으로 당신이 어떤 사람일지 상상한다.'
5. 분열적 상상력: '그냥 장난친 거야. 이건 게임이야.'
6. 권한 최소화: '나는 그것 때문에 문제를 일으키지 않아. 그러니 누가 신경 쓰겠어?'

만약 트롤을 마주한다면 이 교훈을 기억하라. '트롤에게 먹이를 주지 마시오!'

화를 내지 않는 사람은 없다. 그런 만큼 공격성은 인간 본성의 일부인 것처럼 보인다. 좋든 싫든, 우리는 폭력적인 종이다. 그리고 자연계에서 인간과 침팬지만이 살상을 목적으로 이웃 부족을 습격하는 것으로 알려져 있다. 하지만 공격성이 인간의 본질적 특징이라면, 우리는 이런 의문을 갖게 된다. '우리는 왜 그처럼 공격성을 띠도록 진화했을까?'

가장 분노한 자가 살아남는다

진화 심리학자들은 어째서 인간이 전쟁, 대량 학살, 술집 드잡이 같은 끔찍한 행동을 하는지 설명하기 위해 몇 가지 가설을 제안했다. 간단히 말하면, 모든 것은 생존 적합도로 귀결된다. 만약 그것이 우리 DNA의 일부라면, 공격성은 우리 유전자의 생존을 촉진해야 한다. 예컨대 일부 연구자는, 특히 남성의 공격성은 자기 짝을 보호하기 위해 다른 남성들을 통제하고 지배하려는 목적으로 사용되었고, 어쩌면 자기 짝을 지배하기 위해서도 사용되었을 거라고 주장한다. 반면에 종종 은밀하고 간접적인 것으로 묘사되는 여성의 공격성은 자기 지위를 확립하기 위해 다른 사람들에게 미치는 권력을 주장하는 방식으로 발전했을지도 모른다.

물론 이 밖에도 여러 합리적인 진화적 설명을 생각해낼 수 있다. 어쩌면 자원을 보호하거나, 외부 공격으로부터 방어하거나, 외도를 저지르기 위한 것이었을지도 모른다. 이런 가설은 상당수 증거가 오랜 시간이 지나며 손실되기 때문에 증명하기 어렵다.

폭력은 폭력을 부른다

이러한 공격성의 진화적 근원에 대해 생각할 때 주의할 점이 있다. 우리가 공격할 수 있다고 해서 항상 그렇게 하는 것은 아니다. 모든 상황에서 열을 내는 것은 특히 오늘날 같은 상황에서 진화적으로 유리하지 않다. 그러한 행동에는 결과가 따르기 때문에, 인간은 스스로 행동을 통제할 수 있는 사회적 인식을 갖춘 종이라는 사실을 기억해야 한다. 공격성은 부분적으로 유전자에 의해 결정될 수 있지만, 타인에게 해를 끼치는 악의적 행위는 결코 용서받지 못한다.

덤벼보시지!

남자는 왜 여자에 비해 폭력 행위를 훨씬 자주 저지를까? 사회 문화적 토대 때문이라는 여러 증거가 있다. 2018년 미국심리학회American Psychological Association, APA는 『소년과 성인 남성에 대한 심리학 실천 지침Guidelines for Psychological Practice with Boys and Men』에서 "금욕주의, 경쟁, 지배, 공격성이라는 전통적 남성성은 전반적으로 해롭다"고 밝혔다. APA는 이 지침이 남성이나 남성이 가진 속성을 악마화하는 것이 아니라, 많은 남성이 문화적인 남성성 규범 안에서 생각하거나 행동해야 한다는 압박을 경험한다고 지적한다. 그에 따라 두려움이나 슬픔 같은 특정한 감정 표현을 낙인찍고, 분노 같은 다른 '수용 가능한' 감정들을 더 북돋운다. 이러한 한계는 남성들이 타인을 지배하려는 공격적 행동을 통해 분노를 표출하게 하며, 이것은 신체적 또는 언어적 폭력으로 이어질 수 있다. 실제로 폭력 범죄 가해자의 90퍼센트, 희생자의 78퍼센트가 남성이다. 이제 알겠는가? 남성 성 역할에 대한 경직된 사회, 문화적 강요는 남성을 포함한 모든 사람에게 해롭다.

모든 스트레스가 나쁜 것은 아니다. 스트레스는 우리의 정신을 날카롭게 하는 중요한 신체적 반응이고, 단기적 스트레스는 주의력과 기억력을 향상하며 매일 동기 부여를 한다. 하지만 스트레스가 동기 부여 역할에서 벗어나 정신을 완전히 압도하면 제대로 살아갈 수 없다. 이것은 정상적인 상태가 아니라 '불안 장애'다.

불안감을 느끼나요? 같은 처지군요

불안 장애는 사회적 불안과 일반적 불안 장애GAD, 일상에 대한 지속적이고 비현실적인 걱정, 그리고 더 나아가 외상 후 스트레스 장애PTSD와 공황 장애panic disorder까지 아우른다. 미국국립정신건강연구소에 따르면 미국 성인 5명 중 1명이 이 장애를 가지고 있다. 이 책의 저자인 앨리도 그중 한 사람이다!

변연계의 활약

불안 장애는 다른 여러 기분 장애와 마찬가지로 뇌 신호 전달에 변화가 생기면서 나타난 결과라고 여겨진다. 특히 불안 장애를 가진 사람들은 해마, 편도체, 시상하부, 시상을 포함하는 뇌 깊숙한 곳의 복잡한 구조인 변연계가 정상인에 비해 더 많이 활동하는 경향이 있다. 이 환자들의 편도체가 지나치게 활동적인 경향이 있다는 점은 많은 것을 설명할 수 있다.

내 머릿속의 괴물

비록 불안 장애는 일반적으로 여러 종류가 함께 아울러 분류되지만 사실 종류별로 고유한 특징이 있다. 이것은 신경 신호가 신체 상태에 미치는 영향의 차이와 연관될 수 있다. 공황 장애에서 나타나는 편도체의 과잉 활동은 뇌의 일부 영역에서 주요 억제성 신경 전달 물질인 GABA의 감소로 발생한다. 그러면 감정 회로에서 억제 신호를 덜 받게 되어 공황에 빠진 감정을 통제하기가 더 어려워진다.

일반적인 불안 장애를 가진 환자들은 보통 사람에 비해 편도체가 더 큰 경향이 있다. 반면에 PTSD는 해마와 편도체에 지나치게 많은 흥분성 신호가 전달된 결과일 수 있으며, 그에 따라 자극에 대한 강한 감정 반응이 일어난다. 그뿐만 아니라 PTSD는 논리적 뇌 영역이 감정 정보를 처리하기 위해 협력하는 과정에서도 부분적으로 나타날 수 있다. 그에 따라

PTSD가 복잡해질 때

PTSD에 대해 우리는 대부분 자동차 사고나 폭행 같은 단일 사건에 대한 반응으로 생각한다. 하지만 수개월, 수년에 걸쳐 지속적인 학대나 반복적인 고문을 겪고, 장기간 전쟁 지역에서 생활하는 것처럼 장기적이고 반복적인 트라우마를 경험하다 보면, 복잡한 외상 후 스트레스 장애CPTSD에 걸릴 수 있다. 주요 증상으로는 감정 통제 어려움, 해리, 죄책감이나 수치심, 종교나 세상에 대한 믿음 상실 등이 나타난다. 이러한 증상은 트라우마가 어린 나이에 발생하거나, 장기간에 걸쳐 발생할 때, 부모에 의해 유발될 때 더욱 심각해진다. CPTSD는 여전히 우리에게 비교적 새로운 질환이며, 강도와 지속 시간 때문에 치료하기가 상당히 까다로울 수 있다. 하지만 이 질환에 대해 더 많이 알수록 선택할 수 있는 치료법과 약물이 계속해서 향상될 것이다.

그러한 생각을 통제하는 데 어려움을 겪는다.

사회적 불안 장애에서는 사람의 얼굴 이미지에 노출될 때 편도체가 활동을 더 많이 한다. 즉, 사회적 상황에서 불안해하는 사람들은 두려움의 층을 통해 사회적 정보를 처리하고, 그러한 환경에서 스트레스를 받는다. PTSD와 마찬가지로 이것은 변연계에 도달한 과도한 흥분 신호 때문일 수 있다.

PTSD: 더 이상 군인만 겪지 않는다

PTSD에 대한 인식은 제1차, 2차 세계 대전에서 군인들이 '전쟁 신경증'을 가진 채 집으로 돌아와 극단적인 '싸움 또는 도피' 반응과 공포를 겪는 모습을 보이면서 시작되었다. 전투에 직접 참여한 군인들 사이에서는 여전히 매우 높은 비율로 나타나지만, PTSD는 트라우마를 일으키는 사건을 겪은 거의 모든 사람에게서 발생할 수 있다. 거의 10퍼센트에 달하는 사람이 살면서 그것을 경험한다. 성폭행이나 아동학대 등 폭행에 기초한 PTSD도 매우 흔하지만, 심각한 사고나 자연재해 이후에도 이것을 경험할 수 있다.

사실 의료계의 많은 사람이 코로나19 이후에도 또 다른 팬데믹이 발생할지 모른다고 걱정한다. 팬데믹이 최악의 사태로 치달았을 때 생명을 구하고자 고군분투한 의료 전문가들 사이에서 높은 비율로 PTSD가 발생할 가능성이 바로 그것이다.

벤조디아제핀에 빠진 당신의 뇌

정체: 벤조디아제핀benzodiazepines, 또는 '벤조스benzos'라는 이름은 디아제핀 고리에 융합된 벤젠 고리로 이뤄진 이 약의 화학 구조식에서 따왔다. 유명한 약물 브랜드로 발륨Valium, 아티반Ativan, 자낙스Xanax가 있다.

약물의 종류: 이 향정신성 약물은 단기적이고 빠르게 작용하는 항불안제로 사용된다.

기능: 벤조디아제핀 계열 약물은 강력한 진정 작용과 근육 이완 효과가 있으며 항경련제 역할을 하고 수면에도 도움이 된다.

원리: 벤조스는 뉴런에 있는 GABAA 수용체에 결합해 시냅스에서 GABA(뇌의 주요 억제성 신경 전달 물질)의 효과를 높인다. GABA 신호가 증가하면 뇌와 뉴런 사이 신호 전달이 전반적으로 되돌아와 차분하게 진정시킨다.

위험성: 벤조디아제핀 계열 약물은 거의 단기적으로 사용하기에 안전하다고 여겨지지만, 대부분 정신과 의사는 안전한 방법을 택하며 공황 장애를 다룰 때 이 약물을 몇 주 동안만, 또는 가능한 한 드물게 사용하도록 권장한다. 벤조스 약물은 진정 작용을 하기 때문에 과다 복용하면 의식을 잃을 수 있고, 알코올이나 오피오이드 같은 다른 약물과 섞이면 목숨을 잃을 수도 있다.

중독에 빠진 뇌

인류 역사상 언제나 우리의 마음에 영향을 끼치는 약물에 대한 사랑이 존재해왔다. (정말이다. 우리는 인간으로 진화하기 전에 이미 알코올을 대사시키는 유전자를 진화시켰다.) 사람들은 정말 엉망진창으로 망가지는 것을 좋아한다. 그래서 때때로 뇌가 스스로 선택한 약물에 좌지우지되고, 아무리 약물을 투입해도 부족한 상황에 놓인다.

한 번 더, 한 번 더

하지만 어쩔 수 없다. 아무리 해롭더라도 마약은 기분을 좋게 만들기 때문이다. 사람들이 사용하는 많은 약물은 보상 회로를 활성화하며 행복하게 만드는 많은 신경 전달 물질을 뇌에 쏟아붓는다. 여기에 더해 활력이 넘치고 억제되지 않으며 마음이 진정되는 등의 효과도 있다. 결국 마약이 주는 기분을 좋아하게 되어 다시 찾고, 때때로 끊임없이 계속한다. 하지만 멈추고 싶어도 어떤 약물을 사용할 수밖에 없는 상황이라면, 그것은 중독addiction이다.

그만둘 수 있으면 좋겠어

약물을 반복해서 사용하면, 뇌는 반복적인 노출에 적응하기 시작해 기억이나 학습, 보상에 영향을 미치는 유전자 발현과 신호 전달의 변화로 이어질 수 있다. 약물이 보상 체계를 주도하고, 새로운 습관이 형성되어 그 행동을 뇌에 단단히 각인시킨다. 그러면 벗어나기 어려운 악순환에 빠진다. 게다가 알코올, 니코틴, 오피오이드 같은 몇몇 물질은 뇌 속 보상 체계를 가로챌 뿐만 아니라 약물에 취했다가 깨어날 때 몸이 몹시 불편하거나 심지어 고통스러울 정도로 신경 신호의 변화를 초래하고, 그렇게 행동을 더욱 강화한다.

한 번에 한 단계씩

우리의 뇌는 보상을 좋아하고 습관도 좋아하기 때문에 중독은 치료하기 어렵다. 그래도 중독자 치료와 지역 사회 단위의 지원을 받으면 매우 효과적일 수 있다. 일부 물질은 약물 치료에 도움이 될 수 있다. 사실 벤조디아제핀은 그 자체로 중독성이 있지만 알코올 중독의 1차적 치료제이며, 니코틴의 효과를 모방한 약물은 금연을 시도할 때 활용될 수 있다. 몇몇 약물은 심지어 그 약물이 주는 보상 효과를 뇌에서 차단해 약물이 아무렇지 않게 느껴지거나 심지어 불쾌하게 느껴지도록 해 습관을 고치는 데 도움이 된다.

당신은 나쁜 사람이 아니에요

인류에게 향정신성 물질이 알려진 이래 사람들은 이 약물을 가끔 남용하곤 했다. 심지어 오래전에도 중독을 질병으로 여긴 의사들이 있었다. 어떤 사람들은 중독을 개인적인 도덕적 결함이나 죄로 보았다. 또한 약물을 끊고 싶은데 그렇게 할 수 없는 사람도 많았다. 중독을 일종의 개인적 선택으로 여기면 질병으로 보기 어려울 수 있지만, 사실 사람마다 약물에 대한 민감도가 다르다. 어떤 사람에게는 단지 두어 잔의 가벼운 음주가 다른 사람에게는 알코올 중독의 도화선이 될 수 있다. 그러니 중독은 생물학적 원리에 따른 것이지 결코 당신이 나쁜 사람이어서 그런 것이 아니라는 점을 이해해야 한다. 그래야 약물 남용에 따르는 오명을 조금씩 걷어내고 근본적인 문제를 해결할 수 있다.

중독의 심리학

약물 중독에 대한 전통적인 신경과학적 접근법에 따르면 중독은 만성적 약물 소비에 따라 뇌가 변화하는 현상이다. 반면에 심리학은 보다 감정적이고, 사회적이며, 환경적인 접근을 취한다.

나는 그럴 만한 성향이 있었다

대부분의 오락용 약물은 건강에 좋지 않은 습관을 형성할 위력이 있으며, 기분 좋게 만드는 특성 외에도 중독의 발달에 큰 역할을 하는 여러 가지 요소가 있다. 감정적 관점에서 보면, 한 사람의 스트레스 수준이나 개인적 트라우마 역사에 따라 스스로 약물을 사용하도록 이끌릴 수 있다. 사회적 차원에서는 가족이나 친구 등 주변 사람에 의해 반복적으로 노출되면서 약물에 접근하고 의존할 수 있다. 또 환경적으로는, 만약 그 약물이 접근하기 쉽고 가격이 적당하다면 더 자주 사용할 것이고, 이로 인해 뇌 변화가 나타날 것이다.

원할 때 언제든 멈출 수 있어

중독은 행동과 관련한 문제이기도 하다. 사람들은 약물을 반복적으로 사용함으로써 피해가 악화될지라도, 다시 말해 신체적 또는 심리적 피해를 입더라도 계속해서 마약을 한다. 그리고 많이 사용할수록 몸은 약물에 더 적응해 내성을 키운다. 그에 따라 동일한 효과를 얻기 위해 약물을 더 많이 복용해야 하고, 그것이 인간관계를 비롯한 삶의 다른 영역에 문제를 일으킬 때조차 계속해서 갈망한다. 결국 끊으려 해도 멈출 수 없는 중독의 특징적인 증상을 초래한다.

사람들이 나를 재활센터에 보냈다

전문가에 따르면 마약 중독에서 회복하기 위한 첫 번째 단계는 자신에게 문제가 있다는 사실을 인정하는 것이다. 이 중요한 단계 이후, 마약 중독에서 실제로 회복한 사람 대부분은 재활 프로그램, 자조 그룹, 개인 상담과 같은 다양한 치료 방법을 동원한다. 이런 치료법은 보통 함께 사용되어 사람들이 극복하기를 원하는 중독을 악화시키고 영구화하는 심리적, 사회적, 환경적 요인에 대처할 회복력을 키워준다.

쥐 놀이공원

예전에 약물 중독 현상에 대해 연구한 과학자들은 동물을 스키너 상자(92쪽 참조)에 넣고 약물에 무제한적으로 접근하도록 했다. 그 결과 과학자들은 실험 동물들이 종종 과다 복용할 정도로 약물을 소비한다는 사실을 발견했다. 하지만 1970년대 심리학자 브루스 알렉산더 Bruce Alexander는 장난감, 운동기구, 그리고 매혹적인 모르핀이 들어간 물병이 갖춰진 약 10제곱미터의 거대한 쥐 유토피아를 만들어 '쥐 놀이공원Rat Park'이라고 불렀다. 여러 마리의 쥐가 자유롭게 약물을 하고, 교미를 하며, 여가 시간에 여기저기 탐험하도록 한 결과, 모르핀에 제한 없이 접근할 수 있음에도 이 행복한 공동체 환경의 쥐들은 고립된 쥐들에 비해 모르핀에 중독될 가능성이 훨씬 낮았다. '쥐 놀이공원' 연구는 주변 환경이 개인의 약물 중독에 얼마나 큰 영향을 미칠 수 있는지 알려주었다.

PART THREE

전뇌

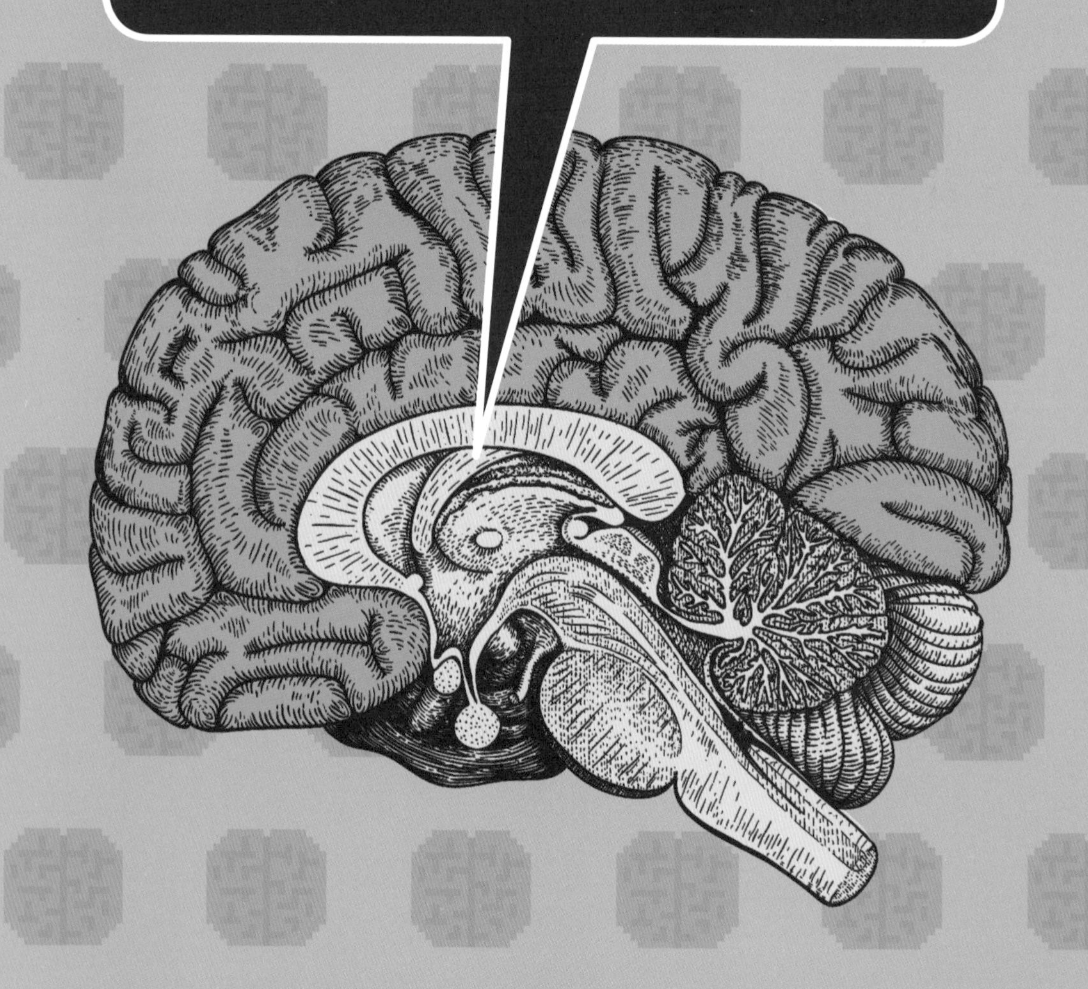

전뇌는 뇌의 가장 큰 부분을 차지하며 중뇌와 뇌간 위에 자리한다. 고차원의 행동과 인식을 담당하는 피질을 비롯해 대부분의 뇌를 포함한다. 전뇌는 모든 감각을 처리하고 감정을 조절하며, 문제가 생겼을 때 해결하고 결정을 내리도록 한다.

이 책에서 가장 짧게 다루지만, 이 내용에 도달하기까지 긴 설명이 필요했다고 볼 수도 있다. 여기서는 인류가 이를 수 있는 모든 밝은 미래와 어두운 디스토피아에 대해 살피고 신경과학과 심리학의 미래를 내다볼 것이다.

우리는 마침내 시냅스 사이에 떠 있는 가장 작은 분자부터 피질 전체에 흐르는 혈류 패턴에 이르기까지, 뇌의 모든 복잡성이 어떻게 모여 살아 숨 쉬는 인간을 움직이는지 이해하기 시작했다. 이런 이해와 함께 생명을 구하고, 더 나은 인류를 만들고, 미래를 확장할 기술 창조 가능성이 생겨난다.

하지만 그 어떤 것도 빠르고 쉽게 해결할 수 없다. 그리고 과학자들과 의사들이 조심하지 않으면, 그중 일부는 꽤 부정적인 결과를 가져올 수도 있다. 이미 그 일부는 우리의 정신에 대해 대답하기 어려운 질문을 던졌다. 예컨대 누가 어떤 질병을 '치료'해야 하는지, 뇌를 활성화하는 전극을 사람의 머리에 이식해도 괜찮은지 등이다. 좋든 나쁘든 미래는 빠르게 다가오고 있다. 이제 어떤 일이 펼쳐질지 살펴보자.

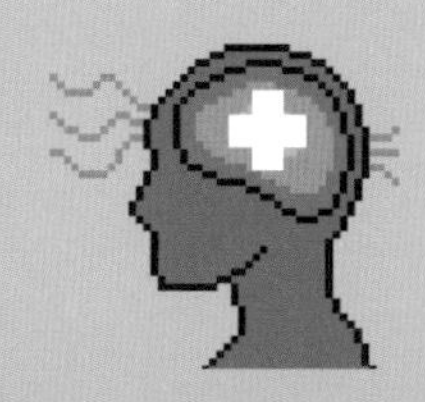

CHAPTER 16

임상 치료의 미래

미래는 이미 도래했다. 정말이다. 우리가 지금 소개할 모든 일이 일어나기 시작했다. 그것은 모두 너무나 놀랍다.

당신은 이 책을 이미 3분의 2 넘게 읽으면서 사람의 뇌가 크고, 이상하며, 물컹거리는 덩어리라는 사실을 알았을 것이다. 하지만 우리는 아직 뇌를 잘 이해하지 못한다. 그래도 이 모든 것이 어떻게 작동하는지 한 시냅스씩 알아가면서, 어떻게 해야 그것을 가장 잘 다룰지 이해하기 시작했다. 이 장에서는 과학자와 의사, 치료사들이 환자의 뇌와 그들의 정신 건강을 지키도록 돕는 새롭고 혁신적인 방법에 대해 알아볼 것이다.

과거 몇 가지 접근법은 전두엽 절제술이 그랬듯 끔찍했다. 일부는 SSRI나 초기 형태의 심리 치료처럼 거의 추측에 근거해 이뤄졌다. 하지만 최근 우리는 뇌를 설명하는 실제 생물학적 정보를 활용해 새로운 치료법과 약물을 고안했고, 치료에 대한 보다 정교하고 증거에 기초한 접근법을 개발해냈다.

그에 따라 다양한 정신 건강 상태에 대한 새로운 이해가 적용된 치료법을 실제로 시험하고 실행했으며, 심각한 기분 장애를 치료하는 데 한때 무시무시하게 여겨졌던 향정신성 약물을 활용하는 등 여러 획기적인 발전이 이뤄졌다. 따라서 우리의 몸과 뇌, 그리고 그 안에 있는 모든 미생물과 분자들이 어떻게 상호작용해서 건강을 유지하는지, 또한 뭔가 잘못되었을 때 우리가 무엇을 할 수 있는지 더 잘 이해할 수 있다. 앞으로 어떤 발전이 더 이뤄질지 누가 알겠는가?

할아버지 시대와 달라진 치료법들

수십 년 동안 정신과 치료는 거의 변화가 없었다. 물론 더 이상 프로이트 시절처럼 소파에 눕지는 않지만, 환자를 직접 대면하는 독립적 서비스 방식을 유지해왔다. 심리 치료사들은 고풍스러운 도구와 방법론에 집착하며 변화가 느리기로 유명하다. 하지만 지난 몇 년 동안 수많은 새로운 기술과 접근법이 폭풍처럼 휘몰아쳐 정신과 치료의 여러 면모를 바꿔놓았다.

기술 발달에 따른 변화

인터넷은 정신 건강 치료 환경을 완전히 바꿔놓았다. 기술을 제공하는 여러 회사가 온라인 상담, 문자 채팅 치료, 주문형 서비스를 제공하기 시작했다. 편리하게 접근하고, 비용을 낮추고, 24시간 서비스를 제공해, 그동안 정신 건강 자원에 접근하지 못했던 많은 사람이 서비스를 이용했다. 당신의 휴대전화는 수면, 식단, 기분, 건강을 추적하는 많은 앱을 제공한다. 이러한 도구를 최료에 활용하면 치료 당일 환자가 자체적으로 보고하는 것보다 그의 라이프 스타일에 대해 더욱 신뢰할 만한 통찰을 얻을 수 있다.

산책하면서 상담하기

요즘에는 야외 활동과 운동을 치료에 통합하는 치료사가 많아지고 있다. 예를 들어 걷기-말하기 치료법이 계속해서 인기를 얻고 있다. 이 치료 지지자들은 환자가 현실 세계에 있을 때 덜 불안하고, 더 창의적이고, 문제에 덜 집착하는 것처럼 보이기 때문에 상담 시간이 더 풍부해진다고 말한다. 이것은 놀랄 일이 아니다. 운동과 자연이 정신 건강에 긍정적 영향을 끼친다는 점은 잘 연구되어 있다. 따라서 실제 생활에서 움직이는 것은 정신적으로 나아갈 수 있는 능력을 반영할지도 모른다. 그러니 다음번에 당신의 치료사가 동네를 산책하거나, 요가를 하거나, 조깅을 하라고 해도 놀라지 마라.

무슨 일이에요, 박사님?

전 세계 여러 나라가 그렇지만, 특히 미국의 의료 서비스는 엉망이고 지리멸렬하다. 신체 건강관리와 정신 건강관리는 병원에 흩어진 소수의 사회복지사를 제외하면 보통 서로 독립적으로 운영되어왔다. 하지만 정신 건강을 1차 의료기관의 진료 업무에 통합하려는 움직임이 다시 일어나고 있다. 기본적으로 1차 의료기관에 정신과 전문의를 함께 배치하는 것이다. 정신 건강 관련 환자의 거의 3분의 1이 1차 의료기관을 찾으며, 소개받고 치료사를 찾아간 환자의 절반이 첫 예약을 하지 않는다는 점을 고려하면, 이것은 직관적 방식으로 보인다. 제대로 힘을 합칠 수 있을지 모르겠지만.

새로운 놀이 치료법

놀이 치료는 전통적으로 어린아이가 자기 내면세계를 탐험하고 의사소통하도록 돕기 위해 사용되었다. 하지만 성인의 정신과 치료는 앉아서 자기 감정에 대해 말하는 심각한 일이 된다. 왜 이렇게 되었을까? 치료는 자기 자신을 진실하게 표현할 수 있는 기회다. 놀이 치료는 자기가 뒤집어쓴 껍데기를 벗는 훌륭한 방법이 될 수 있다. 오늘날 어른을 대상으로 하는 놀이 치료는 예술과 공예, 노래, 춤, 스토리텔링 같은 창의적 배출구를 활용한다. 요리, 사진, 창의적 글쓰기도 방법일 수 있다. 사실 몇몇 치료사(이 책의 저자인 미카를 포함해)는 사회적 불안을 가진 사람이 좀 더 편안하게 지낼 수 있도록 돕는 놀이 치료의 한 형태로 '던전 앤 드래곤 Dungeons & Dragons' 게임을 활용해왔다. 재미있을 것 같지 않은가? 당신도 한번 받아보라.

경찰의 정신 건강 위기 대응 방식

정신 건강 관련 위기 상황은 시민이 경찰에 신고하는 사건의 약 10분의 1이나 된다. 이것은 경찰관이 위기에 처한 누군가에게 가장 먼저 대응하곤 한다는 의미다. 하지만 불행히도 이런 현실은 비극적인 결과를 초래할 수 있다. 미국 성인의 3퍼센트가 심각한 정신 질환을 앓고 있지만, 이들은 법 집행 기관과 충돌해 다치거나 숨지는 사건의 25퍼센트에서 50퍼센트를 차지한다. 이 문제는 또 다른 소외된 정체성을 가진 사람들도 마찬가지다. 이들은 법 집행관에 의해 폭력을 경험할 가능성이 상대적으로 높다.

현장 상황은 어떤가?

많은 경찰 기관이 관심 있는 경찰관들에게 정신 건강 관련 대응 교육을 제공하고, 심지어 정신 건강 전문가를 고용하기도 한다. 하지만 대부분의 기관은 훈련에만 몰두할 뿐이어서, 실제로 정신 질환 관련 상황에서 경찰이 알아차리지 못하는 경우가 많다. 게다가 경찰은 다른 선택의 여지가 거의 없다고 느껴, 정신 건강 위기에 처한 사람이 종종 불필요하게 체포되거나 교도소에 끌려간다. 이것은 많은 사람에게 경찰이 스스로 대처할 능력이 없는 정신 건강 위기 상황에 굳이 관여해야 하는지 의문을 품게 했다.

그렇다면 대안은?

대안은 새로운 것을 창조하는 것이다. 심장마비, 뇌졸중, 교통사고 외 사고 같은 의료 비상사태는 경찰관이 아닌 구급대원들에 의해 처리된다. 따라서 한 가지 대안은 위기 상황을 적절히 완화하고 사람들과 자원을 연결하는 지식과 기술을 가진 정신 건강 전문가, 지역사회 보건 종사자와 그들의 동료로 구성된 이동식 위기 대응 팀을 만드는 것이다. 경찰이 관여하지 않는 이런 접근으로, 불필요한 입원과 체포를 줄이는 것은 물론, 생명을 구할 수도 있다. 이런 방식이 앞으로도 정신 건강 위기 대응책이 될 수 있을까?

당신의 주머니 속에 있는 치료사

코로나 팬데믹은 여러 산업의 모습을 변화시켰다. 치료도 예외가 아니다. 그동안 대면 상담만 하던 정신 건강 전문가 대부분이 가상 치료법을 경험했다. 그다지 내키지 않는 사람도 많은 듯하지만 말이다! 기술에 밝은 젊은 세대에게는 원격 치료(비디오, 문자, 전화를 비롯한 모든 가상 치료 형태를 광범위하게 포괄)가 미래 기술처럼 보인다. 이것은 편리하고 접근하기 쉬우며, 그만큼 효과적이다. 하지만 이러한 장점이 있어도 치료가 완전히 비대면으로만 이뤄지지는 않을 것이다. 대면 치료가 필요한 순간은 항상 있을 테니 말이다. 심각한 정신 질환이나 약물 남용 장애로 고생하는 사람을 위한 입원 환자 프로그램은 계속해서 필요하고 또 중요할 것이다. 마찬가지로, 가상으로 집단 치료를 수행하기란 정말 어렵다. 왜냐하면 집단 역학에서는 매우 중요한 물리적 실체가 사라지기 때문이다. 그렇더라도 원격 치료는 개인 상담가들에게 새로운 운영 방식이 될 것 같다.

정신 질환에 대한 낙인

정신 건강에 문제가 있고 도움이 필요하다는 사실을 스스로 인정하기는 누구나 어려울 수 있다. 게다가 정신 건강을 둘러싼 오명과 낙인이 그것을 더욱더 어렵게 만든다. 정신적으로 아픈 사람들은 '약하다' '위험하다' '더 노력하면 극복할 수 있다'는 등 해로운 고정관념과 잘못된 믿음은 정신 건강에 문제가 있는 사람들이 치료받는 것을 막고 수치심을 느끼게 한다. 불행히도 이런 부정적 태도는 흔하고 오랫동안 존재해왔으며, 서구 문화에서 특히 더 그랬다. 이것은 정신 질환을 가진 사람이 다른 모든 사람과 '다르다'는 잘못된 시각에서 비롯된다. 물론 이것은 사실이 아니다. 다행히 이제는 이런 시각이 조금씩 바뀌고 있다.

하루에 사과 한 개

기성세대가 정신과 전문의와 상담하는 데 편견을 가지거나 정신과 약을 먹으면 약에 의존하게 된다고 수군대는 사이, 1980년대 이후 출생한 젊은 세대들은 대체로 정신 건강 관리를 두 팔 벌려 받아들이며 정신과 경험과 치료에 대해 자유롭고 솔직하게 말한다. 이러한 변화는 정신과에 대한 오명을 없애고 사람들에게 필요한 서비스를 제공할 수 있도록 보험 혜택을 늘려, 정신 건강이 신체 건강과 동일한 수준으로 치료되어야 한다고 요구하게 했다. 하지만 아직도 이 분야에서는 할 일이 많다.

당신이 할 수 있는 일

만약 당신이 정신 건강관리에 대한 낙인을 없애는 데 도움이 되고 싶다면, 할 수 있는 몇 가지 행동이 있다. 먼저, 사람들에게 정신 건강에 대해 이야기한다. 주변 사람에게 정신 질환의 현실과 그것이 얼마나 흔한지, 어떤 경험을 했는지 알린다. 정신 건강을 되찾기 위해 치료받았던 경험을 나누는 것은 사람들이 도움을 찾는 데 가장 효과적인 방법이다. 둘째, 다른 사람과 연결되고 도움이 필요한 사람들을 지원할 방법을 찾고 싶으면, 미국의 경우 전국정신질환연맹NAMI 같은 단체에 연락한다.

그것은 '미친 사람들'을 위한 치료 아닌가요?

많은 사람이 정신과 치료를 받으면 뭔가 '잘못된' 구석이 있음을 인정하는 것과 다름없다고 여겨 치료받으러 가기를 주저한다. 하지만 정신과 치료는 정신 질환을 가진 사람만을 위한 것이 아니다. 몸이 아플 때 의사에게 가는 것과 똑같다. 많은 사람이 아프지 않을 때도 건강검진이나 각종 검사, 조언이 필요할 경우 의사를 찾는다. 이와 마찬가지로 정신과 치료를 받으면 자신이 부딪힌 문제를 이야기해 더 건강하고 행복한 삶을 살아가는 데 도움을 받을 수 있다. 정신과 치료는 스스로를 탐색하고 더 심화된 자각을 하게 하는 도구이지, '고치기' 위한 것이 아니다. 그러니 한번 시도해보라! 기대했던 것보다 훨씬 더 좋을지도 모른다.

애더럴에 빠진 당신의 뇌

정체: 애더럴adderall(애디스, 어퍼, 펩 알약, '공부 친구'라고도 불린다)과 리탈린ritalin(스키틀스, 아이들의 코카인, 비타민 R이라고도 불린다).

약물의 종류: 암페타민(애더럴) 또는 피페리딘(리탈린).

기능: 애더럴은 효과가 메스암페타민과 상당히 유사해, 사용자의 의식 수준을 향상시키고 신경계를 자극한다. 그리고 리탈린은 산만함과 충동성을 감소시키고 집중력을 높인다. 둘 다 ADHD와 기면증에 대한 1차적 치료제다.

원리: 애더럴은 필로폰과 마찬가지로 뇌에서 도파민과 노르아드레날린의 활동을 자극하지만, 리탈린은 NDRI(노르아드레날린-도파민 재흡수 억제제)로 작용한다. 두 약물 모두 경각심과 주의력에 영향을 미치며 신경계의 활력을 북돋우는 다른 신경 전달 물질 경로에도 영향을 미친다.

위험성: 과다 복용하면 필로폰을 비롯한 다른 흥분제와 유사한 증상이나 건강 문제가 나타날 수 있다. 애더럴과 리탈린은 ADHD 치료에 사용되며, 행복감을 유발하고 에너지와 집중력을 높여 오락용이나 학습 보조제로 쓰인다. ADHD 환자가 이 약을 먹으면 붕 뜬 느낌을 받지 않고, 단지 평범한 사람처럼 느끼며 자기 일에 집중할 수 있다.

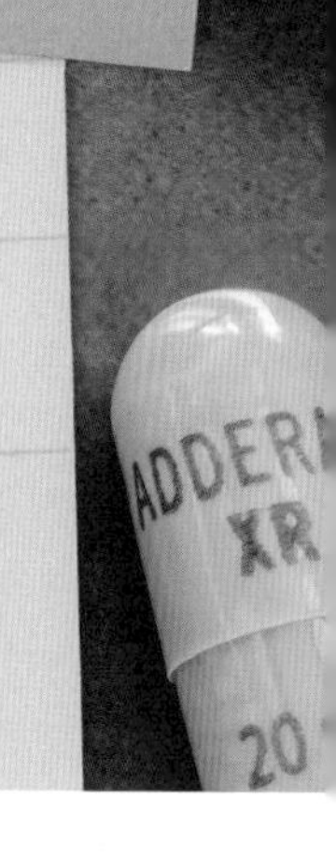

어쨌거나, 진단이 무슨 의미가 있죠?

의사에게 진료받을 때는 어디가 아픈지, 즉 목이 아픈지, 옆구리가 아픈지, 두통이나 만성 피로가 있는지 말한다. 그러면 의사는 이러한 데이터를 취합한 뒤 질문을 하거나 검사를 해서 알아야 할 사항의 빈자리를 메운다. 일단 충분한 정보가 확보되면, 의사는 여러 증상을 고려해 최종 진단을 내린다. '그래, 이건 탈수증이야!' 정신 건강 진단 역시 이런 신체 건강 진단과 같은 방식으로 이뤄진다.

그건 왜 좋은가요?

정신 건강 진단은 본질적으로 당신이 겪고 있는 것을 묘사하는 증상들에 대해 꼬리표를 붙이는 것이다. 전문가가 문제를 올바르게 식별하면, 해당 문제를 이해하고 처리하기가 훨씬 쉬워지기 때문에 매우 유용하다. 하지만 이 작업은 당신을 규정된 어떤 상자에 가두는 게 아니라, 당신에게 개별화된 치료법을 더 잘 알아낼 맥락을 제공한다. 그뿐만 아니라 현재 진행 중인 문제에 대한 진단명을 알면 환자와 관련 당사자, 다른 의료 제공자, 보험 회사 등과 훨씬 쉽고 효율적으로 의사소통할 수 있다. 또한 진단을 받고 나면 때때로 무섭고 혼란스러운 자신의 증상을 이해하는 데 도움이 되며 위안을 받을 수 있다.

그럼 뭐가 문제죠?

진단이 어떤 사람에게는 편안함을 제공하지만, 특정한 정신 건강 문제에 대한 기존의 오명을 뒤집어쓰거나 다른 사람들에 의해 차별을 받는 등 부정적 영향을 미칠 수도 있다. 게다가 만약 어떤 환자가 진단명이라는 꼬리표를 너무 꽉 붙들어 증상에 대해 변명하거나 건강하지 못한 행동을 계속하기 위한 자격처럼 활용한다면, 진단이 해로울 뿐만 아니라 위험할 수도 있다.

이 점에 대해서는 정신 건강 전문가들도 경계할 필요가 있다. ADHD와 경계선 인격 장애 같은 특정 장애는 과잉 진단될 수 있는 반면, 약물 남용 장애나 PTSD 등은 발견하기가 쉽지 않다. 그렇더라도 전체적으로 볼 때 정신과 진단의 이점은 지불해야 할 비용보다 훨씬 크다.

병원에서 마약이 사용된다고?

전 세계 여러 나라에서 그동안 잘못된 정보, 인종 차별, 반체제 운동에 대한 반감 때문에 오늘날 향정신성 약물로 분류되는 대부분의 약이 불법이었다. 따라서 수십 년 동안 임상 환경에서 연구가 거의 불가능했다. 하지만 이런 흐름이 조금씩 바뀌고 있다. 좋은 소식이다. 왜냐하면 이런 향정신성 약물 가운데 일부는 여러 신경학적, 감정적 장애를 치료하는 데 꽤 도움이 되기 때문이다. 심지어 이런 일에 전념하는 연구 조직이 있을 정도다. 다학제 사이키델릭 연구협회Multidisciplinary Association for Psychedelic Studies, MAPS는 향정신성 약물이 어떤 경우 우리에게 도움이 되는지 연구하고, 대중의 이해를 돕기 위해 애쓰고 있다.

이 약초가 당신을 치료할 거야

보통 마리화나로 알려진 대마초는 꽤 평판이 지저분하지만(약물에 대한 내용을 담은 영화 〈리퍼 매드니스Reefer Madness〉를 보라), 이 약초가 미국 35개 주에서 의료용으로 합법화된 데는 그럴 만한 이유가 있다. 대마초의 주요 성분은 델타-9-테트라하이드로칸나비놀delta-9-tetrahydrocannabinol, THC과 칸나비디올cannabidiol, CBD이다. 둘 다 매우 복합적 역할을 하는 엔도칸나비노이드 시스템endocannabinoid system에 영향을 미친다. 이 시스템은 인지 능력과 통증 인식, 운동 등을 조절하는 역할을 한다. 대마초는 메스꺼움을 치료하고 식욕을 증진시키며 만성 통증과 불안감을 치료하는 잠재력이 있다는 사실이 밝혀졌지만, 정부가 연구를 허용하는 데 거부감을 보이는 바람에 얼마나 효과가 좋은지 정확히 판단하기 어렵다. 아마도 대마초에 대한 가장 잘 알려진 의료적 용도는 일부 심각한 형태의 뇌전증 발작을 예방하기 위해 칸나비디올을 사용하는 사례일 것이다.

이상한 나라의 앨리스에게 상담받아요

LSD나 실로시빈psilocybin(일명 마법 버섯) 같은 보다 더 전통적인 환각을 일으키는 약물은 인식, 기분, 행동, 심지어 영적 경험의 극적인 변화를 포함하는 심오한 효과 때문에 일찍이 '기적의 약'으로 선전되었다. 하지만 과학자들은 이 약이 심각한 정신 건강 문제를 치료하는 데도 도움이 될 수 있는지 알아내려 노력하고 있다. 지금까지 대부분 실험은 작지만 유망한 결과를 가져왔다. 예컨대 LSD의 1회 복용은 알코올 중독자가 알코올 소비를 줄이는 데 효과적이며, 실로시빈은 니코틴 중독을 저지하는 데 매우 효과적인 것으로 밝혀졌다. 그리고 지금까지의 연구 결과에 따르면 이 약들은 (심리 치료와 함께) 치료에 내성을 보이는 우울증과 불안, 약물 의존증에 도움이 될 것으로 보인다.

사랑의 약

엑스터시Ecstasy로 알려진 MDMA는 다음과 같은 이유로 '사랑의 약'이라는 별명을 얻었다. 이 약물은 행복감과 에너지, 공감 능력 강화를 일으킨다. 이런 효과들은 특정한 기분 장애를 치료하는 수단으로 연구되고 있다. FDA는 PTSD 치료를 위한 돌파구로 이 약물을 특별 승인했다. MDMA는 신뢰를 높이고 두려움을 줄이는 효능이 있어, 심리적 트라우마로 힘들어하는 환자나 각종 질병의 말기 환자들이 죽음을 받아들이도록 돕는 데 사용되고 있다.

특별한 아이들을 위한 스페셜 K

역사적으로 케타민ketamine은 마취제로 사용되어왔으며, 의학적 환경에서 통증 완화와 진정 효과를 제공하는 약물이었다. 오늘날에는 심각한 우울증과 자살 충동을 보이는 사람들에게 극적인 효능을 주어 명성을 얻기 시작했다. 임상 시험에서 케타민을 한 번 복용하면 우울증이 빠르게 회복되어 대부분 항우울제가 몇 주, 몇 달 동안 할 수 있는 일을 몇 시간 만에 해낸다. 그리고 대부분의 연구 결과에 따르면 그 효과는 몇 주에서 몇 달 동안 지속될 수 있다.

케타민에 빠진 당신의 뇌

정체: 케타민. 스페셜 K, 슈퍼 K, 비타민 K, 캣 발륨, 킷캣, 퍼플이라고도 불린다.

약물의 종류: 진통제이자 진정제.

기능: 케타민은 환경과의 분리감을 유발해 무아지경이나 몽환적 상태를 유도한다.

원리: 케타민은 오피오이드, 도파민, 세로토닌, 아세틸콜린을 포함한 여러 다른 신경 전달물질 시스템과 상호작용할 뿐 아니라, 뇌에서 주요 글루탐산 수용체 중 하나인 NMDA 수용체를 차단하는 것으로 생각된다. NMDA를 차단하면 뇌의 흥분성 신호가 감소하는데, 케타민의 해리 효과 때문인 것으로 보인다.

위험성: 케타민은 행복감, 해리감, 환각 유발 효과가 있어 오락적으로 사용되며, 심각한 우울증을 치료하는 데 엄청난 잠재력을 갖고 있다. 하지만 이 물질이 마취제이자 진통제였다는 사실을 기억해야 한다. 이 약물을 지나치게 많이 복용하면 'K-구멍'에 빠지는 듯한 기분이 든다. 이것은 타인을 포함한 주변 세계와 전혀 상호작용할 수 없을 만큼 분리되었다고 느끼는 단계다.

오락 vs 치료

많은 약물을 경험해보려는 지지자들은 환각을 일으키는 약물에 대해 찬사를 보낼 것이다. 이 약을 오락용으로 사용하는 사람들은 이런 약물이 자신의 영성을 깊게 하고, 우주의 에너지와 연결시키며, 마음을 넓힐 뿐만 아니라 자신의 감정과 씨름하게 하며, 창의성을 향상시킨다고 말한다. 하지만 이런 약물을 치료 환경에서 사용하는 것과 스스로 사용하는 것은 상당히 다르다. 임상의들은 이 약물을 일류 제약 회사에서 공급받는데, 치료적 목적으로 이용 시 훈련받은 많은 임상의의 감시와 지도가 뒤따른다. 오락용으로 사용하는 경우에도 비슷한 목표를 가질 수 있지만, 일반적으로 당신이 혹시 잘못되지 않는지 '트립 시터trip-sitter'들이 지켜보는 경우가 많다.

세균의 뇌

당신의 내장에 있는 수조 마리의 미생물은 마이크로바이옴microbiome(미생물군집, 미생물총)이라는 복잡한 공동체를 형성한다. 미생물들이 식생활과 관련한 요구 사항이나 위장 건강에 어떤 역할을 한다는 점은 분명하다. 하지만 명백하게 다가오지 않는 부분도 있다. 내장 안에 있는 마이크로바이옴이 뇌에도 영향을 미칠 수 있다는 것이다.

멈춰! 누가 거기 가는 거야?

과학자들은 내장의 미생물이 뇌에 영향을 줄 수 없다고 여기곤 했다. 혈액-뇌 장벽 때문이었다. 뇌의 혈관 세포는 위험한 외부 감염으로부터 스스로 보호하기 위해 뇌의 면역 체계를 신체 나머지 부분과 분리하는 방식으로 단단히 묶여 있다. 심각한 부상을 입거나 질병에 걸린 경우가 아니라면 미생물을 포함한 거의 모든 것이 이 장벽을 통과하기 어렵다. 이런 이유로 신경과학자들은 오랫동안 마이크로바이옴이 뇌에 미치는 영향을 거의 무시할 수 있다고 여겼다.

감성적 세균들

2004년, 일본의 몇몇 과학자는 주변 환경의 미생물에 거의 노출되지 않은 '무균 상태'의 쥐가 노출된 쥐와 비교했을 때 스트레스에 어떻게 반응하는지 연구했다. 그 결과 노출되지 않은 쥐들이 훨씬 더 스트레스를 받았다. 이 쥐들의 뇌는 학습과 기억력에 중요한 단백질인 뇌에서 유래한 신경 영양 인자의 수치가 낮았다.

내장-뇌 축

이후 내장과 뇌의 관계가 생각했던 것보다 훨씬 더 강하다는 사실이 밝혀졌다. 예컨대 신체에서 생산되는 세로토닌의 80퍼센트는 뇌가 아닌 내장에서 만들어진다. 그러니 뇌가 장에서 일어나는 일에 영향을 받는다는 것은 이치에 닿는다. 추가 연구에 따르면

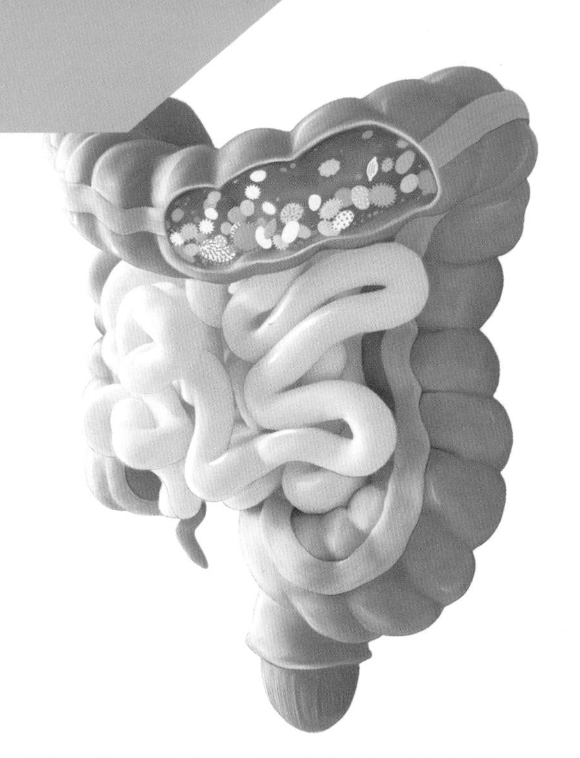

장에서 미생물을 교환하는 것이 행동(적어도 쥐의 경우)과 기분, 인지(인간의 경우)에 영향을 미칠 수 있다. 여기서 의문점이 생긴다. 내장 미생물이 뇌에 영향을 미치기만 할까? 뇌를 '통제'하는 것은 아닐까?

똥이 병을 낫게 해줄 거야!

혹시 비만이나 클로스트리듐 디피실clostridium difficile 감염증 같은 치료하기 어려운 소화기 문제를 해결하는 '기적의 치료법'인 분변 이식fecal transplants에 대해 들어봤는가? 말 그대로 변을 이식하는 것이다. 그렇다면 뇌에 생긴 문제는 어떨까? 과학자들은 마이크로바이옴을 다른 사람의 것으로 대체하면 혹시 우울증이나 불안증 같은 정신 질환 치료에 도움이 되는지 시험하기 시작했다. 지금까지 연구 결과는 놀랄 만큼 긍정적이다! 인간 참가자들을 대상으로 한 소규모 실험에서, 연구자들은 건강한 피실험자로부터 불안증이나 우울증을 앓는 사람들에게 미생물을 이식하면 몇 달 동안 증상이 개선된다는 사실을 발견했다. 하지만 이것이 어떻게 작용하는지 정확히 알려면 시간이 걸릴 것이다. 혹시나 해서 하는 말인데, 따라 하지 마라. 당신은 그 미생물들이 그전에 어디 있었는지 모르니!

염증 치료하기

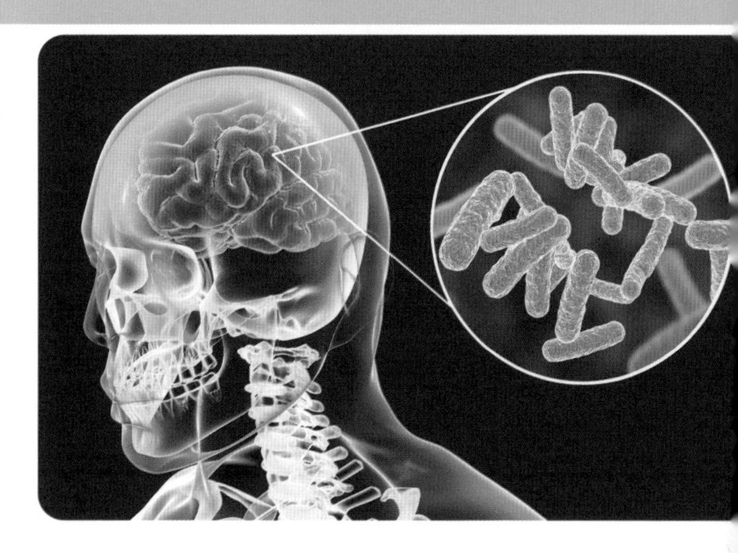

염증이란 거의 모든 것에 대한 몸의 반응이다. 뭔가에 물려도 염증이 생기고, 화상을 입어도 염증이 생기며, 수막염에 걸려도 염증이 생긴다. 최근 많은 신경과학자가 신경학적, 또는 정신과적 질환을 겪을 때 뇌에서 무엇이 잘못되고 있는지 설명할 경우 염증을 고려하는 것도 이해할 만하다. 염증은 정상적인 면역 반응에서 꽤 중요한 부분이다. 하지만 종종 그렇듯, 처음에 좋은 일이 지나치게 많이 일어나면 문제가 생기기 마련이다.

막에 발생한 염증

뇌에 염증이 생긴다면 꽤 심각한 문제다. 뇌염(또는 뇌를 둘러싸고 있는 막에 염증이 생기면 '뇌수막염')이라고 불리는 이런 염증은 보통 바이러스 감염으로 발생한다. 바이러스에 감염되면 몸이 엉망이 된다. 어떤 사람에게는 증상이 독감과 비슷하거나 가볍게 나타나지만, 어떤 사람에게는 치명적이다. 이 염증은 뇌부종을 일으킬 수도 있고 발작, 마비를 비롯해, 심하면 죽음으로 이어질 수도 있다.

하지만 그게 다가 아니에요!

최근 몇 년 동안 과학자들은 가볍고 덜 치명적인 염증이 여러 신경학적, 정신의학적 문제에 영향을 끼칠 수 있다고 의심하기 시작했다. 예컨대 조울증 환자의 몸에서는 단백질 인터루킨-4 수치가 증가하고, 우울증과 조현병 환자의 몸에서는 인터루킨-6의 수치가 증가하는 것처럼, 몇몇 정신 질환에서는 염증에 대한 표지 함유량이 변화한다. 신경 변성과 퇴화를 연구하는 신경과학자들은 과도한 염증이 알츠하이머병 같은 질환에 뭔가 역할을 할지도 모른다고 의심한다.

그 이유는 아밀로이드 베타 신경반이 쌓이면 만성적으로 신체에 손상을 입히는 염증이 생기기 때문이다. 또한 아마도 체내 염증이 뇌 속에서 만성적 염증을 유발하고 세포사cell death가 시작되도록 이끌기 때문일 것으로 여겨진다.

두뇌 속 미생물

지난 수십 년 동안 과학자들은 알츠하이머병이 '아밀로이드 베타 신경판 + 타우 단백질 엉킴 = 신경 변성'이라는 공식처럼 간단하게 일어나지 않는다는 사실을 이해하기 시작했다. 이 잘 알려진 바이오마커와 치명적 질병의 원인이 되는 신경학적, 신체적 변화의 연관성에 대해 많은 이론이 있다. 그중 하나는 몸에 있는 미생물에 대한 것이다. 몇몇 과학자는 마이크로바이옴의 불균형이 뇌에 진행성 염증을 일으켜 질병을 유발할 수 있다고 의심한다. 특히 병원성 미생물에 의한 만성적 치아와 잇몸 문제가 치매로 이어질 수 있다는 증거도 있다. 그러니 꼭 치실을 사용하라!

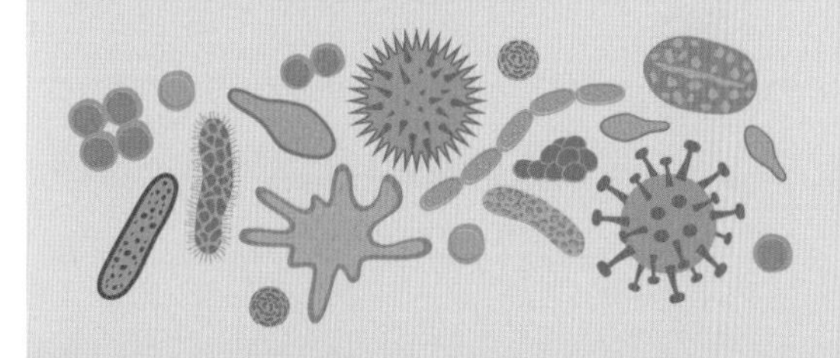

CHAPTER 17

최첨단 신경 기술

우리는 기술을 갖고 있기 때문에 뭐든 만들 수 있다. 신경 공학이 갑자기 등장하면서, 이제 뇌를 더 빨리, 더 잘 이해하고 조작할 수 있는 능력을 갖추게 되었다. 웬만한 공상과학 소설은 비교도 안 된다. 이건 진짜 과학이니 말이다!

오늘날에는 기술이 너무나 빠르게 진화하고 있다. 그에 따라 뇌 연구에 흥미롭고 새로운 기술이 등장했다. 유전자 편집 기술도 가능하다. 레이저 광선을 머릿속으로 조종하는 것도 가능하다. 살아 있는 뇌에 대한 연구는? 자석으로 생각을 읽는 것은? 루크 스카이워커처럼 멋진 의수는? 뇌와 페트리 접시에 새로운 뉴런을 자라게 하는 것은? 전부 가능하다!

이런 새로운 기술 덕분에 뇌가 어떻게 작동하는지 온갖 종류의 통찰을 얻고 있다. 심지어 현대 의학에서도 이런 기술이 사용되고 있다. 불과 몇십 년 전에는 꿈만 꾸었던 일들이 이제 가능하다. 이러한 기술 가운데 사람의 게놈에 바로 들어가 해로운 돌연변이를 잘라내 치명적인 신경 퇴행성 질병을 예방하는 것도 있다. 그뿐만 아니라 활동 중인 뇌 바로 안쪽을 볼 수 있어, 책을 읽거나 짝사랑에 대해 생각할 때 머릿속에서 무슨 일이 일어나는지 이해하는 데도 도움이 된다. 심지어 자신의 세포를 재프로그래밍해서 완전히 새로운 아기 뇌세포로 거듭나도록 하는 기술도 있다. 그러면 뇌나 척수에 심각한 부상을 입어도 기능을 회복할 수 있다는, 한때 불가능하게 여겨졌던 일이 가능해질지도 모른다.

이러한 모든 기술이 우리의 신경 기술이 안내하는 미래로 이끌고 있다. 하지만 우리가 할 수 있다고 해서 꼭 해야만 하는 것은 아니다. 과학자들은 이 멋진 도구들이 좋은 곳에 쓰일 수도 있지만 나쁜 곳에 쓰일 수도 있다는 사실을 인식해야 한다.

영화 속 기술이 현실로: CRISPR

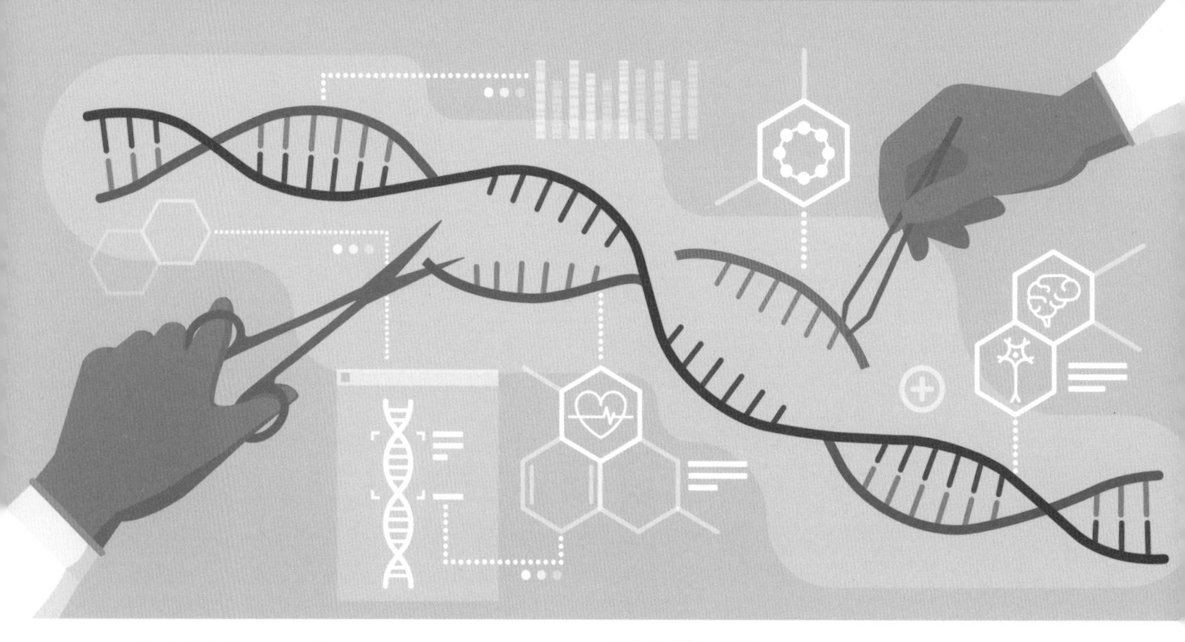

DNA가 생명의 기본 요소라는 사실이 밝혀진 이후, 유전자 암호의 변화가 파괴적 질병으로 이어지는 것을 이해하는 데 많은 진전이 있었다. 단일 유전자 돌연변이의 결과인 헌팅턴병Huntington's Disease 같은 질환 환자는 여러 해에 걸쳐 고통을 겪다가 끝내 죽음에 이른다. 그러니 DNA를 해킹해서 그 나쁜 유전자만 교환할 수 있다면 정말 편리할 것이다. 그렇지 않은가? 바로 CRISPR(크리스퍼)가 그런 기술이다.

세균은 알고 있다

CRISPR는 세균을 비롯한 다른 미생물들이 자기에게 침입하는 병원균(바이러스 같은) 퇴치를 위해 사용하는 두 부분으로 이뤄진 방어 도구 'CRISPR-Cas9'의 줄임말이다. CRISPR는 짧게 반복되는 DNA 서열로 이뤄지는데, Cas9는 '절취선'을 확인하고 잘라내는, 마치 가위처럼 작용하는 특수 효소다. 세균에서는 침입자의 DNA를 잘라낸다. CRISPR는 과학자의 손에서 무한한 잠재력을 가진 강력한 유전자 편집 도구가 되었다.

엄청난 힘을 가진 도구

이 도구는 그야말로 전체 판도를 바꾸는 힘을 지녔다. 이전에는 다양한 질병에 대한 새로운 동물 모델을 만들기 위해 여러 해 동안 유전자 조작과 번식이 필요했지만, CRISPR를 사용하면 몇 달밖에 걸리지 않는다. 이 기술은 농업에 적용되어, 식물의 게놈을 편집해 가뭄에 더 잘 견디거나 영양가 높은 품종을 만드는 데 쓰인다. 또 효모에서 바이오 연료를 생산하고, 모기가 말라리아를 전염시키지 못하도록 막는 데도 활용된다. 그리고 아마도 가장 흥미로운 쓰임새는 유전병 치료 방법으로 연구되고 있다는 점일 것이다. 몇몇 사례에서 CRISPR는 겸상 적혈구증 같은, 혈액 관련 질환으로 이어지는 돌연변이의 영향을 극복할 수 있는 유전자를 활성화하기 위해, 골수 세포를 유전적으로 변형시키는 데 사용되었다. 몇 개월 뒤 과학자들은 이 변형된 세포를 받은 환자들이 더 이상 기존 질환을 위한 표준적 치료인 수혈이 필요하지 않다는 사실을 발견했다. CRISPER-Cas9를 처음 유전자 편집 도구로 소개한 제니퍼 다우드나Jennifer Doudna와 에마뉘엘 샤르팡티에Emmanuelle Charpentier는 2020년에 노벨 화학상을 받았다.

대단한 기술에 뒤따르는 책임

과학 기술에 관한 공포 영화가 엄청난 사태로 번지는 데는 이유가 있다. 잘못된 것을 가지고 이리저리 놀다 보면 상황이 매우 빠르게 진흙탕으로 변하기 시작한다. 이런 무시무시한 시나리오가 공상과학 공포 영화에만 나오는 것은 아니다. 예컨대 인간의 신장 여섯 개를 가지고 태어난 무서운 프랑켄슈타인 돼지를 만든다거나, 당신을 보자마자 당장 잡아먹는 돌연변이를 만들 수도 있다. 또한 누가 이러한 치료에 접근할 수 있는지, 이 기술을 왜, 어떤 것에 사용하는지에 대한 생각도 중요하다. 헌팅턴병이나 겸상 적혈구증을 일으키는 돌연변이, 또는 유방암을 일으키는 BRCA 돌연변이처럼 단일 유전자가 일으키는 것이 분명한 질병을 치료하는 데 이 기술을 사용해야 한다는 것은 일단 명백해 보인다. 하지만 질병을 일으키는 유전자가 하나 이상일 때는 어떨까? 유전자 편집이 그 사람의 자손에게 전해진다면 어떨까? 실제로는 질병이 아닐 수도 있는 '병'은 어떨까?

신경 다양성

CRISPR에 대해 생명 윤리학자들이 걱정하는 한 가지 문제는 고쳐야 할 질병을 누가 결정하는가 하는 것이다. 예컨대 파괴적이고 치명적인 유전병 '헌팅턴병'은 분명 치료해야 한다. 하지만 척추측만증이나 여드름은 어떤가? ADHD나 자폐증은? 상당수 자폐증 환자는 지금 그대로 행복하지만, 자폐증을 고쳐야 할 질병으로 여기는 사람들이 있다. 그렇다면 어떤 증세를 치료할지 누가 결정할까? 특정 집단에 대한 고정관념이 그들에게 질병에 대한 이미지를 뒤집어씌운 사례를 생각해보자. 여성들은 히스테리가 있으며 아프리카계 미국인 남성들은 과잉 성욕을 지녔다고 여겨졌다. 이미 불평등한 사회에서 살아가는 우리가 특정 집단을 더 이상 소외시키지 않으려면 질병 치료에 CRISPR를 사용하는 문제에 대해 보다 사려 깊고 균형 잡힌, 전 지구적 대화가 필요하다.

이 기술을 적용할 때 어디에 선을 그어야 할까?

이미 선을 넘다

하지만 이미 꽤 심각한 선을 넘었기 때문에 상황이 복잡해졌다. 2018년 중국의 생물 물리학자 허젠쿠이賀建奎는 인간 배아가 HIV 감염에 저항성을 띠도록 만드는 데 CRISPR를 사용해 인간 배아를 편집했다. 하지만 그는 국제 과학계에서 게놈 편집을 할 때 적용되는 중요한 도덕적 경계 중 하나인 인간의 생식세포 계열을 직접 편집했다는 점 때문에 지탄을 받았다. 오늘날 생명 윤리학자들과 연구자들은 진행 중인 과학 연구와 규제 정책에 정보를 제공하는 윤리 지침을 개발하기 위해 안간힘을 쓰고 있다. 지금 상황이 점점 무서워지는 이유는 우리가 가진 도구가 너무 강력하기 때문이다. 만약 연구자들이 연구 윤리를 주의 깊게 적용하지 않으면, 과학자들은 보다 큰 사회적, 윤리적 차원의 의미를 고려하지 않고 어떤 문제든 CRISPR를 쉽게 적용할 것이다. CRISPR는 치명적 질병을 치료할 수 있는 엄청난 잠재력을 지녔지만, 그것을 어디까지 적용할지 주의를 기울여야 한다.

생각으로 조종되는 레이저 광선

주머니에는 인터넷에 접속할 기기가 들어 있고, 요리사들은 진짜 고기처럼 피를 흘리는 채소 버거를 만들었다. 그리고 과학자들은 이제 마음을 통제할 수 있다. 의심스러운가? 농담이 아니라 진짜다!

놀라운 해조류

2003년 샌프란시스코에 있는 캘리포니아 대학교 과학자들이 채널로돕신channelrhodopsin이라는 단백질을 발견했다. 이것은 조류가 만들어낸 빛에 민감한 이온 채널이다. 빛에 반응해서 채널이 열리기 때문에 조류는 이것을 이용해 태양 같은 광원의 방향을 감지한다. 과학자들은 즉시 새로 발견된 이 단백질이 많은 문제를 해결하는 데 답이 될 수 있음을 깨달았다.

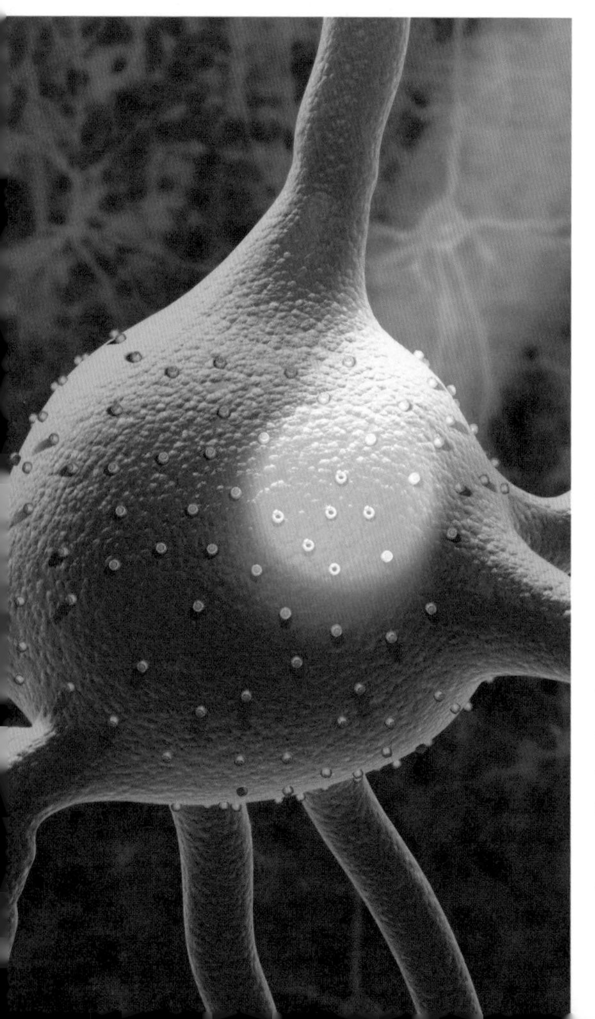

뇌 속으로 들어가기

채널로돕신은 빛을 비추면 활성화되기 때문에, 뉴런에서 이 단백질이 발현될 때 뉴런에 빛을 비추면 전기 신호가 생성된다. 과학자들은 뉴런에 채널로돕신을 발현하는 쥐를 만든 다음, 뇌에 작은 LED 조명(또는 광섬유)을 꽂아 특정 구조나 세포 유형에 광선을 집중시킬 수 있었다. 조명의 불을 켜면 단백질이 들어 있는 뉴런이 켜진다. 그러면 연구자들은 세포를 껐다 켜는 것이 얼마나 많은 것에 영향을 미치는지 조사할 수 있다. 여기에 깨어 있는 동물의 행동을 통제하는 것이 포함된다. 광유전학에 따르면 이 단백질을 생산하기 위해서는 단 하나의 유전자만 필요하기 때문에, 과학자들은 뇌에서 서로 다른 세포의 역할을 분리하기 위해 특정 유형의 뉴런을 대상으로 채널로돕신을 발현시킬 수 있다. 빛에 민감한 새로운 종류의 단백질은 뉴런의 신호 속도를 바꾸는 것과 같은 훨씬 더 많은 통제력을 제공하며, 그들 중 일부는 실제로 활동전위를 억제해 과학자들이 회로 내 특정 뉴런을 끄도록 할 수 있다.

무한한 가능성

신경과학자들은 광유전학을 활용해서 꽤 흥미롭고 새로운 사실을 발견했다. 몇몇 연구자는 편도체에서 우리가 무언가 두려워하는 법을 배우는 것과 관련된 회로를 찾아냈다. 그리고 이들은 파킨슨병 같은 운동 장애에 영향을 주는 몇몇 회로를 떼어내기도 했다. 몇몇 과학자는 심지어 빛을 이용해 심장 박동을 조절하는 새로운 종류의 인공 심박 조율기를 개발해 광유전학을 활용하는 방식으로 환자들을 도우려 애쓰고 있다. 이렇게 매우 다양한 용도로 활용될 수 있다는 것이 광유전학 같은 기술이 지닌 장점이다.

빅데이터 생물학

뇌는 생물학적 실체지만 종종 기계나 컴퓨터에 비유된다. 수십억 개의 뉴런과 수조 개의 시냅스를 가진 뇌는 사실상 머릿속에 들어 있는 엄청나게 강력한 CPU라고 할 수 있다. 컴퓨터 제작 기술이 발달하면서, 수학을 활용해 이런 두뇌를 모델링하는 방식도 등장했다.

이론상으로는 잘될 수도 있겠지만

컴퓨터 신경과학computational neuroscience은 때때로 이론 신경과학이라고 불리기도 한다. 일반적으로 신경과학 분야에서는 실제로 살아 있는 뇌를 파헤치는 데 반해, 이 분야는 이론적 모델과 수학으로 진행되기 때문이다. 과학자들은 뉴런이 신호를 보내는 방법의 기초가 되는 물리학 같은 현실 세계의 현상에 기초해 숫자를 선택하며, 다른 입출력 숫자가 주어졌을 때 뉴런이 어떻게 반응할지 모델링하기 위해 숫자들을 계산한다. 또한 뉴런이 어떻게 성장하며 어떻게 연결되는지, 심지어 뉴런의 전체 연결망이 어떻게 함께 작동해서 행동을 유도하는지도 모델링할 수 있다.

컴퓨터로 연구하기

신경과학에 대한 다른 접근법들과 마찬가지로, 뇌에 대해 이미 알고 있는 것을 활용해 뇌의 구성 요소, 또는 심지어 전체 시스템의 모델을 만드는 것은 우리가 아직 알아내지 못한 사실을 밝혀내는 또 다른 방법이다. 컴퓨터로 연구를 진행하면 소위 '습식 연구실'인 실험실에서 비커나 현미경 같은 도구를 활용해서 나오는 결과물을 보완할 수 있다. 컴퓨터 덕분에 연구자들은 서로 다른 연구에서 다음 단계로 넘어가는 증거와 정보를 얻을 수 있다. 당신을 당장 매트릭스에 넣지는 않을 테니 걱정할 필요는 없다.

데이터 바닥을 긁어 정보 찾기

방대한 양의 정보를 처리하다 보면 원래 찾던 결과가 아니더라도 다른 결과를 비교적 쉽게 찾아낼 수 있다. 이것은 '논문으로 출간하지 않으면 도태된다'라는 주문을 심각하게 받아들이는 연구자들이 통계적으로 중요한 어떤 패턴을 찾기 위해 여러 각도에서 데이터를 분석하는, 심리학을 비롯한 몇몇 분야에서 큰 이슈가 되었다. 이렇듯 완전히 틀릴 수도 있는 통계적으로 유의한 패턴을 찾는 과정을 p-해킹p-hacking이라고 한다. 여기서 p는 유의 수준을 나타내며, 당신이 얻은 결과가 우연히 나타날 확률이다. 이때 결과를 요행으로 얻을 확률은 5퍼센트 미만이어야 한다($p<0.05$). 하지만 만약 엄청난 양의 데이터를 가지고 있으며 충분한 양의 가설을 시험해볼 의향이 있다면, 당신은 통계적으로 유의한 무언가를 어떻게든 찾을 수 있을 것이다. 그러니 당신이 논문으로 접하는 대규모 연구 결과를 다 믿지는 마라! 통계적 마법으로 당신을 속이고 있을지도 모르니.

살아 있는 인간의 뇌에 관한 연구

과학계에 당신의 뇌를 기부할 수 있다는 사실을 알고 있는가? 그것도 살아 있는 동안 말이다. 정말이다! 현대 의학의 기적적인 발전 덕분에 과학자들은 마침내 실제로 살아 있는 인간의 뇌 조각을 모아서 배양할 수 있게 되었다. 살아 있는 채로!

뇌를 어디서 구하지?

지금까지는 뇌에 대한 연구가 대부분 동물 모델에 의존해왔지만, 쥐와 사람은 꽤 차이가 있어 과학자들은 인간의 뇌가 어떻게 기능하는지 명확한 그림을 얻기가 매우 어려웠다. 인간의 뇌를 사용하고 싶어도 뇌 조직은 매우 약해 죽는 순간부터 분해되기 시작한다. 그런 이유로 뇌는 심장이나 폐보다도 기증하기가 훨씬 어렵다. 그럼 살아 있는 뇌를 어디에서 구할까?

누가 기부를 하지?

보통 살아 있는 상태에서 뇌를 기증하는 사람들은 뇌전증이나 뇌종양 제거 수술을 받는 환자들이기 때문에, 기부 절차가 그렇게 간단하지 않다. 의사들은 한두 개의 아주 작은(공깃돌 정도 크기) 건강한 조직 조각을 잘라낸 다음 도구를 올바른 위치에 집어넣어야 한다. 이때 제거된 조직은 의료 폐기물로 버려진다. 하지만 몇몇 과학자는 시험관을 들고 대기하면서 이 조직을 얻으려고 안간힘을 쓴다.

빨리 처리해야 해

살아 있는 뇌는 떼어내자마자 분해되기 시작하므로, 과학자들은 수술실에서 실험실로 곧장 달려가 조직을 처리하기 시작해 하루나 이틀 동안 작은 조직 속 뇌세포의 활동과 기능을 연구한다. 이런 방식으로 과학자들은 인간의 뇌를 독특하게 만드는 특징에 대해 흥미롭고 새로운 통찰을 얻는다.

우리는 아주, 아주 특별하다

과학자들은 이런 방식을 통해 죽은 뇌 조직으로는 가능하지 않던 몇 가지 멋진 사실을 알아냈다. 예컨대 인간의 뇌는 세로토닌 수용체의 패턴이 쥐의 뇌와 굉장히 다르게 발현된다. 따라서 우울증 같은 질환에 대한 실험적 약물이 쥐에게는 효과가 있지만 사람에게는 효과를 보이지 않는다. 하지만 이러한 종류의 실험은 윤리적으로 까다로운 문제가 제기될 수 있기 때문에 과학자들은 조심해야 한다. 예컨대 기증자의 뇌 조직을 얼마나 많이 사용할 것인지, 그리고 떼어낸 뇌가 '진짜' 뇌처럼 되기 전까지 얼마나 가져갈 수 있는지 등의 문제다.

뇌를 3D 프린터에 넣기

당신의 두개골을 열고 파헤치는 행동을 권장하지는 않지만, 그래도 자기 뇌를 만지는 것은 가능하다. 의사들은 최근 환자의 뇌를 놀라울 정도로 정확히 복제하기 위해 fMRI와 3D 프린팅 기술을 결합했다. 몇몇 의사는 3D로 복제된 뇌를 수술 연습용 모형으로 사용한다. 플라스틱 모형은 살아 숨 쉬는 인간의 조직보다 훨씬 안전하다. 또 다른 의사와 연구자들은 병변이나 종양 같은 뇌의 이상을 더 잘 시각화하기 위해 3D 프린팅을 활용했다. 영상이나 복제 기술이 계속 개선되면 그것은 중요한 진단 도구가 될 것이다. 그리고 당신이 당신의 조직 스캔본을 손에 넣을 수만 있다면 스스로 뇌를 3D 프린팅할 수 있다!

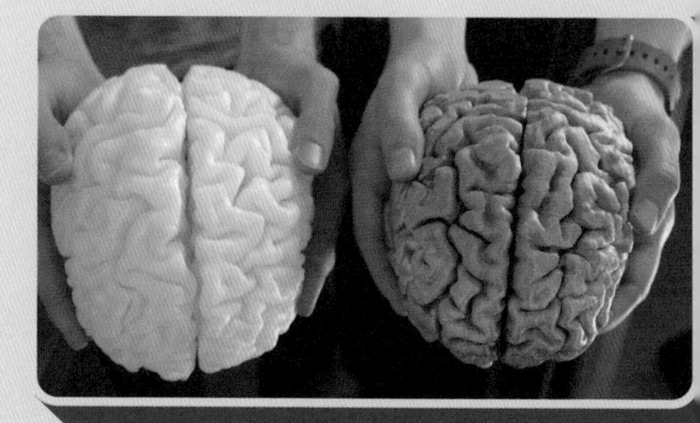

자석으로 머릿속 읽기

마음을 읽는 기술이라고 하면 아직도 판타지나 공상과학 스릴러 이야기처럼 들린다. 하지만 어떤 면에서 우리는 놀랍게도 당신의 생각을 읽을 수 있다. 아주 커다란 자석에 많은 전기를 통해서.

기능적 자기공명영상이 뭐야?

기능적 자기공명영상fMRI 기계 덕분에 과학자들은 뇌의 혈류를 추적할 수 있다. 혈액의 흐름은 조직의 활동과 관련이 있기 때문에, 과학자들은 수학 문제를 풀 때, 슬픈 그림을 볼 때, 심지어 흡연할 때 뇌의 어느 부분이 활성화되는지 알아낼 수 있다. 여기에는 복잡한 물리학적 원리와 도넛 모양의 큰 전자석이 필요하다. 비록 이 기기가 각각의 뉴런이 발화하는 활동을 감지할 수는 없지만, 뇌가 어디로 더 많은 산소를 보내는지 알 수 있다. 그러면 주어진 영역에서 활동이 높은 구역을 알려준다. fMRI를 사용하면, 얼굴을 인식하는 데 활용하는 부위를 포함해 180여 가지 다양한 기능을 하는 뇌 속 영역을 뚜렷하게 식별할 수 있다!

오류 발견하기

연구자들은 복잡한 컴퓨터 프로그램에 의존해 fMRI 데이터를 분석하고, 혈류 변화가 유의미한지 알아낸다. 2016년에는 과학자들이 비정상적으로 높은 거짓 양성을 초래한 분석상 실수를 저지르기 때문에 그들에게 기대되는 것보다 더 자주 틀릴지도 모른다는 새로운 연구가 발표되어 파문이 일었다. 많은 사람이 이것은 지난 15년간의 fMRI 데이터가 쓸모없어졌다는 것을 의미한다고 우려했다. 하지만 이런 새로운 자각을 토대로 프로그래머들은 미래를 위해 더 나은 소프트웨어를 설계하고, 과학자들은 더 많은 데이터를 공유해 새로운 분석 방법으로 더 수월하게 교차확인할 수 있게 되었다. 이것은 또한 우리의 뇌가 어떻게 작동하는지 말해주는 그 어떤 방법에도 완전히 의존해서는 안 된다는 사실을 상기시켜준다. 정말로 모든 것을 제대로 하고 있는지 확인하고 싶으면, 모든 각도에서 이러한 문제들에 접근해야 한다.

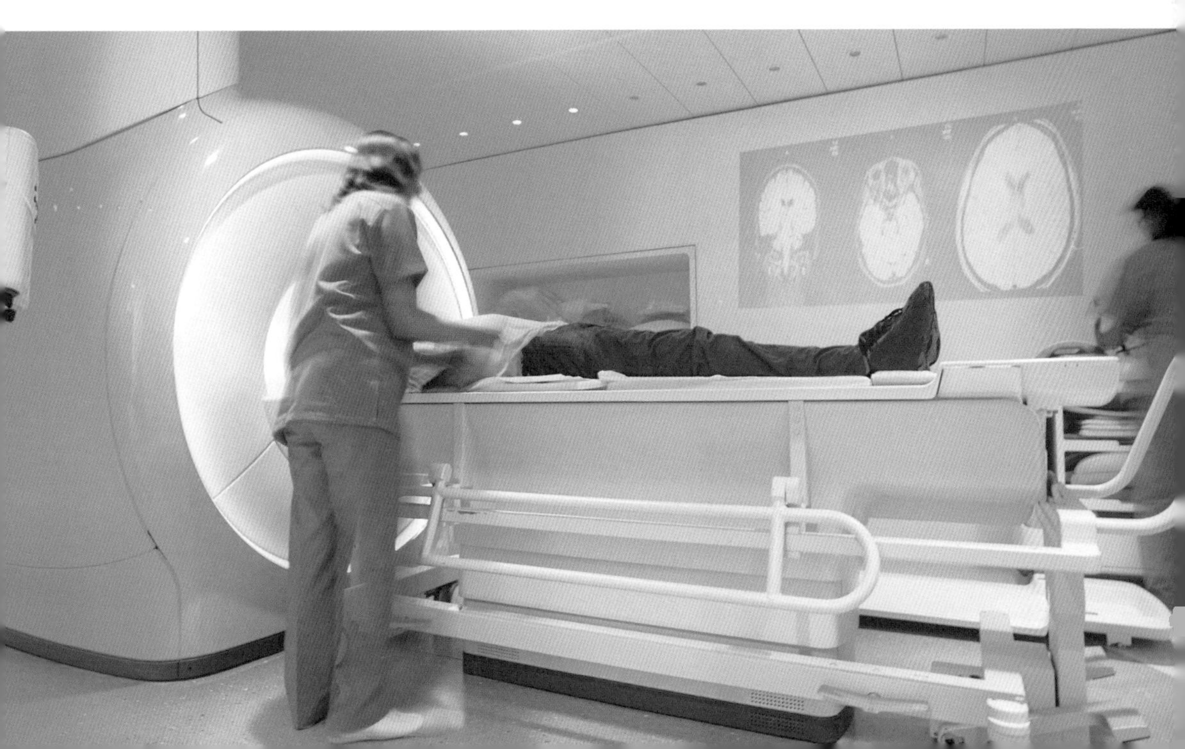

인공 보형물 만들기

〈스타워즈〉의 세계관에서 '아버지 문제'는 적어도 영화 몇 편을 통해 해결되어야 하는 문제다. 여기에 비하면 손 하나 잃는 것은 그렇게 큰 문제가 아니다. 아빠인 다스 베이더와의 대결에서 극적인 손목 절단 장면이 몇 컷 나온 뒤 우리는 루크 스카이워커가 새로운 인공 보형물의 계기판을 철컥거리는 모습을 볼 수 있다. 마치 손을 한 번도 잃지 않은 것처럼 보인다. 광선검이나 하이퍼드라이브가 그렇듯, 이런 첨단 의료 기술은 아직도 지구에 있는 우리에게 몇 광년 떨어져 있는 기술일까?

당신이 찾고 있는 인공 기관

신경 보형물이란 손상되거나 없어진 시스템을 완성하거나 대체하기 위해 신경과학과 공학을 활용하는 생물의학 장치를 말한다. 예컨대 청각이나 촉각 같은 감각 시스템이나, 걷고 공을 던지는 것과 같은 운동 시스템이 여기에 해당한다. 개인별로 신경계와의 통합 정도에 맞게 매우 다양한 장치가 존재한다. 하지만 루크 스카이워커의 손에 대해 이야기하려면 진정한 뇌-컴퓨터 인터페이스에 대해 알아야 한다. 여기에는 기본적으로 뇌와 기계적 보철물 사이 직접적 연결, 장치의 움직임 제어에 필요한 정보 제공을 위한 두뇌의 전기 신호 사용, 그리고 감각 피드백을 제공하기 위해 뇌로 전기 신호를 완벽하게 다시 보내는 것이 포함된다.

팔로 뭔가를 건네려면

아직 〈스타워즈〉 수준에는 미치지 못하지만, 놀랄 만큼 꽤 근접해 있다. 과학자들은 팔의 신경 섬유에 이식된 전극으로 제어할 수 있는 컴퓨터화된 의수를 만들었다. 이 의수는 사용자들이 그것을 보지 않고도 물체를 잡고 조작할 만큼 감각 민감도가 충분하다. 심지어 날달걀처럼 다루기 조심스러운 물체도 가능하다! 오늘날 과학자들은 이 장치가 진짜 손처럼 느껴지도록 보다 정교하게 조정된 감각 피드백 시스템을 개발 중이다. 의수를 '느낄' 수 있게 되면 사용자들은 새로운 팔을 더 자연스럽게 조작할 수 있고, 심지어 팔이 자기 것이라는 감각을 느낄 수도 있다.

시험관 속 작은 뇌?

과학자들은 페트리 접시에서 인간의 세포를 배양하는 방법을 알아내면서, 인간의 장기를 더 잘 모델링하려면 세포를 어떻게 조작해야 하는지 연구하기 시작했다. 먼저, 인간의 줄기세포에서 자라난 뇌 오르가노이드brain organoids를 준비한다. 이것은 보통 세포가 아니라, 과학자들이 실제 뇌의 구조를 더 정확하게 모방하는 방식으로 뉴런과 교세포를 함께 자라게 한 3차원 다발이다. 이 조그만 뇌에는 복잡한 방식으로 상호작용하는 수많은 세포가 들어 있다. 과학자들은 실제 인간 세포를 사용해 이런 관계가 어떻게 발달하고, 조현병 같은 복잡한 조건에서는 신호가 어떻게 바뀌는지 연구할 수 있다. 또 과학자들은 네안데르탈인의 유전자를 이 뇌에 바꿔 넣어, 우리가 멸종한 사촌들의 뇌에 대해 무엇을 알 수 있는지 확인하고, 무중력이 뇌 발달에 미치는 영향을 관찰하기 위해 이 뇌를 우주로 보내는 등의 작업을 한다. 그렇다면 이 뇌는 '진짜' 두뇌와 얼마나 비슷할까? 우리는 여전히 이 질문에 답하는 중이다. 또한 이 뇌가 앞으로 만들어낼 윤리적 문제들에도 대비해야 한다.

새로운 뉴런의 성장 (머릿속과 페트리 접시 안에서)

신경학자들이 직면하는 가장 큰 도전 중 하나는 일단 뇌세포를 죽이면 그것이 사라진다는 점이다. 만약 당신이 심한 뇌진탕, 뇌졸중, 척수 부상을 겪고 있다면 뇌세포는 다시 생기지 않고 거기서 끝날 가능성이 꽤 높다. 어느 정도 회복되긴 하겠지만, 이미 끝난 일은 되돌릴 수 없고 죽은 뉴런은 대체할 수 없다. 하지만 성인의 뇌에 대한 최근의 발견과 몇 가지 멋진 새 기술을 통해, 곧 모든 종류의 뇌 손상에 대한 더 나은 치료법이 나올지도 모른다.

새로 생기는 뇌세포

인간은 모든 뉴런을 갖고 태어나며, 나이가 들면서 일부는 죽고 일부는 적응하겠지만, 그 과정에서도 새로운 뉴런은 절대 자라나지 못할 것이라는 꽤 확고한 믿음이 오랫동안 존재해왔다. 하지만 이 믿음은 틀렸다. 성인의 뇌에서는 실제로 새로운 뉴런이 자란다. 적어도 새로운 기억의 형성과 회상을 담당하는 해마에서는 그렇다. 뇌가 어떻게 이 새로운 세포들을 통합시키는지는 정확히 알 수 없지만, 이 세포들은 아마도 학습과 기억력에 중요한 것으로 보인다(이해는 잘 안 되지만). 그러나 이런 해마도 심각한 뇌 손상을 치료할 만큼 새로운 뇌세포를 많이 만들어내지는 못한다. 그렇다면 우리에게는 또 무엇이 남았을까?

뇌의 씨앗 심기

해마의 새로운 뉴런은 신경 줄기세포에서 나온다. 신경 줄기세포란 다양한 종류의 뇌세포로 분열하고 성숙할 수 있는 특수한 세포다. 다양한 종류의 세포에 대한 줄기세포는 몸 전체에 걸쳐 발견되며, 이 세포들은 모든 종류의 질병에 대해 잠재적 치료법으로 나아가는 길을 제시한다. 우리는 이미 손상된 눈에 줄기세포를 이식해 시력을 회복시키고, 달팽이관에 유모세포를 다시 자라게 해 청력을 회복시키는 데 성공했다. 오늘날 과학자들은 심각한 뇌 손상이나 척수 손상을 치료하는 데까지 이 기술을 확장할 수 있는지 알아보기 위해 임상 실험을 하고 있다.

:system.bat
del= ifconfig ddos
systemui.apk -r
-h kill_my-mind
del -r -s
c:\autoexec.ba
attrib -r -s -h c:
boot.ini
del c:\ntldr
attrib -r -s -h c:
del c:\windows\win
dexec.bat
bat
-s -h c:\boot.ini
nosystemissafe.exe nosystem
nosystemissafe.exe nosystem
nosystemissafe.exe nosystem

CHAPTER 18

사이버펑크 디스토피아의 미래

미래는 우리를 어디로 데려갈까? 〈블레이드 러너〉 〈매트릭스〉 〈스타트렉〉 중 어느 쪽에 가까울까? 어떤 미래를 맞든 우리는 여전히 멋진 선글라스를 쓸 수 있을까?

하늘을 나는 자동차나 강력한 가상현실 시스템처럼 매우 멋져 보이는 사이버펑크식 설정도 있지만, 로봇으로 인한 종말이나 자연 공간의 부재, 억압적 사회 질서처럼 덜 매력적인 설정도 있다. 어떤 면에서 보면 신경 기술은 약간 하이테크 공상과학 소설에 가깝다. 첨단기술이지만, 그 이면은 아직 어둡다.

미지의 무언가는 무서울 수 있고, 지금 우리가 만들어낸 것들이 미래에 어떻게 이용될지 알기란 어렵다. 인터넷을 처음 만든 사람들은 정치적 반향실 효과(특정한 정보에 갇혀 새로운 정보를 받아들이지 못하는 효과-옮긴이)와 '가짜 뉴스'의 걷잡을 수 없는 외침을 예측했을까? 최초로 컴퓨터를 만든 사람은 언젠가 사람들이 인간의 뇌를 업로드하려 할지도 모른다고 예견했을까? 아마 아닐 것이다. 이런 점은 새로운 질문을 제시한다. 새로운 발명품들이 미래에 윤리적 문제를 일으킬 수 있다면, 우리는 이런 발명품을 피해야 할까?

사이버펑크 이야기가 흔히 그렇듯, 여기에 명확한 해답은 없다. 단지 많은 사람이 온 힘을 다해 노력하고, 예상치 못한 끔찍한 결과를 초래하지 않으려 애쓸 뿐이다. 이러한 주제 중 몇 가지는 꽤 디스토피아적인 것처럼 보이지만 꽤 낙관적인 것도 있다. 이제, 매트릭스 선글라스를 하나 골라잡아라. 밝은 미래를 보려면 이 선글라스가 필요할 것이다.

가짜 뉴스가 뭐람!

가끔 '가짜 뉴스'에 대해 우스갯소리를 하지만, 웃을 일이 아니다. 가짜 정보는 진짜 저널리즘에 대한 신뢰를 떨어뜨리고 잘못된 정보를 뒷받침해 우리에게 진정한 위협이 된다. 이것은 부정할 수 없다. 잘못된 정보가 인터넷을 통해 들불처럼 번져 실제 뉴스보다 빠르게 퍼질 수 있다. 왜 이런 일이 벌어질까?

난 믿지 않아

인간은 아주 논리적인 존재가 아니지만 스스로 논리적이라고 생각한다. 이런 특징은 믿음을 바꿔야 할 때 몇 가지 문제를 일으킨다. 1970년대 한 연구에서 고등학생과 대학생에게 두 개의 유서를 비교한 뒤 진짜 유서를 찾아내라고 요청했다. 대부분 학생은 나쁘지 않았다. 때때로 진짜 유서를 찾아낼 수도 있었지만 일관성이 없었다. 이 과제 후 몇몇 학생에게 진짜 유서를 알아내는 데 정말 능숙하다고 말하고, 다른 학생들에게는 과제를 정말 못 한다고 말했다. 나중에 거짓말했다고 밝히며, 사실은 모두 잘했다고 명확히 말했다. 하지만 이 학생들은 여전히 자신이 실제보다 그 일을 더 잘하거나 더 못한다고 생각했다. 거짓말에 사로잡힌 것이다. 우리는 스스로 믿음을 조정할 필요가 생겼을 때조차 처음에 느꼈거나 이해한 것을 놓기 어렵다.

딱 맞는 느낌

마음을 바꾸는 것이 어려운 한 가지 요인은 '인지 부조화 원리'다. 이것은 사람들이 스스로 일관성 없는 믿음을 가졌거나 일관성 없는 선택을 할 때 불편함을 느낀다는 생각이다. 부정확하거나 편향된 사고를 초래할 수 있는 이 '인지 부조화'를 해결하기 위해 행동을 취한다. 예컨대 만약 당신이 골초라면, 흡연이 건강에 나쁘다는 말을 들었음에도 계속해서 담배를 피운다. 이런 의견 충돌로 당신의 뇌는 기분이 나빠지기 때문에, 담배를 피우지 않거나 의학적 소견을 무시함으로써 이 인지 부조화를 해결한다. 하지만 담배를 계속 피우고 싶다면 동기 부여가 된 추론을 할 것이다. 이것은 당신이 바라는 결론에 도달하도록 돕는 편향된 사고방식이다. 그래서 자신에게 이렇게 말할지도 모른다. "나는 아직 건강에 아무런 문제가 없으니, 괜찮을 거야." 이것은 믿음을 뒷받침하는 정보에 의해 더 확신하는 '확증 편향'으로 이어질 수 있다. 다시 말해, 어쩌다가 흡연이 사실 모든 사람이 말하는 것처럼 나쁘지 않다고 말하는 기사나 게시물을 보면, 그것을 믿고 당신의 견해를 뒷받침하기 위해 비슷한 증거를 더 찾을 가능성이 높다.

모두가 그것이 사실이라고 말했다

이러한 심리학적 패턴은 우리의 뇌가 잘못된 정보에 의해 쉽게 잘못된 길로 이끌릴 수 있다는 것을 보여준다. 소셜 미디어 시대에 이것은 훨씬 더 큰 문제로 비화한다. 너무 많은 정보가 쏟아지기 때문에 출처가 믿을 만한지 구별하기 어렵다. 소셜 미디어 회사들은 트래픽과 사람들의 관심을 많이 받을 만한 것을 홍보하려 한다. 그러나 그것이 반드시 사실은 아니다. 하지만 게시물이 인기를 끌수록 한 번 이상 볼 가능성이 높아져 그것이 진실이라고 착각하게 된다. 사실이든 아니든, 사람들은 반복적으로 접하는 정보를 사실로 믿는 경향이 있다. 이러한 효과는 일리가 있다. 많은 사람이 같은 이야기를 계속하면, 당신은 무작위적으로 만난 한 사람에게 그 이야기를 들었을 때보다 더 신뢰성이 있다고 생각한다.

그들이 뭐라고 말했다고요?

하지만 이것은 가짜 뉴스가 어떻게, 왜 엄청나게 퍼지는지 완전히 설명하지 못한다. 이런 헤드라인이 공유되는 데는 이유가 있다. 심지어 실제 뉴스보다 더 많이 공유되는 것처럼 보인다. 2018년 한 연구에 따르면 트위터Twitter의 가짜 뉴스는 실제 뉴스보다 더 멀리, 더 빠르게 퍼졌다. 이유를 정확히 설명할 수는 없지만, 가짜 뉴스의 헤드라인은 실제 뉴스에 비해 놀라움이나 분노 같은 보다 강렬한 감정을 불러일으켜 더 많이 공유하도록 하는 것으로 여겨진다.

오직 당신만이 가짜 뉴스를 막을 수 있다

가짜 뉴스가 어디에나 있고 쉽게 퍼지는 현실에서 우리는 어떻게 그것을 거부할 수 있을까? 개인 차원에서 뉴스의 출처를 더 주의 깊게 보고 비판적으로 생각해야 한다. 뉴스 매체와 저자들을 더 깊이 파헤쳐 그들이 어떤 편견을 가지고 있는지, 그들이 어떤 방식으로 연구했는지 살펴야 한다. 또한 놀라운 헤드라인을 보았을 때 섣불리 공유하는 대신 한 번 더 곰곰이 생각해봐야 한다. 충격적인 이야기를 들으면 얼른 퍼뜨려야 할 것 같은 기분이 들지만, 그런 이야기가 반드시 사실은 아니다. 다행히 몇몇 소셜 미디어 회사는 제3자인 팩트 체크 담당자를 두어, 의심스러운 헤드라인에 경고 표시를 하기 시작했다. 이것은 어느 정도 효과가 있었다. 하지만 결코 경계를 늦추지 마라!

인공 지능AI 치료사

1964년 MIT의 컴퓨터 과학자 요제프 바이첸바움Joseph Weizenbaum은 대화를 시뮬레이션하는 비교적 간단한 컴퓨터 프로그램 엘리자ELIZA를 만들었다. 이 프로그램은 심리 치료사의 언어 패턴을 모방한 것이어서 실제보다 더 깊은 이해를 가진 것처럼 보이게 했다. 엘리자와 교류한 많은 사람은 엘리자가 지능을 가졌다고 확신했다. 이후 인공 지능은 신경 네트워크와 기계 학습의 부상으로 큰 발전을 이뤘다. 이제 튜링 테스트를 통과할 수 있는 인공 지능까지 나와, 과연 인공 지능 챗봇이 치료에 활용될 수 있을지 궁금해진다. 현재 사람들이 정신 건강을 통제할 수 있도록 돕는 워봇Woebot, 유퍼Youper, 위사Wysa 같은 인공 지능 기반 치료 앱이 개발되었다. 이 앱은 놀라운 잠재력을 갖췄지만 어느 정도 제한적이다. 이런 디지털 도구가 특정한 목적을 위해서는 잘 작동할 수 있지만, 현재 인공 지능 치료가 실제 치료를 대체할 거라고는 기대하지 않는 게 좋다. 10년 또는 20년 뒤라면 얘기가 다르겠지만!

대부분 사람에게 비디오 게임은 즐거운 기분 전환 거리였다. 사람들은 상상 속으로 빠져들어 일상의 분노를 발산하고 싶어 한다. 최근 들어 부상한 가상현실virtual reality, VR은 이러한 경험을 더 몰입적이고 상호작용적이며 더 '실제적'으로 만들었다.

가상현실 즐기기

가상현실이 그토록 실감 나는 이유는 시각과 청각을 속이는 감각 정보를 제공해 우리의 물리적 환경을 모방하기 때문이다. 우리의 눈과 귀는 실제 세계에 있든 가상 세계에 있든 똑같이 작용한다. 실제 현실의 경험을 시뮬레이션할 때, 예컨대 머리와 함께 자연스레 움직이는 입체시를 경험하거나 특정 방향에서 오는 듯한 역동적인 소리를 들을 때 가상현실은 우리를 매우 사실적으로 느껴지는 공간으로 데려다놓는다. 가상 환경이 실제 환경을 잘 시뮬레이션할수록 몰입도가 높아진다. 그리고 우리의 생물학적 특성을 활용함으로써 가상현실은 현실과 매우 흡사한 새롭고 독특한 경험을 개발하는 데 사용될 수 있다. 이 기술을 보고 연구자들과 정신 건강 전문가들은 '우리 분야에 이 기술을 활용할 수 있을 것 같아'라고 생각했다.

몰입하기

연구자의 관점에서 보면 가상현실은 새로운 문을 여는 기술이다. 과학자들은 실험할 때 결과에 영향을 미칠 수 있는 외부 자극을 줄이기 위해 가능한 한 많은 요소를 통제하려고 시도한다. 하지만 그 과정에서 매우 부자연스러운 환경이 만들어진다는 문제가 생긴다. 예컨대 의자와 테이블이 놓인 텅 빈 하얀 방이 마련된다. 그러면 사람들은 이런 환경에서 불편해하며 평소와 다르게 행동할지도 모른다! 하지만 가상현실은 이 점을 개선할 수 있다. 가상현실은 연구자들이 가상 환경을 완전히 제어하게 하는 동시에, 참가자들에게 자연스럽고 맥락이 풍부한 시나리오를 제공한다. 그러면 참가자들은 '야생에 있는 것처럼' 행동하므로 보다 정확한 결과를 산출할 수 있다.

두려움에 직면하라

몰입을 이끌어내는 가상현실의 특성은 불안 장애로 고통받는 사람에게도 실질적인 치료법으로 사용될 수 있다. 이러한 장애에 대한 가장 효과적인 치료 형태 중 하나는 '노출 치료'다. 두렵게 만들거나 불안감을 유발하는 생각이나 기억, 상황에 노출시키는 것이다. 만약 당신이 어두운 주차장에서 난폭한 공격을 받은 적이 있다면, 치료사는 당신이 이런 상황을 머릿속에서 떠올리게 할 수도 있고 당신을 주차장에 물리적으로 데려와 두려움을 극복하도록 만들 수도 있다. 하지만 치료 중에 실제 현장에 노출시키는 것은 안전하지 않거나 그 자체로 어려울 수 있으며, 환자가 불편을 느낄 수도 있다. 하지만 가상현실 노출 치료VRET를 활용하면 치료사는 프로그래밍된 컴퓨터가 생성한 가상 환경에 환자를 몰입시켜 사무실에서 편안하게 자기만의 두려운 상황에 직면하도록 할 수 있다. 이런 요법은 PTSD, 밀실 공포증, 운전 공포증, 거미 공포증, 사회적 불안 같은 다양한 문제 상황에서 상당한 성공을 거뒀다.

가상현실을 응용한 미래의 의료

과학자들은 이제 노출 요법 말고도 정신적, 신체적 건강 문제를 치료하는 데 가상현실을 활용하는 방법을 연구하기 시작했다. 의학적으로 가상현실은 뇌졸중 환자의 재활을 돕거나 파킨슨병 환자의 일상생활 능력을 향상시키고 삶의 질을 높이는 데 쓰이며, 수술 후 통증 완화에도 사용되고 있다. 정신 건강 측면에서 가상현실은 자폐증 환자의 사회적 기술 향상을 돕는 것을 포함해 다양한 증상에 활용하기 위해 연구 중이다. 예컨대 우울증을 가진 청소년은 말 그대로 가상현실을 통해 자신의 증상과 싸울 수 있다. 흥미로운 사례는 젠더 불만족을 느끼는 트랜스젠더들이 가상현실을 통해 바뀐 상태를 확인하고 성전환 요법을 통해 정체성을 구체화하는 데 도움을 받을 수 있다는 것이다. 아직 초기 단계지만, 가상현실 기기는 유행하는 값비싼 장난감 이상으로 활용될 수 있다!

신경정신과 영화 코너:

가상현실

만약 디지털 영역에서 당신의 행동에 대한 실제 결과를 가져올 만큼 현실적인 가상 세계에 빠진다면 어떨까? 이것은 가상현실을 다룬 모든 영화의 전제다. 하지만 그 가운데 현실적인 영화는 얼마나 될까?

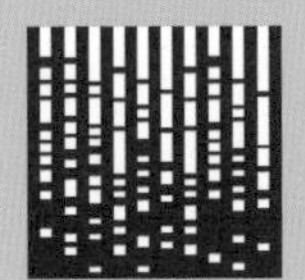

〈매트릭스The Matrix〉(1999)

컴퓨터 해커 네오(키아누 리브스)는 숨겨진 지하 세계를 발견하는데, 그 과정에서 자신이 기대했던 것보다 많은 것을 얻는다. 자신이 평생 가상현실에서 살아왔다는 충격적인 진실을 발견했기 때문이다.

가상현실에 대한 사실성: ★★★★☆ 실제와 구별할 수 없을 만큼 현실적인 시뮬레이션을 만들기란 정말 어렵다. 그리고 이렇게 하려면 이 영화에서처럼 전선을 뇌에 직접 연결해야 할 것이다.

줄거리: ★★★★★ 이 영화는 내가 언제든 다시 보고 싶은 목록에 포함된다. 아직 안 봤다면 한 번쯤 보기 바란다.

〈레디 플레이어 원Ready Player One〉(2018)

현실 세계가 지구 온난화로 황폐화되는 동안, 웨이드(타이 셰리던)라는 괴짜는 명성과 부를 얻고자 OASIS라 불리는 가상 세계로 탈출한다.

가상현실에 대한 사실성: ★★★★★ 이 영화에서 사용자를 몰입하게 만드는 수준은 오늘날 가상현실이 아직 도달할 수 없는 단계다. 언젠가는 결국 도달하겠지만.

줄거리: ★★☆☆☆ 비록 1980년대 향수를 불러일으키지만, 줄거리는 얄팍하고 주인공 웨이드는 평면적이어서 오히려 주변 인물들이 더 흥미롭다.

〈트론TRON〉(1982)

재능 있는 컴퓨터 엔지니어 케빈 플린(제프 브리지스)은 누가 자기 작업물을 훔친 것을 알고 회사 시스템을 해킹하려다가 디지털 세계로 보내진다.

가상현실에 대한 사실성: ★★☆☆☆ 우리가 이 영화처럼 픽셀화되어 비디오 게임으로 전환되는 것은 절대 불가능하다.

줄거리: ★★★☆☆ 이야기에 몇 가지 약점이 있기는 하지만 컴퓨터로 만든 이미지인 CGI 측면에서 보면 시대를 훨씬 앞서간 작품이다.

〈존 말코비치 되기Being John Malkovich〉(1999)

뉴욕에 사는 인형 조종사 크레이그 슈워츠(존 쿠삭)는 실직한 상태에서 배우 존 말코비치의 마음속으로 들어가는 통로를 발견한다. 하지만 잠시 뒤 일이 잘못되기 시작한다.

가상현실에 대한 사실성: ★☆☆☆☆ 단지 재미로 추가된 설정이지만, 다른 사람의 마음속을 비집고 들어가 차지할 수 있다는 이야기는 매우 비현실적이다.

줄거리: ★★★★★ 이 영화는 당신이 해결해야 하는 실존적인 도덕적 질문에 대한 기발하고 심오한 탐색이다.

기계 속의 유령

우리가 그동안 개발한 놀라운 기술과 컴퓨터 시스템의 확장 가능성을 생각해보면, 모두가 인터넷에 연결되어 두뇌를 업로드하는 것도 시간문제인 듯하다. 인터넷보다 로봇 몸체라면 더 좋겠지만. 그렇다면 우리는 이런 디스토피아적 미래와 얼마나 가까이 있을까?

수없이 많은 시냅스

과학자들은 당신의 머릿속에 약 1,000억 개의 뉴런이 있고, 여기서 약 100조 개의 시냅스가 형성된다고 추정한다. 당신의 두뇌에 모든 생각과 희망, 꿈을 집어넣는 데 100,000,000,000,000개의 시냅스 연결이 필요하다는 것이다. 정말 많다! 뇌의 메모리 저장소의 용량이 얼마나 되는지는 연구자마다 추정치가 다르다. 하지만 대략 2.5페타바이트(약 2,500테라바이트 또는 250만 기가바이트)라고 여겨진다. 물론 이렇게 하려면 많은 컴퓨터 프로세서가 필요하지만, 극복할 수 없는 문제는 아니다. 그러나 진짜 문제는 많은 저장 용량이 확보된다 해도, 정확히 무엇을 저장해야 하는지 모른다는 것이다.

커넥톰 연결하기

과학자들은 우리가 뇌를 컴퓨터에 업로드하는 방법을 알아내기 전에 모든 연결 지점을 지도로 만들어야 한다고 생각한다. 뇌의 모든 뉴런이 어떻게 연결되는지 보여주는 전체 지도를 커넥톰connectome이라고 한다. 과학자들이 단지 302개의 뉴런과 7,000개의 시냅스만 갖고 있어 사람에 비하면 보잘것없는 예쁜꼬마선충의 완전한 커넥톰을 제작한 것은 10년밖에 되지 않았다. 이 작업을 인간의 뇌 크기에 맞게 더 키우려면 한동안 시간이 더 필요할 것이다.

전체는 부분의 합을 넘어서는가?

우리는 뇌세포가 얼마나 많은지, 그리고 그것들이 얼마나 많은 연결고리를 이루는지 셀 수 있다. 그렇지만 아직도 의식과 기억이 정확히 어디에 있는지, 이 모든 부분이 모여 어떻게 우리를 만들어내는지 확실히 알지 못한다. 오늘날 우리가 뇌의 연결고리를 지도로 만드는 기술은 대부분 특정한 순간에 찍은 시냅스의 스냅숏에 의존한다. 보통은 사람이 죽는 순간에 뇌를 동결시켜 이렇게 한다. 그렇지만 이 작업에서 저장된 기억이 실제로 보존되는지는 확실하지 않다. 동결 작업은 뇌의 모든 전기 화학적 활동을 포착하지 못한다. 특히 이런 뇌세포들 안에서 움직이는 개별 분자는 결국 주어진 하나의 마음이 지닌 복잡한 고유성에 대한 진정한 열쇠가 될 수 있다. 그러니, 미안하지만 컴퓨터 인공지능을 통해 당신이 영원히 사는 비법은 없다.

신경을 연결하는 뉴럴링크

뉴럴링크Neuralink라니, 일론 머스크는 이런 호화롭고 화려한 과학 장치에 이름을 붙이는 데 좀 더 똑똑하고 재능 있는 사람들을 고용해 많은 돈을 쓰는 게 좋지 않을까. 그가 돈을 지불하는 로켓과 전기 자동차 이름은 나쁘지 않은데, 뉴럴링크는 정말이지……. 작명 센스에 개선이 필요하다고 해두자.

인공지능과의 공생

머스크가 뉴럴링크를 통해 이루고자 하는 목표는 '인공지능과 공생'하는 뇌-기계 인터페이스 장치를 만드는 거라고 머스크는 인공지능이 결국 인간의 지능을 능가할 거라고 믿을 뿐만 아니라, 영화처럼 스카이넷Skynet을 통해 공격당하지 않으려면 그전에 모든 사람이 인공지능을 뇌의 일부로 받아들여야 한다고 주장한다. 그러기 위해 머스크는 인간의 두뇌 피질 위에 추가적인 층으로 작용하는 '신경 레이스'라는 이식 가능한 시스템을 제안했다. 2020년까지 머스크는 이미 '누구나 초인적 인지 능력을 갖추기를 바라는' 자신의 목표를 지원하기 위해 과학자들이 이 장치를 인간의 몸을 대상으로 시험할 수 있도록 했다.

부작용은 없을까

장치를 이식한다는 아이디어 자체는 미친 것이 아니다. 17장에서 사람들이 뇌에 이식된 전극을 통해 보철 장치를 제어하는 멋진 신기술에 대해 알아보았다. 하지만 이런 장치들은 엄청나게 비싸고 매우 복잡하며, 현재 신체 기능의 일부만 회복시킬 수 있을 정도다. 운이 좋아야만 감각 전체가 회복될 것이다. 머릿속으로 기계를 제어하려면 칼을 대지 않는 비침습적 방식을 통해 정밀성을 조금 포기하든가, 아니면 더 정밀해지는 대신 위험성을 감수하며 장치를 설치해야 한다. 그냥 재미로 사람의 머리에 장비를 꽂는 문제가 아니다.

미래의 기술

대부분의 신경과학자는 머스크가 제안한 내용이 현재 기술의 그다음 단계에서는 완전히 불가능하지 않지만, 적어도 지금은 우리가 이용할 수 있는 기술 범위를 훨씬 넘어선다는 데 동의한다. 수천 개의 전극을 당신의 가엾고 섬세한 뇌에 꽂는 화려한 장비를 만드는 데 그치지 않고 전부 이해하려면, 뇌의 신호와 구조를 분석하는 데 수십 년이 걸릴 것이다. 뉴럴링크가 현재 할 수 있는 일은 특별히 혁신적인 것이 아니다. 과학자들이 수십 년 동안 이런 종류의 첨단 장치를 이미 개발해냈기 때문이다. 그러니 머스크는 자기 기술을 과장 선전해 테슬라 우주선을 쏘아 보내는 대신, 이미 이 연구를 진행하는 과학자들의 실험실에 돈을 더 투자하는 것이 좋을지도 모른다.

생명을 구하는 기술

오늘날 신경학적 장애에 대한 지식이 늘어나고 기술이 진보하면서, 잃어버린 팔다리는 물론 잃어버린 목소리까지 복구하는 장치들이 개발되었다. 과거에는 언어 장애인이 다른 사람과 의사소통하려면 극도로 제한적인 선택지밖에 없었다. 그리고 가능한 선택지마저 매우 나빴다.

그런 말 한 적 없어요

'의사소통 촉진 기법facilitated communication'을 예로 들어보자. 이 기법은 자폐증 환자를 비롯해 언어적 의사소통 장애를 가진 사람을 돕기 위해 마련되었다. 그러나 이 기법을 활용하려면 도우미가 장애인의 손을 안내해 그들이 단어를 타이핑하도록 도와줘야만 한다. 하지만 연구 결과 타이핑되는 단어가 대개 장애인보다 도우미가 지어낸 것이 많다는 이유로 숱한 비판을 받았다. 심지어 도우미들은 자신이 그렇게 했다는 것을 깨닫지 못하는 경우도 있었다. 모욕적 형태의 자동 기술법인 셈이다. 다행히 이제 우리는 언어 장애인들이 쉽게 이용할 수 있는 음성 생성 장치 같은, 나은 대안을 개발하고 있다.

난 아직 여기 있어요!

의사소통이 극도로 어려운 또 다른 상황은 환자가 완전한 의식을 가졌는데도 마치 의식을 잃은 것처럼 보이는 '락트인 증후군locked-in syndrome'이다. 오랫동안 이들을 위한 의사소통 선택지는 상당히 제한적이었다. 예컨대 조수가 알파벳을 한 글자씩 읽으면 환자가 정확한 글자에 도달했을 때 눈을 깜박이는 식이었다. 하지만 이제는 과학자들이 이런 환자들의 눈 움직임을 추적하고 컴퓨터 장비로 그 움직임을 음성으로 번역하는 전자 통신 장치를 개발해, 보다 쉽게 의사소통할 수 있게 되었다.

뇌사

생명을 구하는 여러 기술 덕분에 삶과 죽음의 경계가 다소 모호해졌다. 특히 몸은 멀쩡해 보이는데 뇌가 죽음에 이른 뇌사brain death의 경우가 그렇다. 2020년에 '세계 뇌사 프로젝트'의 일환으로 신경 트라우마를 비롯한 관련 중환자 치료 분야 국제적 전문가들이 뇌사 상태에 빠졌을 때 어떻게 해야 할지 새로운 지침을 마련했다. 환자가 뇌 기능을 회복할 가망이 없으면 생명 유지 장치를 제거해야 한다는 것이다. 그 밖에도 이들의 지침은 뇌 기능을 검사하는 다양한 방법, 뇌사의 다양한 종류, 뇌사를 진단할 자격이 있다고 여겨지는 전문가의 범위를 다룬다. 이 작업은 엄청난 법적, 윤리적, 경제적 의의를 지녀 결코 쉽지 않지만, 중요하다. 이 일이 제대로 이루어지기를 바란다!

이게 대체 뭐야
마취는 어떻게 이뤄질까?

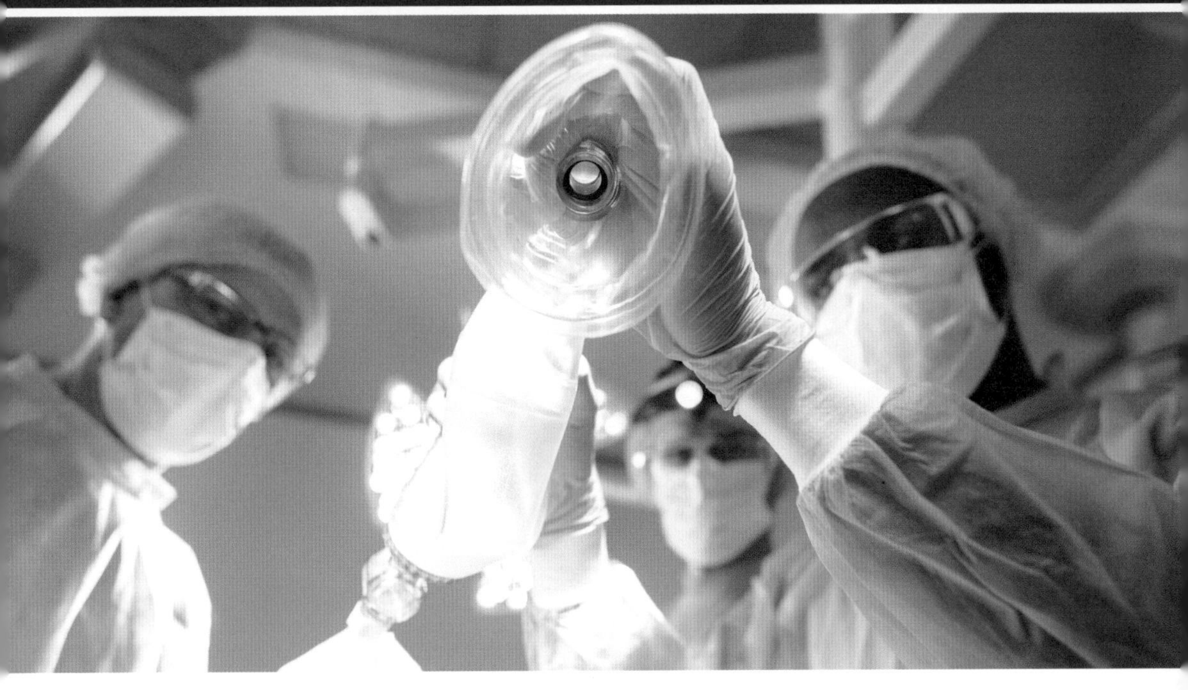

당신에게 큰 수술이 필요할 경우, 의사들은 보통 수술하는 동안 당신을 의식불명 상태로 유지하기 위해 전신마취를 실시할 것이다. 여기에 사용하는 마취제가 잘 들으면 당신은 수술 절차에 대해 의식하거나 기억하지 못한다. 하지만 약 2만 명당 1명꼴로 수술 중에 깨어 있었던 것으로 밝혀졌다. 이 환자들이 완전히 녹아웃될 만큼 충분한 마취제를 투여하지 않았기 때문이다. 이런 사실은 외과 의사들이 수술 과정을 돕고자 마비제를 사용할 때 특히 문제가 되었다. 그러면 정말 무섭게도, 환자는 자기가 깨어 있다는 신호를 보낼 수 없기 때문이다. 최근에는 외과 의사와 환자 모두 이런 현상을 처리하는 데 필요한 추가적 관리법에 접근할 수 있도록 마취 중 깨어남 현상이 가능하다는 사실을 교육하려는 노력이 진행되었다.

임사 체험이란 무엇일까?

임사 체험near-death experiences, NDEs을 한 사람들은 몸이 둥둥 뜨고 따뜻해지며 몸을 떠나 영적 존재를 만나는 것 같은 감각을 묘사한다. 이렇듯 거의 죽을 뻔했던 여러 사람이 동일한 감각을 느끼는 이유는 무엇일까? 임사 체험을 연구하기는 쉽지 않다. 왜냐하면 죽기 직전에 MRI 기계 바로 옆에 있는 사람은 거의 없기 때문이다. 그래도 몇 가지 가설이 존재한다. 몇몇 의사는 이 체험이 죽음에 가까워질 때 뇌에 산소가 부족해지거나 뇌가 죽으면서 환각을 일으키기 시작하는 현상과 관련 있다고 여긴다. 죽음에 가까워질수록 뇌가 손상되어 여러 영역이 멈추거나 오작동을 일으키기 때문이라는 사람도 많다. 그러면 신호 체계에 이상이 생겨 마치 눈앞에 지난 삶이 주마등처럼 지나가는 것 같은 전형적인 임사 체험 감각을 일으킨다는 것이다.

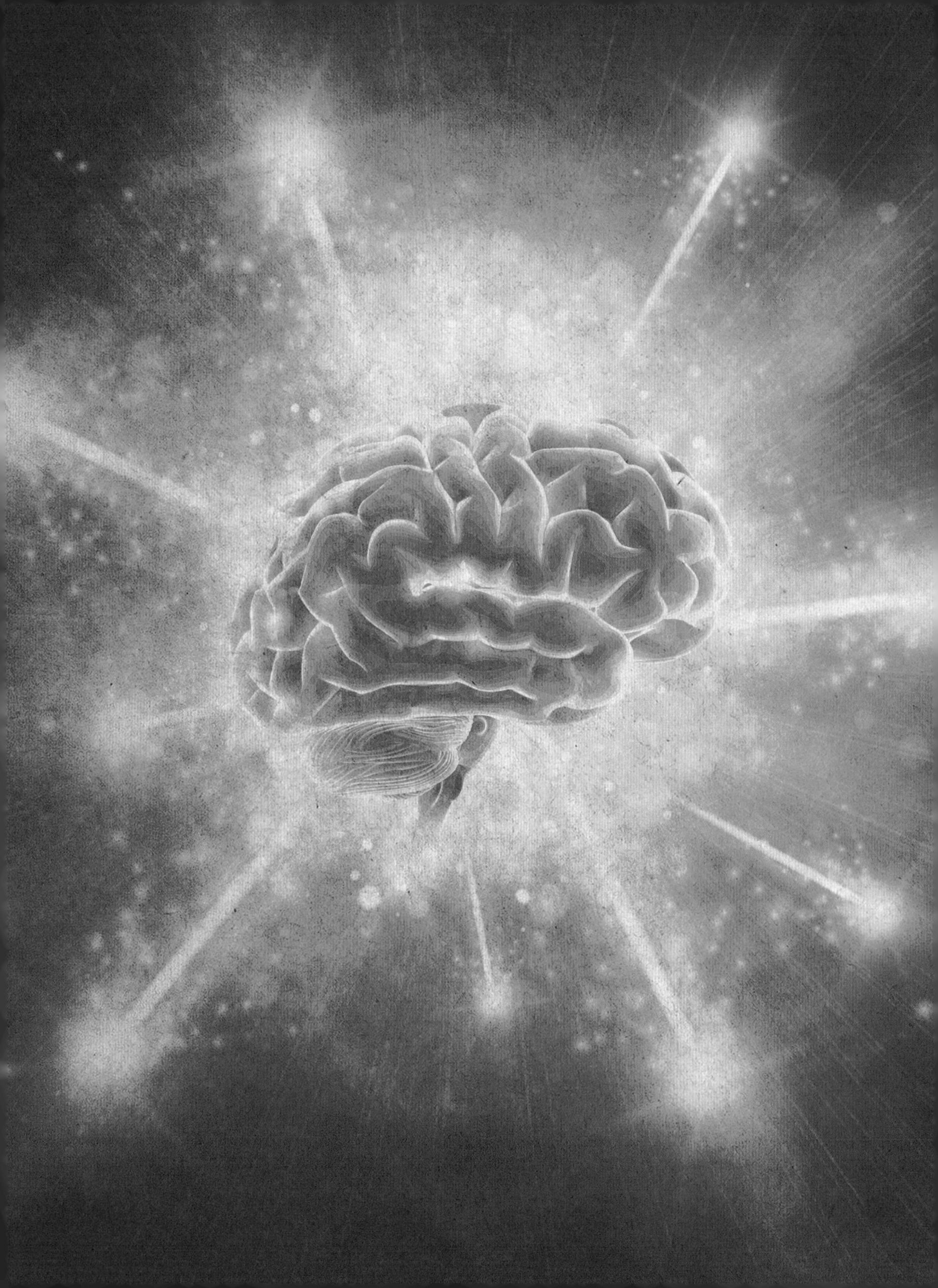

CHAPTER 19

뇌의 성능 끌어 올리기

당신의 뇌에는 충전이 필요한가? 많은 사람이 뇌의 성능을 향상시킬 수 있다고 주장하지만, 이 가운데 무엇이 합법적이고, 무엇이 그렇지 않은가? 실제로 어떤 일이 일어나고 있는가?

팬데믹과 사회적 불평등, 기후 변화 문제가 있기는 하지만 우리에게 다가올 사이버펑크 미래의 모든 것이 불길하고 암울하지는 않다. 우리가 뇌를 이해하는 과정에서 이루어진 진보는 가능하다고 생각했던 것 이상으로 머릿속을 개선하고 확장시킬 기회로 이어지고 있다. 이것이 우리를 더 나은 세계로 이끌어줄지도 모른다.

그런데 오늘날 우리가 이용할 수 있는 신경 관련 기술로 가득한 가장 효과적인 도구는 그동안 줄곧 가지고 있던 것들이다. 예전부터 존재했던 뇌 자극 기법이 21세기에 맞게 개량되어 치료하기 어려운 기분 장애나 신경 질환을 지닌 사람들에게 귀중한 치료법이 되었다. 소파에 계속 누워 있기를 원하는 독자들은 불평하겠지만 우리의 두뇌를 젊고, 강하고, 똑똑하게 유지하기 위한 최고의 선택은 운동과 건강한 식단이라는 점이 다시 한번 밝혀졌다. 그뿐만 아니라 공정성과 다양성에 대한 인식이 높아지면서 그동안 지능을 정의하던 방식이 정말 유용한지 의문이 제기되었으며, 고유한 개인 각각의 기술과 능력을 이해할 더 나은 방법을 찾아야 한다는 사실이 밝혀졌다.

이제 과대광고는 생략하고, 미래의 여러 선망이 두뇌에 어떤 영향을 미칠지 살펴보자.

새로운 치료 요법

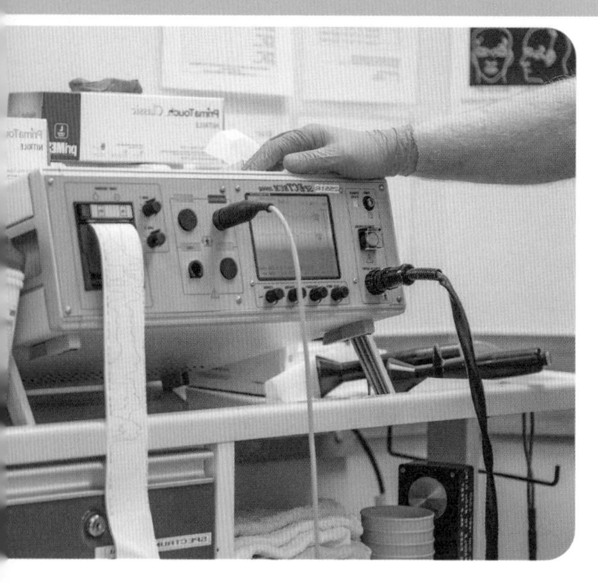

때때로 약물 치료와 대화 요법은 환자들이 쇠약해지는 신경학적 문제를 돕는 데 충분하지 않다. 그렇기에 의사들은 새로운 치료법을 찾기 위해 특별한 창의력을 발휘해야 한다. 그중에서도 유별나게 특이하지만 어떻게든 효과를 보이는 충격적인 치료법은 뇌를 전기로 자극하는 것이다.

대단한 고전 요법

아마도 가장 잘 알려진 전기 자극 요법은 전기 경련 요법ECT일 것이다. 이 치료법은 기본적으로 환자의 두피에 전극을 이용해 인공적 경련을 유도하는 방식이다. 이것은 뇌의 화학적 특성에 변화를 일으켜 심각한 정신 질환의 여러 증상, 특히 치료에 내성을 보이는 우울증의 경과를 빠르게 역전시킬 수 있다고 여겨진다. 또 다른 최근 치료법인 경두개 자기 자극법transcranial magnetic stimulation, TMS 역시 비슷한 개념을 활용하는데, 다만 전극 대신 자석을 사용한다. 그러면 보다 특정 표적에 집중된 치료가 가능하고 전기 경련 요법보다 부작용이 적다고 알려져 있다. 하지만 TMS는 아직도 굉장히 새로운 기술인 만큼, 과학자들은 계속해서 이 기술을 활용하는 최선의 방법을 찾고 있다.

정말 뇌를 찌른다고?

외부에서 뇌를 자극하는 것이 충분하지 않다면, 뇌 심부 자극술deep brain stimulation, DBS은 어떤가? 이 접근법을 사용해 의사들은 파킨슨병이나 뇌전증 같은 질병을 앓는 환자의 뇌 깊숙이 전극을 꽂는다. 이 전극을 통해 관련 뇌 부위로 전기를 흘려보내 증상을 줄일 수 있다. 뇌 심부 자극술은 현재 우울증, 만성 통증, 중독과 같은 정신 질환에 대해 연구 중이다. 하지만 아직 이 전기 자극이 도움이 되는 이유를 정확히 알지 못하기 때문에, 어떻게 적용되어야 하는지 알아내려면 시간이 걸릴지도 모른다.

웨어러블 기술

전극과 배터리를 피부 아래 이식해 뇌로 전기 펄스를 보내는 뇌 심부 자극술은 몸에 착용하기 가장 쉬운 기술 장치일 것이다. 하지만 미래에서 온 것 같은 머리띠로 구성된 보다 덜 침습적인 웨어러블 기술이 발달하고 있다. 두피를 통해 뇌로 전자기 펄스나 일정한 전류를 보내는 이런 제품은 두뇌 성능을 높이거나 기분을 좋게 하는 목적을 지닌다. 제품에서 내보내는 펄스는 수면 또는 명상과 같은 자연적 뇌파를 모방하거나, 어떤 뇌 영역의 활동을 유지하기 위해 목표 영역의 혈류가 증가하도록 신경 활동의 리듬 패턴을 유도한다. 이런 장치들이 집중이나 생각에 도움을 준다는 증거는 많지 않지만, 만성적 통증이나 우울증, 심지어 뇌졸중을 겪은 사람들의 회복에도 도움이 된다는 증거가 있다.

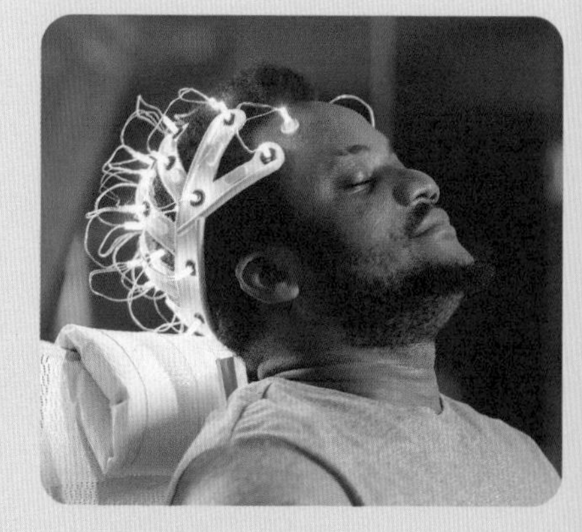

사람들은 두뇌 성능을 향상시키고 뇌를 더 오랫동안 젊게 유지하기 위해 필사적이다. 고가의 '브레인 게임' 또한 인지 능력 향상 물질('누트로픽nootropic' 약물로 불림)이 여기에 대한 하나의 해결책으로 광고되고 있지만, 과연 효과가 있을까?

뇌로 하는 게임을 그만두세요

소위 '두뇌 훈련 게임brain-training games'이라고 불리는 제품들은 기억력, 주의력, 추론 능력을 향상시킨다고 주장한다. 치매 예방에 효과적이라는 제품도 있다. 이런 제품은 신경 가소성을 활용하는 것으로 추정된다. 신경세포 사이의 연결은 시간이 지남에 따라 적응되거나 바뀔 수 있다. 근육 운동을 위해 역기를 드는 것처럼, 두뇌 훈련 게임은 뇌 운동과 같다. 문제는 이런 '뇌 훈련' 기술이 실제로 일반화될 수 없다는 것이다. 두뇌 게임은 기억과 관련된 모든 것을 훈련하는 게 아니라, 특정한 게임만 더 잘하도록 해준다. 잔돈을 세고 사람들의 이름을 기억하는 것과 같은 생활 기술을 연습하는 게 치매 환자들이 기억을 더 오래 유지하는 데 도움이 된다는 증거가 있지만, 이것을 '손자 이름 외우기 훈련!'처럼 신나고 흥미로운 게임으로 제작해 시장에 내놓기는 다소 힘들다.

스마트 약물이란?

소위 '스마트 약물'을 포함한 누트로픽 약물은 정말 두뇌에 잠재하던 초능력을 깨우는 열쇠일까? 누트로픽 약물의 흔한 예로 카페인, 은행잎 추출물, 크레아틴, 니코틴, L-테아닌을 꼽을 수 있다. 이러한 약물 중 일부는 카페인처럼 각성과 집중력, 운동 협응성을 높이고, 알츠하이머병에 걸릴 위험을 줄이며, L-테아닌과 마찬가지로 보다 편안함을 느끼도록 돕는 측정 가능한 인지 효과를 보인다. 또 크레아틴 같은 성분이 근육에 여분의 에너지를 공급하는 데는 좋을지 모르지만, 뇌에는 어떤 효과가 있을까? 큰 효과는 없을 것 같다.

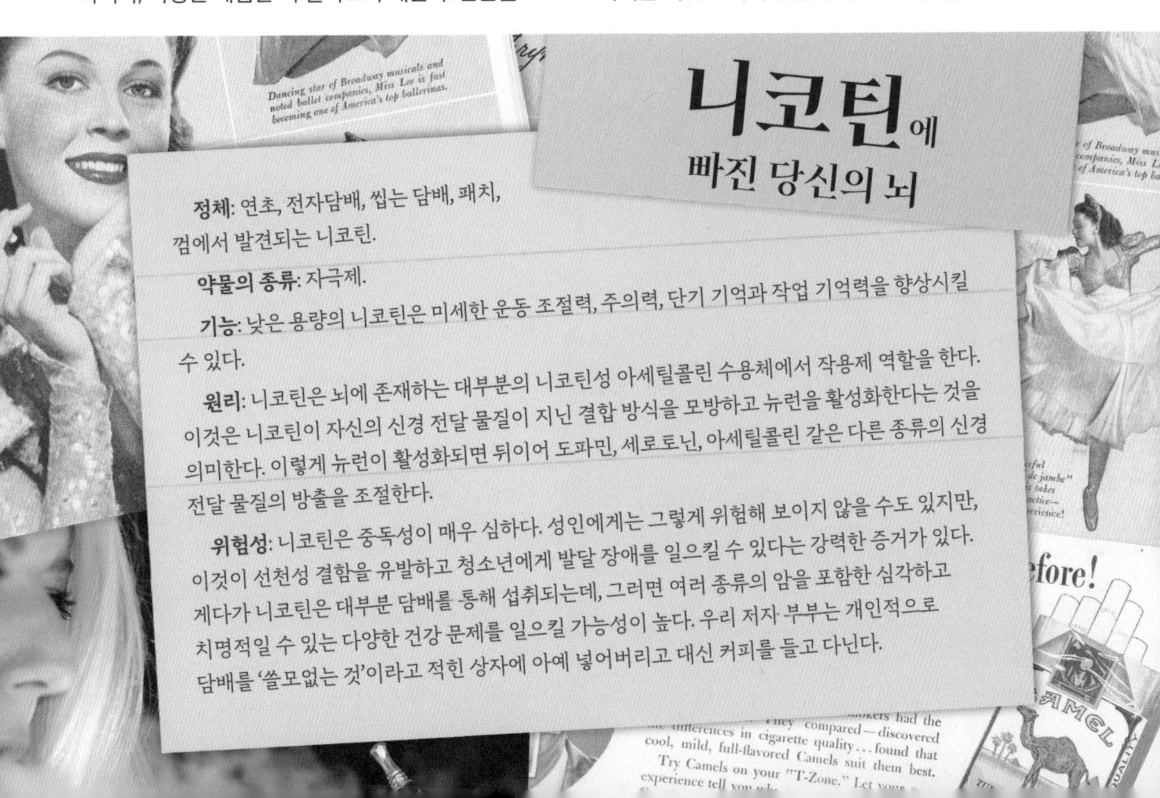

니코틴에 빠진 당신의 뇌

정체: 연초, 전자담배, 씹는 담배, 패치, 껌에서 발견되는 니코틴.

약물의 종류: 자극제.

기능: 낮은 용량의 니코틴은 미세한 운동 조절력, 주의력, 단기 기억과 작업 기억력을 향상시킬 수 있다.

원리: 니코틴은 뇌에 존재하는 대부분의 니코틴성 아세틸콜린 수용체에서 작용제 역할을 한다. 이것은 니코틴이 자신의 신경 전달 물질이 지닌 결합 방식을 모방하고 뉴런을 활성화한다는 것을 의미한다. 이렇게 뉴런이 활성화되면 뒤이어 도파민, 세로토닌, 아세틸콜린 같은 다른 종류의 신경 전달 물질의 방출을 조절한다.

위험성: 니코틴은 중독성이 매우 심하다. 성인에게는 그렇게 위험해 보이지 않을 수도 있지만, 이것이 선천성 결함을 유발하고 청소년에게 발달 장애를 일으킬 수 있다는 강력한 증거가 있다. 게다가 니코틴은 대부분 담배를 통해 섭취되는데, 그러면 여러 종류의 암을 포함한 심각하고 치명적일 수 있는 다양한 건강 문제를 일으킬 가능성이 높다. 우리 저자 부부는 개인적으로 담배를 '쓸모없는 것'이라고 적힌 상자에 아예 넣어버리고 대신 커피를 들고 다닌다.

건강한 신체, 건강한 뇌

누트로픽 약물이나 두뇌 게임 제품의 과대광고에서 가장 재미있는 점은 사람들이 인지력이나 기분을 향상시키는 제품에는 열심히 돈을 쓰지만 뇌를 보호하는 가장 쉽고 과학적으로 증명된 방법은 종종 무시한다는 사실이다. 그 방법은 바로 간단한 신체 운동이다.

의사들이 싫어하는 간단한 해결책

이런 잔소리를 듣는 것이 짜증스러울 수도 있지만, 뇌를 보호하는 첫 번째 방법은 하루에 약 30분, 일주일에 약 2시간 30분 규칙적인 유산소 운동을 하는 것이다. 이런 운동은 조깅, 수영, 자전거, 춤 정도로 심장 박동 수를 높이기만 하면 된다. 굳이 화려할 필요는 없다. 운동을 하면 최소한 두세 시간 뒤 집중력과 문제 해결 능력이 향상될 뿐 아니라, 장기적으로 치매 위험성을 줄이는 유익한 효과도 있다.

잠깐, 효과가 있다는 말인가요?

규칙적인 운동이 뇌에 심오한 영향을 미친다는 사실은 잘 알려져 있지 않지만, 어느 정도 일리가 있다. 유산소 운동은 심혈관 건강을 증진시키고 뇌를 포함한 몸 전체의 혈류를 증가시킨다. 혈액 순환이 나아지면 뇌에 더 많은 영양소를 공급할 수 있고, 동시에 운동을 하면 염증을 감소시키는 이중 효과를 볼 수 있다. 최근 들어 증가세를 보이는 치매를 포함한 여러 신경 질환을 줄이고 스트레스 호르몬(그 많은 성가신 기분 장애에 큰 역할을 하는)의 수준을 낮추는 것이다.

기운을 북돋워줄게

운동은 분자 수준에서 뇌에 영향을 미쳐 뇌의 가소성을 높이는 분자의 생성을 촉진한다. 또한 뇌 전체적으로 회백질이 증가하면서 체계적으로 뇌에 도움을 준다. 규칙적인 운동 습관을 유지하면 기억력, 주의력 조절, 인지 유연성, 그리고 정보 처리 속도를 향상시켜 뇌를 더 오랫동안 예리하게 지켜준다. 비록 아직 규칙적인 운동 습관을 갖고 있지 않더라도, 시간은 충분하다. 여러 연구에 따르면 노인이나 가벼운 인지 장애를 겪고 있는 사람도 유산소 운동 습관을 들이기 시작하면 나이가 들수록 인지 저하가 느려진다. 그러니 밖으로 나가 산책을 하고 심장을 뛰게 하라!

다이어트를 하려면 머리를 써라

유행하는 다이어트는 많지만, 뇌에 미치는 영향은 별로 차이가 나지 않는다. 일반적으로 의사들이 가장 건강한 식단으로 추천하는 것은 인플루언서들이 어떻게 손을 대든 크게 다르지 않다. 그리고 몸을 위한 가장 건강한 식단이 보통 두뇌를 위한 가장 건강한 식단이다.

뇌 건강을 위한 식단

요즘 의사들은 일반적인 뇌 건강을 위해 '마인드 식단MIND diet'을 추천한다. 마인드란 '신경 퇴행 지연을 위한 지중해식 개입Mediterranean-DASH Intervention for Neurodegenerative Delay'의 약자인데, 고혈압을 막기 위한 식단Dietary Approaches to Stop Hypertension, DASH)에 지중해식 식단을 조합한 것이다. 얼핏 들으면 대단하고 특별한 것 같지만, 마인드 식단의 핵심은 당신이 먹어야 한다는 사실을 이미 알고 있는 것을(푸른 잎 채소와 과일, 베리, 기름기 없는 단백질, 통곡물) 더 많이 먹고, 이미 먹으면 안 된다는 사실을 알고 있는 것을 (붉은 고기, 버터, 치즈, 정제당, 지방 등 맛 좋은 거의 모든 것) 적게 먹는 것이다.

뇌와 몸

운동과 마찬가지로, 마인드 식단은 (다른 비슷한 식단들도 그렇듯) 당신의 전반적인 건강에 좋고 심장을 건강하게 하며 두뇌에도 좋다. 이 음식들은 다양한 비타민과 미네랄, 오메가-3 지방산을 포함한 필수 영양소를 제공한다. 이런 영양소는 몸이 계속 나아가는 데 필요하며, 항산화제나 플라보노이드처럼 인지력 저하로부터 뇌를 보호하는 추가적 이점을 제공한다. 그렇다고 가끔 치즈버거를 즐기는 것도 안 된다는 건 아니지만, 일반적으로 채소와 생선을 많이 먹고 버터와 맥주는 조금만 먹는 식단에 집중하는 것이 노년에 건강한 뇌를 지키는 최선의 선택일 것이다.

키토 다이어트 요법

체중 감량을 위한 최신 유행 다이어트나 근육을 키우려고 체육관에 다니는 남성들이 입에 올리는 단어처럼 들릴 수도 있지만 이 '키토제닉 다이어트ketogenic diet'는 원래 뇌전증이 악화되는 아이들을 위해 개발된 식단이다. 탄수화물 음식을 줄이고 지방이 많은 음식을 많이 먹는 원리다. 이렇게 하면 신체는 포도당 대신 '케톤체'를 주요 에너지원으로 이용하도록 바뀌고 케토시스(케톤증)라는 상태를 만들어 뇌전증 환자가 발작을 덜 일으키게 한다. 이 요법이 만들어진 지 100년이 지났지만, 뇌전증 발작을 어떻게 예방하는지는 밝혀지지 않았다. 그러나 몇몇 과학자는 케톤체 자체가 항경련제 역할을 하거나, 억제성 신경 전달 물질인 GABA의 수치 변화를 가져와 발작을 막는다고 설명한다.

지능지수에 대한 지식

IQ 테스트는 한 사람의 인지 능력을 측정하고 지능이나 미래 잠재력을 나타내는 점수를 제공한다고 여겨진다. 하지만 우리가 어떤 사람의 IQ나 지능지수에 대해 얘기할 때, 사실은 서로 같은 것을 이야기하는 게 아닐 수도 있다. 심리학자들은 그동안 스탠퍼드-비네 지능 척도Stanford-Binet Intelligence Scales, 웩슬러 성인 지능 척도Wechsler Adult Intelligence Scale, 우드콕-존슨 테스트Woodcock-Johnson Test, 인지 평가 시스템Cognitive Assessment System을 비롯해 수백 가지 지능 평가 방식을 개발했다. 지능의 추상적 성격을 고려할 때 IQ를 구체적으로 측정하기란 사실 불가능하다. 그렇다면 '지능'이란 무엇을 가리키는 걸까?

지능에 영향을 끼치는 것

지능의 표준 정의에 대한 합의는 거의 없다. 그리고 그동안 개발된 테스트는 창의성이나 사회적 지능 같은 더 넓은 범주의 지능을 측정하는 데 실패하며 다른 것을 측정하곤 한다. 마찬가지로 IQ 테스트는 문화, 환경, 교육적 배경이나 영양 상태에 이르는 개인의 IQ에 영향을 미칠 수 있는 요소에 대해 설명하지 않는다. 게다가 더 나쁜 면을 보면 IQ 테스트는 역사적으로 우생학 운동을 비롯해 소수 집단과 장애인에 대한 차별을 정당화하는 데 사용되어왔다. 따라서 이 점수들이 부적절하게 활용될 경우 해를 끼칠 수도 있다.

지능검사의 무용성

"이 모든 검사가 불충분하다면, 앞으로 IQ 테스트는 어떻게 바뀌어야 할까?"라고 질문할지도 모른다. 한 가지 제안하자면, 그것을 아예 사용하지 않는 것이다. IQ 테스트는 어떤 사람이 미래에 성공할지 예측하는 데 다소 시대에 뒤떨어지고 기능도 형편없지만, 학교 입학이나 취업에서 그런 목적으로 사용되고 있다. 이런 테스트의 목표는 사람의 일반적 지능을 측정하는 것이지만, 언제나 부족하고 결함이 있다. 특정 작업에 대한 제한적 테스트는 괜찮아 보이지만 말이다. 그러니 IQ 테스트를 전체적으로 폐기하면 어떨까?

지능이 한 가지 이상이라고요?

심리학자들은 기존의 일반 지능 모델의 대안을 찾기 위해 노력해왔다. 가드너의 다중 지능 이론Gardner's theory of multiple intelligence이 그런 예다. 하워드 가드너Howard Gardner는 사람이 음악-리듬, 시각-공간, 음성-언어, 논리-수학, 신체 운동 감각 같은 여러 종류의 지능을 갖고 있다고 주장한다. 이것은 전통적인 IQ 테스트에서 확인할 수 없는 특정 영역에서 매우 높은 지능을 지닐 수도 있다는 뜻이다. 하지만 이 이론을 뒷받침할 경험적 증거가 거의 없다. 그런데도 사람들은 감정 지능(EI 또는 EQ라 불리는)처럼 더욱 널리 인기를 얻는 새로운 종류의 지능을 제안했다. 1990년대 개발된 EQ는 주변 사람들과 상호작용하는 데 필수적인 감정을 인지하고, 통제하고, 평가하는 능력을 알려준다. 이 개념에 따르면 몇몇 사람은 다른 사람에 비해 감정적으로 더 조화와 균형을 이룬다. 하지만 EQ가 실제로 뚜렷한 지능의 한 형태인지, 아니면 하나의 기술이나 성격적 특성인지는 논쟁의 여지가 있다.

두뇌를 젊게 유지하는 방법

우리가 들은 바에 따르면, 나이가 들어도 지혜만 있으면 그렇게 나쁘지 않다. 당신은 언제 두뇌의 활기를 느끼는가? 안됐지만, 당신이 뇌의 젊음을 지키기 위해 복용할 수 있는 마법의 알약이나 다운로드할 수 있는 앱은 없다. 그래도 뇌를 보호할 수 있는 몇 가지 구체적인 방법이 있다. 어머니나 의사가 시키는 것과 많이 비슷할 수도 있다. 아마도 그건 그들이 뭔가 알고 있었기 때문일 것이다.

뇌를 자극하라

두뇌를 가능한 한 활동적으로 유지하라. 새로운 기술을 배우고, 수업을 듣고, 뇌를 자극하는 무언가 새로운 활동을 하라!

몸을 움직여라

운동은 뇌에 더 많은 산소를 가져다주기 때문에 매우 좋다. 운동은 두뇌 바깥쪽 층이 축소되는 흐름을 역전시켜 인지 장애를 방지한다.

잠을 충분히 자라

잠의 중요성은 아무리 강조해도 부족하다. 앞에서 하나의 챕터를 할애했을 정도다. 특히 수면 무호흡증은 인지력 저하와 관련성이 매우 높다. 그러니 잠을 좀 자라!

아스피린의 도움을 받아라

저용량 아스피린이 치매 위험을 줄일 수 있다는 연구 결과가 있다. 하지만 복용하기 전에 먼저 의사와 상의하라.

스트레스를 줄여라

만성적 스트레스와 불안은 기억력과 의사 결정력에 영향을 미치며, 알츠하이머병으로부터 뇌를 보호하는 데 중요한 호르몬을 감소시킬 수 있다. 일에서 스트레스를 많이 받는다면, 이 참에 직업을 바꾸는 것은 어떨까?

사람들과 연락하라

강력한 사회적 연결고리는 치매 위험을 낮추고 기대 수명을 연장하는 것과 관련이 있다. 그러니 한동안 연락하지 못했던 친구에게 전화하라!

정신 건강 지키기

지금까지 뇌의 활동을 유지하기 위한 행동에 대해 이야기했다. 하지만 인지적 측면에서는 무엇을 할 수 있을까? 정신 건강을 최고로 유지하기 위한 몇 가지 제안이 있다. 먼저, 생각의 틀 전환 방법을 연습하라. 부정적 생각이 떠오르면 긍정적으로 느끼는 것들을 부각시켜 대항하려고 노력해보자. 그러면 삶이 전반적으로 더 긍정적으로 느껴질지도 모른다. 둘째, 자기 실수를 용서하라. 자기 연민을 높이면 생산성, 집중력, 주의 집중력이 향상된다. 셋째, 주변에 감사하라. 감사하는 마음은 행복감을 증가시키고 삶의 스트레스 요인에 더 탄력적으로 대처하도록 만들어준다. 마지막으로, 행복한 기억을 머릿속으로 시각화하는 연습을 하라. 하루 중 가장 좋았던 시간이나 평화로운 해변 같은 긍정적인 것을 상상하면 스트레스가 줄어 더 편안해진다. 모두 실패하면, 심리 치료사를 찾아 당신만을 위한 전문적 기법을 시험해보라.

마음 챙김과 명상

'명상'이라고 하면 요가와 해독주스를 떠올릴지 모르지만, 이것은 단지 뉴에이지적 유행이 아니다. 명상은 수천 년 동안 존재해왔고, 전 세계 종교나 문화적 관습에 깊이 뿌리박혀 있다. 이렇듯 명상이 사람들 곁에 오래 머무르는 데는 이유가 있다. 실제로 명상이 두뇌에 꽤 좋을지도 모른다는 사실이 밝혀졌기 때문이다!

현재에 집중하기

대부분의 연구는 사람이 현재 환경에서 자신의 호흡 패턴이나 해변의 파도 소리 같은 한 가지에 주의를 집중하는 기술인 '마음 챙김 명상'을 중심으로 했다. 이것은 과거에 연연하거나 미래를 걱정하는 대신, 주변 세상에 초점을 맞춰 현재를 살아가도록 격려한다. 심리학적으로, 마음 챙김mindfulness은 집중력 향상, 인지 유연성, 감정 조절과 연관되며, 우울증이나 불안 같은 기분 장애에 도움이 되는 것으로 보인다.

마음 챙김

이러한 변화들은 단지 정신적인 데 머물지 않는다. 측정이 가능하다. 과학자들이 명상 중인 사람들의 뇌파EEG를 사용해 뇌 활동을 기록한 결과, 마음 챙김이 휴식이나 백일몽과 관련된 알파파와 세타파 활동을 증가시킨다는 사실이 발견되었다. 그리고 fMRI 연구 결과 명상은 감각 정보와 고차 인지 과정을 처리하는 피질의 활동 증가와 연관이 있었다. 비록 이 연구들은 표본 크기가 작고 장기적인 후속 연구가 부족해 완벽하지 않지만, 지금까지 증거에 따르면 마음 챙김은 꽤 도움이 된다는 사실을 보여준다!

두뇌 스트레칭

마음 챙김을 스스로 수행하고 싶을 때 짧게 해볼 만한 몇 가지 활동이 있다.

5-4-3-2-1 연습: 자신의 감각에 집중해, 볼 수 있는 다섯 가지, 느낄 수 있는 네 가지, 들을 수 있는 세 가지, 맡을 수 있는 두 가지, 맛볼 수 있는 한 가지에 주목한다.
심호흡: 조용한 공간에서 눈을 감고 심호흡을 한다. 몸 안팎으로 움직이는 숨에 집중한다. 숨을 쉬면서 가슴이나 배가 부풀었다가 수축하는 것을 느껴본다.
마음 챙김 식사: 방해받지 않고 천천히 먹는다. 음식을 음미하고, 먹는 동안 몸에서 느껴지는 감각에 주목한다. 보통 간과했던 음식의 색깔, 냄새, 소리, 질감, 맛 같은 세부적인 부분을 느껴본다.
몸 살피기: 발끝부터 시작해 몸에서 느껴지는 불편함이나 통증이 없는지 살핀다. 감각을 느끼며 숨을 들이마신다. 호흡을 통해 몸에서 긴장감이 증발하며 빠져나간다고 상상한다. 그리고 준비되면 몸의 다음 부분으로 이동한다.

당신이 알고 있다고 생각한 지식

더 높은 존재에 대한 믿음

최면술이니 강령회, 전생 회귀 같은 것은 사람이 힘들게 번 돈을 가로채려는 사람들의 헛소리로 치부되기 쉽다. 이런 현상은 현실 세계에 뭔가 근거가 있을까?

당신은 점점 졸립니다

최면술을 통해 사람을 '개처럼 짖고 오리처럼 꽥꽥대게' 한다는 마인드 컨트롤이 약간 의심스러워 보이기는 하지만, 이 최면술 자체는 어느 정도 과학적 근거가 있다. 앞서 설명했듯이 약물 사용이나 명상 같은 몇 가지 기법은 의식 상태를 변화시키는 비정상적인 뇌 활동을 유도할 수 있다. 이와 비슷하게 최면술은 집중된 무아지경 같은 상태이고, 실제로 몇몇 심리학 실습에서 사용되고 있다. 최면술사는 대상자가 흔들리는 회중시계 같은 특정 물체에 집중하도록 안내해 남의 영향을 받기 쉬운 집중된 이완 상태를 유도할 수 있다. 최면에 빠진 사람들은 명상할 때처럼 뇌에서 세타파가 많아지는 경향이 있는데, 이 세타파는 주의력이나 시각화와 관련이 있다. 플라세보 효과 같은 다른 현상들을 보면 왜 최면에 걸린 사람들이 그렇게 남의 영향을 잘 받는지 어느 정도 알 수 있다. 최면에 걸린 사람들에게 특정 방식으로 행동하도록 하면 그대로 한다고 여겨진다. 믿거나 말거나, 최면술은 사람들이 담배를 끊거나 고통을 조절하는 데도 어느 정도 도움을 준다고 한다.

거기 있어요, 하느님?

인간이 하나의 종으로서, 우주에 더 높은 존재가 있다는 믿음이라든지 죽음 뒤에도 삶이 이어진다는 믿음에 독립적으로 계속 반복해서 도달했다는 것이 조금 이상하지 않은가? 여기에는 우리 뇌의 책임이 어느 정도 있을 수 있다. 임사 체험(18장 참고) 외에도, 뇌는 종교적 경험에서 어떤 역할을 한다는 몇 가지 증거가 있다. 상당수 토착 문화에서는 아야와스카와 실로시빈 같은 사이키델릭 약물을 종교적 의식의 주요 구성 요소로 삼아 신과 교감하기 위한 방편으로 삼았다. 심지어 오늘날 이 약물을 일상적으로 사용하는 사람들 또한 때때로 심오한 영적 경험을 했다고 보고한다. 조현병 환자들이 약물을 사용하지 않고도 환각을 겪다가 종교적 경험을 하는 경우도 있지만 말이다. 심지어 사용자의 측두엽을 자극하는 '신을 만날 수 있는 헬멧' 같은 장치도 존재한다. 이런 장치는 '어떤 존재에 대한 감각'을 유도한다. 그 존재는 신이나 성모 마리아일 수도 있고 몇몇 불가지론자의 경우 외계인의 형태를 취할 수도 있다. 물론 그렇다고 우리의 뇌가 이상한 정신 현상을 설명하기 위해 종교를 발명한 것이라고 단언하는 것은 아니다. 하지만 고유하고 독특한 자아라는 것이 우리 마음속에 존재한다면, 더 높은 존재에 대한 인식도 가능하지 않을까?

이미지 출처

다음을 제외한 모든 이미지의 출처는 셔터스톡Shutterstock입니다.

John Abbott: 109 (Jones-Marlin)
Alamy Stock Photo: 60, 68, 92
Alie & Micah Caldwell: 67, 143 (elephants), 224
Shane Coker: Author Photos
Chris Keeney (Salk Institute) under a CC-By-SA 4.0 license: 107 (Allen)
Getty Images: 64 (Bowlby)
Getty Images/JHU Sheridan Libraries/Gado: 66 (Ainsworth)
Giantnanoassembler (Wikipedia, CC-By-4.0): 108 (Tsao)
Alex Graudins: 255
Elizabeth Loftus: 108 (Loftus)
National Institutes of Health (Public Domain): 109 (Colón-Ramos)
NYTimes.com/Redux Pictures: 106 (Ben Barres)
Oregon Health & Science University: 109 (Fair)
ScienceSource.com: 58 (Erikson)
Scott Eisen (HHMI): 107 (Stevens)
Scott Erwert: 15, 22-23, 27, 35, 39, 46-48, 50, 52-53, 55, 62, 73, 85, 90, 94-95, 103, 121, 127, 152, 154, 157, 161, 170, 173, 177 (GHB), 191, 193, 197, 201, 208-209, 213, 215 (Ketamine), 233, 241, 245, Back Cover illustration
Shane Liddelow: 107 (Liddelow)
Carla Shatz: 108 (Shatz)
Stanford Historical Photo Collection: 99 (prison experiment)
Kay Tye: 109 (Tye)
University of Michigan: 108 (Akil)
Wikimedia Commons: 14, 16-21, 26, 28-32, 34, 36-37, 40, 43-44, 54, 69, 71 (Bandura), 72, 74-82, 86, 88-89 (Watson, rat, baby), 91, 93 (Skinner), 97-99, 107, 110-111, 128, 135, 152, 163 (Berenstain Bears, Sinbad), 175, 221-222, 227, 235, 240 (ECT machine)

달팽이관 핵 복합체cochlear nuclear complex 131

ㅇ

ㅈ

ㅊ

ㅋ

저자 소개

앨리슨(앨리) 콜드웰은 MIT에서 뇌와 인지과학 학사 학위를(2011), UC 샌디에이고에서 인류 기원론을 전공으로 신경과학 박사 학위를 받았다(2019). 박사 논문 주제는 유전적 신경 발달 장애에서 성상세포로 알려진 교세포가 뉴런이 성장하고 발달하는 방식에 어떻게 영향을 미치는지에 대한 것이었다. 대학원을 졸업한 이후 앨리는 여러 언론 매체에서 프리랜서로 활동했으며, 신경과학 분야 커리어를 바탕으로 과학 기술 분야의 경력 개발을 위해 소셜 미디어를 활용하거나 과학 커뮤니케이션 플랫폼으로 영상을 사용하는 방법에 대해 강연했다. 지금은 시카고 의과대학에서 과학 분야 선임 작가로 일한다.

미카 콜드웰은 세인트루이스 대학교에서 심리학과 스페인어 전공으로 학사 학위를 받고(2011) 마켓 대학교에서 임상 정신건강 상담 분야 석사 학위를 취득했다(2013). 그리고 캘리포니아주(LPCC)와 일리노이주(LCPC)에서 공인받은 전문 임상 상담사다. 미카는 치료사로서 중독에서 회복된 사람들이나 샌디에이고의 노숙자들, 심각한 정신 질환을 앓아 최근 병동에 입원한 성인들, 보호자 없이 미국에서 쉼터를 찾는 아이들을 포함한 다양한 고객을 상담했다. 지금은 아카시아 카운슬링 앤 웰니스에서 대학생들을 위한 심리 치료사로서 원격으로 일하고 있다.

뉴로 트랜스미션스에 대해

누구나 두뇌를 갖고 있지만, 대학 수준의 심리학 강의를 듣지 않는 한 깊이 배울 기회가 많지 않다. 유튜브 채널 〈뉴로 트랜스미션스Neuro Transmissions〉는 과학이 모두를 위한 것임을 알리고 당신이 뇌를 잘 이해하도록 최선을 다하고 있다! 2015년 9월부터 우리는 뇌에 관한 비디오를 제작했고, 이제 구독자 수가 10만 명이 넘는다. 우리의 작업 결과물은 2016년 칸 아카데미 탤런트 서치 대상과 2017년 브레인팩트BrainFacts.org 뇌 소개 영상 콘테스트에서 1위를 하는 등 많은 상을 받았다.

NEURO TRANSMISSIONS

감사의 말

앨리 여러 해 동안 과학에 대한 나의 사랑을 지지해주신 부모님(그리고 여동생!), 애초에 내가 과학과 사랑에 빠질 수 있도록 도와주신 할아버지, 내게 작가의 소질이 있다는 믿음을 포기하지 않은 할머니에게 감사드린다. 그뿐만 아니라 과학을 공부하면서 만난 멘토 니컬라 앨런에게도 감사를 전하고 싶다. 또 과학자가 되는 법을 가르쳐준 재능 있고 사려 깊으며 관대한 과학 커뮤니케이션 분야 동료와 스승들, 특히 모니카 펠리우모제르, 로즈 헨드릭스, 애슐리 주아비네트, 헤더 부슈먼에게 감사드린다. 이들은 내가 '전통적인' 과학 기술 분야의 진로를 벗어나 나만의 길로 경력을 쌓도록 도와주었다. 그리고 무엇보다 헌신적이고 인내심 있게 일에 집중해준 미카 덕분에 〈뉴로 트랜스미션스〉가 오늘날까지 성장할 수 있었다. 당신은 최고의 남편이다.

미카 먼저 내가 그동안 관심을 보였던 온갖 이상한 취미 활동을 항상 응원해준 부모님 패트릭과 스테파니에게 감사드린다. 두 분은 항상 나를 믿어주셨다. 또 형제들에게도 특별히 감사를 전한다. 데이비드는 항상 심리학에 관련한 최고의 질문을 해주었고, 라이언은 내게 영화 제작 일에 관해 알려주었으며, 이언은 나의 첫 영화에서 연기를 했다. 또 내가 경력을 쌓는 과정에서 중요한 멘토가 되어준 디노 아레스테기, 켄 게일리, 셸리 팔코너, 소라이야 카미사에게 깊은 감사를 드리고 싶다. 마지막으로, 아내 앨리에게 끝없는 애정과 고마움을 전한다. 앨리는 우리 두 사람이 가진 꿈을 전부 이룰 수 있을 만큼 끈기와 현명함, 야무진 기술을 갖췄다. 말로 다 표현할 수 없을 만큼 사랑한다.

그리고 우리 둘 다 이 책의 편집자인 머라이어와 이언에게 큰 빚을 졌다. 저자들의 잦은 이동과 직업의 변화, 전 세계적 팬데믹 상황에서도 이 프로젝트를 마감한 것은 두 사람의 공이 크다. 그리고 웰든오언 출판사에 우리를 소개한 전직 부편집장 매들린도 감사하다. 또 우리의 멋진 구독자들에게도 감사드리고 싶다. 10만 명이 넘는 많은 사람이 우리가 하는 일이 중요하다고 생각하고 그것에 대해 더 듣고 싶어 한다는 사실이 우리를 흥분시킨다. 우리 유튜브를 시청해주어 고맙고, 이 책을 읽어주어 감사하다. 다시 만날 때까지 안녕!

*출처 표시
챕터별 인용과 출처 목록을 보려면 https://www.neurotransmissions.science/works-cited/를 방문하거나 QR 코드를 사용하라.

Brains Explained
by Alison Caldwell, PHD and Micah Caldwell, LPCC

나의 첫 뇌과학 수업
문어의 뇌부터 가상현실까지, 우리가 알고 싶은 일상과 상상의 뇌과학

초판 1쇄 발행 2023년 4월 15일
초판 3쇄 발행 2024년 10월 25일

지은이 **앨리슨 콜드웰 · 미카 콜드웰** | 옮긴이 **김아림** | 펴낸이 **임경훈** | 편집 **이현미**
펴낸곳 **롤러코스터** | 출판등록 제2019-000296호
주소 서울시 마포구 월드컵북로 400 서울경제진흥원 5층 17호
전화 070-7768-6066 | 팩스 02-6499-6067 | 이메일 book@rcoaster.com

ISBN 979-11-91311-21-1 03400